非线性生化过程的优化与控制

徐恭贤　邵　诚　钱伟懿　著

科 学 出 版 社

北　京

内 容 简 介

本书以色氨酸生物合成系统和甘油生物歧化为 1, 3-丙二醇过程作为主要应用研究背景，系统地阐述作者近年来有关非线性生化过程优化与控制的研究成果。全书共九章，主要内容包括：生化系统稳态优化的线性规划、二次规划、几何规划等求解方法与应用；生化系统的多目标优化；生化过程的 H_∞控制；生化过程的在线稳态优化控制；甘油代谢目标函数的优化计算模型。

本书可作为运筹学与控制论、应用数学、信息与计算科学、控制理论与控制工程、生物化工、生物工程与技术等专业研究生、高年级本科生、教师以及相关工程技术人员的教材或参考书。

图书在版编目(CIP)数据

非线性生化过程的优化与控制/徐恭贤，邵诚，钱伟懿著. —北京：科学出版社，2015.3

ISBN 978-7-03-043723-5

Ⅰ. ①非… Ⅱ. ①徐… ②邵… ③钱… Ⅲ. ①非线性–生物化学–化学反应工程–研究 Ⅳ. ①TQ033

中国版本图书馆 CIP 数据核字(2015)第 049836 号

责任编辑：姜 红 张 震 / 责任校对：李 影
责任印制：赵 博 / 封面设计：无极书装

科学出版社 出版
北京东黄城根北街 16 号
邮政编码：100717
http://www.sciencep.com
双青印刷厂 印刷
科学出版社发行 各地新华书店经销
*
2015 年 3 月第 一 版 开本：720 × 1000 1/16
2015 年 3 月第一次印刷 印张：12
字数：260 000

定价：80.00 元

(如有印装质量问题，我社负责调换)

前　言

随着生物工程技术的迅速发展，生化工业在国民经济中的地位越来越重要。但是由于生化过程本身具有非线性、时变性和不确定性等特点，一般很难对其进行优化和控制。虽然有各种优化和控制方法可以使用，但在生化过程的实际应用中都会遇到各种具体困难，因此，有必要发展和建立与这类系统特点相适应的过程控制和最优化技术，这将有助于提高目的产物的产率和原材料的转化率，从而可以提高生化过程的整体生产水平。

本书以色氨酸生物合成系统和甘油生物歧化为 1, 3-丙二醇过程作为主要应用研究背景，对生化过程的优化和控制问题进行了深入研究，不仅可以实现对生化过程的最优操作和最优控制，而且对非线性系统的优化和控制方法研究具有重要的理论意义和应用价值。

全书共九章，系统地阐述了非线性生化过程优化与控制的研究成果。第 1 章为绪论，简述非线性生化过程优化与控制的国内外研究概况。第 2 章考虑生物合成酶的反馈抑制和色氨酸操纵子在转录水平上的阻遏、弱化作用，应用间接优化方法(indirect optimization method，IOM)研究了色氨酸生物合成的稳态优化问题。第3章通过在直接IOM方法的线性优化问题中引入一个说明S-系统解与原模型解一致性的等式约束，应用 Lagrangian 乘子法将上述修正后的非线性优化问题转化为一个等价的线性优化问题，提出了可用于求解生化系统稳态优化问题的修正迭代 IOM 方法。第 4 章在已有 IOM 方法的目标函数中引入一个反映 S-系统解与原模型解一致性的二次项，提出了一种改进的二次规划算法。第 5 章应用等价变换和凸化方法，提出了一种可用于求解生化系统稳态优化问题的序列几何规划方法，以及一种改进的序列几何规划方法。第 6 章通过将描述生化系统多目标非线性优化问题转化为多目标线性规划问题，并应用加权和、极小极大和多目标优化等方法给出了优化求解方案，最后针对色氨酸生物合成系统、酿酒酵母的厌氧发酵系统和污水处理过程的多目标优化问题开展了应用研究。第 7 章针对生化过程存在的不确定性问题，应用双线性变换和 H_∞混合灵敏度方法研究了生化过程的鲁棒控制问题。第 8 章基于系统优化与参数估计集成(integrated system optimization and parameter estimation，ISOPE)方法，提出了两种可用于生化过程在有对象/模型不匹配和有输入约束条件下的在线迭代稳态优化控制策略。第 9 章研究基于双层规划和对偶理论的甘油代谢目标函数计算模型及其求解方法。

作者在此感谢大连理工大学冯恩民教授与修志龙教授的关心与支持；感谢科

学出版社对本书出版给予的大力支持；感谢与作者一同参与研究工作的有关学生；同时对本书所引用参考文献的作者表示衷心的谢意。此外，本书得到了国家自然科学基金“一类复杂非线性系统的优化及控制方法研究”（项目编号：11101051）、辽宁省博士科研启动基金（项目编号：20101001）、辽宁省高等学校优秀人才支持计划（项目编号：LJQ2013115）、国家自然科学基金“基于重力场中粒子运动规律的启发式算法理论与应用研究”（项目编号：11371071）、辽宁省高等学校重点学科建设等项目的资助，在此表示衷心的感谢。

由于作者水平有限，书中不足之处在所难免，恳请广大读者批评指正。

作　者

2014 年 10 月

目　录

第 1 章　绪　论

1.1　生化过程优化及控制研究的意义

生化工程是生物技术的一个分支学科，它主要研究微生物发酵、动植物细胞与组织培养、生物转化等反应过程在各类生化反应器中的反应规律和优化操作以及过程控制。目前，借助于微生物发酵进行各种产品生产已是生物技术产业化的重要组成部分，它涉及医药、化工、轻工、食品、农业、海洋、能源、环保等行业。随着生化工业的迅速发展，生化产品的品种不断增加，生产规模越来越大，各厂商之间的竞争也随之加强。为了实现经济效益、降低原材料消耗和提高市场竞争力，人们迫切需要对生化过程进行优化操作和控制。因此，开展对生化过程的优化和控制研究是一项具有重要实际意义的工作。

由于生化过程本身具有参数的不确定性、过程的非线性、变量间的耦合性、信息的不完全性和过程关键参数测量的时滞性等特点，一般很难对其进行优化和控制。虽然有各种优化和控制方法可以使用，但在生化过程的实际应用中都会遇到各种具体困难，因此有必要发展和建立与生化过程特点相适应的优化和控制方法。

1.2　生化过程优化与最优控制

生化反应可在常温常压下进行，而且操作和反应条件温和，对环境的污染相对较小。但是生化过程的目的产物浓度、生产强度以及底物向目的产物的转化率通常较低。为此，应用优化方法确定生化过程的最优操作条件，从而使生化过程运行于最优工况，是提高生化过程整体生产水平的一个有效途径。一般来讲，生化过程的优化问题可以分为两大类：一类是稳态优化问题，常用于连续生化过程的优化；另一类是动态优化问题，常用于间歇或流加生化过程的优化。通常人们将上述动态优化问题称为生化过程的最优控制问题。

1.2.1　连续生化过程的稳态优化

连续生化过程中，底物连续进入反应器，产物则连续流出反应器。一般地，连续操作的反应器处于稳态，常被称为恒化器。恒化器生产效率高、产品质量和数量稳定，易于控制和在线优化，因此连续操作是工业中大规模生产的理想方式（王树青和元英进，1999）。为了降低原材料的消耗和提高连续生化过程的生产水平，通常使反应器在最优稳态下工作，其最优操作条件是通过求解一个稳态优化问题而得到的。所谓连续生化过程的稳态优化问题就是基于过程的数学模型，在稳态约束条件下，优化其目标函数。从数学角度来看，这类优化问题常常是一个有约束的非线性规划问题，因此任何用于求解有约束优化问题的非线性规划方法都可以用来求解连续生化过程的稳态优化问题。Rolf 和 Lim（1985）提出了一个可用于优化面包酵母体积产率的在线自适应优化方法，实验结果表明该算法不需要太多的先验知识，而且容易操作，收敛速度快，可随过程变化自适应调整。Nguang 和 Chen（1997）针对一类由非结构动力学模型描述的连续生化过程，提出了一种可用于这一过程稳态优化的底物添加策略，该方法不需要知道所有过程参数的信息。Lin 和 Wang（2007）应用模糊优化技术和混杂微分进化算法，研究了多阶段连续发酵生产乳酸过程的最优设计问题。Kambhampati 等（1992）基于系统优化与参数估计集成（integrated system optimization and parameter estimation，ISOPE）的方法，研究了连续生化过程的在线稳态优化控制问题。Mészáros 等（1995）、Lednický 和 Mészáros（1998）则将增广的 ISOPE 算法应用于面包酵母连续发酵过程的稳态优化控制。虽然增广的 ISOPE 方法也适用于目标函数是非凸函数的情况，但是为了保证基于模型优化问题的目标函数是一致凸的，要求其 Moreau-Yosida 正则化项中的罚系数必须满足一定的凸化条件（Brdyś et al.，1987），这在一定程度上也限制了该算法的应用。徐恭贤和邵诚（2008）对带有输出关联约束的工业过程提出了一种确定其稳态优化控制的新算法。首先，通过对数变换将原问题化为一个等价的而且可在对数空间求解的新的优化控制问题；其次，为了避免要事先选择一个合适罚系数的困难，在算法中引入了目标函数的线性化形式。该优化算法不仅可以收敛到正确的系统最优解，而且可用现有的二次规划算法去计算。应用简单的滤波技术改善了算法在有量测噪声情况下的性能。

1.2.2 生化过程代谢工程和稳态优化

随着基因工程技术和反应工程技术的发展，人们在生化过程基因水平和细胞水平的代谢工程研究方面已做了大量的工作。所谓代谢工程（Bailey，1991）就是在对细胞代谢网络系统进行分析的基础上，采用基因工程技术改造细胞代谢系统，从而实现目的代谢产物的最优化生产，因此代谢工程在工业生物技术领域占有非常重要的地位。目前对生化系统的优化已成为新兴代谢工程领域中一个重要的组成部分（Torres and Voit，2002）。

关于生化系统基于模型的优化已取得了很大的进展。Hatzimanikatis 等（1996a，

1996b)将混合整数线性规划引入基因调控控制结构的优化中。Dean 和 Dervakos(1998)应用非线性混合整数规划研究了细胞代谢网络的优化问题。Chang 和 Sahinidis(2005)研究了稳定性条件下代谢路径的优化问题。Voit(1992)、Torres 等(1996)、Torres 等(1997)提出了一种可用线性规划算法求解生化系统优化问题的间接优化方法(indirect optimization method,IOM),该方法是基于将原来的非线性微分方程用S-系统去逼近的思想。S-系统模型是由 Savageau 等(1976)根据生化系统理论引入的,用这种数学形式表示的稳态方程在对数空间是线性的。但是由 IOM 方法计算的优化结果显示,S-系统解与 IOM 解(即将最优 S-系统解下的参数代入原模型所得的稳态解)往往相差很大。此时,可采用迭代 IOM 方法以获得比较满意的最优解(Voit,1992;Marín-Sanguino and Torres,2000)。但是由对色氨酸生物合成系统的优化结果(Marín-Sanguino and Torres,2000)可知,迭代 IOM 方法并非对所有生化系统的稳态优化问题都有效。为了克服标准迭代 IOM 方法的这一缺点,徐恭贤等(2007)、Xu 等(2008)通过在直接 IOM 方法的线性优化问题中引入一个说明 S-系统解和原模型解一致性的等式约束,应用 Lagrangian 乘子法将上述修正后的非线性优化问题转化为一个等价的线性优化问题,提出了一种可用于求解生化系统稳态优化问题的修正迭代 IOM 方法,该算法可以收敛到真正的系统最优解。Marín-Sanguino 和 Torres(2003)基于 GMA(generalized mass action)系统提出了一个称为 GMA-IOM 的间接优化方法。Marín-Sanguino 等(2007)、Vera 等(2010)基于 GMA 系统并应用罚函数法和可控误差法求解生化系统的稳态优化问题。但是由对色氨酸生物合成系统的优化结果(Xu,2013)可知,罚函数法和可控误差法并非对所有生化系统的稳态优化问题都有效。为此,Xu(2010a,2013)提出了一种可用于求解生化系统稳态优化问题的序列几何规划方法。数值计算结果表明,该方法可有效求解很多几何规划问题(Xu,2013,2014)。Xu 和 Wang(2014)对该方法进行修正,提出了一种改进的序列几何规划方法。刘婧等(2013)针对一类生化系统的稳态优化问题,在已有 IOM 方法的目标函数中引入一个反映 S-系统解和原模型解一致性的二次项,提出了一种改进的优化算法。该优化算法不仅得到了一致的 S-系统解与 IOM 解,而且可用现有的二次规划算法去计算。Vera 等(2003a,2003b)将 IOM 方法分别应用于酿酒酵母发酵生产乙醇过程和污水处理过程的多目标优化。徐恭贤和韩雪(2013)研究了复杂非线性污水处理过程的多目标优化,针对污水处理过程的非线性动力系统,建立了使污水处理过程运行成本和过程可控性设计指标同时达到最优的多目标优化模型。采用 IOM 方法,首先将描述污水处理过程优化的多目标非线性问题转化为多目标线性规划问题,然后利用遗传算法对其进行求解。该方法不仅获得了多目标优化问题的近似 Pareto 前沿,而且由于采用的是多目标线性规划方法,所以具有计算成本低的优点。Xu(2012)应用极小极大方法研究了生化系统的多目标优化问题,通过对酿酒酵母厌氧发酵系统的稳态优化研究可知,这里给出的线性规划方法不仅获得了很高的乙醇生产率，而且大大改善了生化系统的代谢成本、过渡时间和代谢性能等指标，分别使其降低43.25%、42.07%和67.07%。Petkov和Maranas（1997）用概率密度分布定性地描述了代谢路径优化中模型和实验不确定性对优化结果的影响。

1.2.3 生化过程的最优控制

微生物间歇和流加发酵过程的最优控制是一个动态优化问题。一般来讲，求解这类优化问题的优化方法归纳起来有间接方法、动态规划法和直接方法这三种。

1. 间接方法

间接方法是求解最优控制问题的经典方法，它是一种基于 Pontryagin 极小值原理（Bryson and Ho，1975）的算法，即由 Pontryagin 的必要条件将最优控制问题转化为一个两点边值问题（boundary value problem，BVP）并对其进行求解。早期对生化过程的最优控制大多采用这一方法（Hong，1986；Lim et al.，1986）。近年来，也有人基于 Pontryagin 极小值原理研究了生化过程的奇异控制（Smets and Van Impe，2002；Shin and Lim，2006，2007；Bayen et al.，2012）。因为间接方法的每步迭代中除了要求解极小值原理中的状态方程与协态方程，还需用直接微分法求泛函的梯度，因此使数值计算难以实现。为此人们采用一些变换技术来处理BVP求解的困难（Jayant and Pushpavanam，1998；Oberle and Sothmann，1999）。

2. 动态规划法

动态规划（dynamic programming，DP）法（Bellman，1957）是由美国数学家 Bellman 于 20 世纪 50 年代提出来的，它的一个优点是，根据 DP 法的递推方程和 Hamilton-Jacobi-Bellman（HJB）方程可以求得最优控制的反馈形式，这为在实际应用中实现最优反馈控制带来了方便。但是 DP 法本身也存在所谓的“维数灾难”问题。为了克服这一困难，Luus 和 Rosen（1991）提出了一种可以求解高维非线性系统最优控制问题的迭代动态规划（iterative dynamic programming，IDP）方法。该方法有效地避免了求解系统的 HJB 方程及高维方程中可能出现的计算量激增的问题，但往往也需要较长的时间才能获得最优解（Lee et al.，1999）。为了改善 IDP 方法的收敛性并降低算法的运行成本，Lin 和 Hwang（1998）提出了一种应用拟随机序列发生器来生成允许控制的多通 IDP 算法，Tholudur 和 Ramirez（1997）则将滤波技术引入 IDP 方法中。近年来，研究比较多的是将

IDP 方法与神经网络结合起来以实现对生化过程的最优控制（Valencia et al.，2005；Xiong and Zhang，2005）。

3. 直接方法

直接方法是当前应用最广泛的一类最优控制算法，它的基本出发点是将生化过程的最优控制问题转化为一个有限维的非线性规划问题来求解。直接方法包括控制向量参数化（control vector parameterization，CVP）法（Vassiliadis et al.，1994）和完全参数化（complete parameterization，CP）法（Cuthrell and Biegler，1989）两种。CVP 法就是将控制变量参数化，然后得到一个外部的非线性规划问题和一个内部的初值问题。通常非线性规划问题的规模很小，但每次迭代计算时需求解初值问题和估计梯度。CP 法则不同，它不需求解初值问题，但由于同时对控制变量和状态变量进行参数化操作，因此需要求解一个规模较大的非线性规划问题。

就求解生化过程的最优控制问题而言，CVP 法是目前应用较多的一类方法，例如，序列二次规划（sequential quadratic programming，SQP）法（Pushpavanam et al.，1999）就是这样一种算法。通常 SQP 方法使用有限差分或一阶灵敏度来估计梯度。但是 Vassiliadis 等（1999）指出，应该在 SQP 算法中引入二阶灵敏度，因为这样不仅能够更好地估计梯度和 Hessian 阵，还可以改善算法的性能。Balsa-Canto 等（2000）则应用限制性二阶灵敏度给出了一个快速而且鲁棒的 CVP 方法。

对于存在多个局部最优解的非线性规划问题，基于梯度的确定性局部优化算法往往只能得到问题的一个局部最优解，而全局优化方法却可以求得这类问题的全局最优解。全局优化方法包括确定型全局优化方法和随机型全局优化方法两大类。其中，确定型全局优化方法能够保证问题的全局最优性，但随着问题维数的增加，相应的计算负担也随之增加；此外，还需优化问题满足光滑性和可微性等条件，例如，Esposito 和 Floudas（2000）给出的全局优化算法就需要目标函数和系统是二次连续可微的。相比之下，随机型全局优化方法虽不能保证全局最优性，但由于不需要计算梯度且计算过程中对函数性态的依赖性较小，所以受到了广泛的重视。近年来，已有多种随机型全局优化算法被相继提出来并用于求解生化过程的最优控制问题，如自适应随机算法（Banga et al.，1997）、随机搜索算法（Rodríguez-Acosta et al.，1999）、遗传算法（Sarkar and Modak，2004；张兵和陈德钊，2005；孔超，2011；Mandli and Modak，2012；Sun et al.，2013）、蚁群算法（Jayaraman et al.，2001）、模拟退火算法（Kookos，2004）、微分进化算法（Kapadi and Gudi，2004；Moonchai et al.，2005；Dragoi et al.，2013；Rocha et al.，2014）、粒子群算法（莫愿斌等，2006；贺益君等，2007；Wang et al.，2010）等。

1.3 生化过程的先进控制

先进控制是对那些不同于常规控制，并具有比常规 PID 控制效果更好的控制策略的统称。尽管至今对先进控制还没有严格的、统一的定义，但先进控制的任务却是明确的，即用其处理那些采用常规控制效果不好，甚至无法控制的复杂过程的控制(王树青等，2001)。先进控制既包含基于模型的控制策略，也包含基于知识的控制决策，常用于处理复杂的多变量控制问题，如大时滞、强耦合、多约束等问题。控制策略包括自适应控制、模型预测控制、迭代学习控制、非线性控制、鲁棒控制、模糊控制、神经网络控制、专家控制、推理控制、滑模变结构控制等。

1.3.1 自适应控制

自适应控制是最早应用到生化过程控制的先进控制方法之一，一般可将其看做一个能根据环境变化智能调节自身特性的反馈控制系统，目的是使系统能按照预先设定的标准工作在最优状态。1984 年，Dochain 和 Bastin(1984)设计了简单的自整定控制系统来调节细菌发酵中的底物浓度和产物生成速率。孙西等(1995)对一类双线性系统建立了自适应控制算法，并将其用于谷氨酸 pH 的控制，结果表明，所给出的控制算法比 PID 控制具有更高的控制质量。Ben Youssef 等(2000)采用自适应控制对乳酸多罐连续发酵进行控制。Guay 等(2004)应用自适应学习技术和 Lyapunov 稳定性理论，设计了一个可使生长动力学未知的连续生化过程工作在最优状态的极值跟踪控制器。Marcos 等(2004)则研究了细胞生长动力学为 Monod 模型的连续生化反应器的反馈自适应极值跟踪控制。Smets 等(2004)综述了生化过程的最优自适应控制。Petre 等(2013)研究了污水处理过程的鲁棒自适应控制。Wu 等(2013)设计了一个可用于 PHB 生产过程的最优自适应控制策略。

1.3.2 模型预测控制

模型预测控制是 20 世纪 70 年代直接从工业过程控制中产生的一类控制算法，它的核心是利用过去及现在的系统信息，并预测到系统未来的输出变化，以有限时域滚动优化的方式使受控量和目标值的偏差尽可能小，实现系统的优化控制(李少远和李柠，2003)。模型预测控制是仅有的成功应用于工业控制中的先进控制方法之一，其特征归结起来有以下三个：模型预测、有限时域滚动优化和反馈校正。从本质上来讲，模型预测控制也是一种最优控制算法，但是与传统的最优控制相比，还是存在着很大的差别。传统的最优控制是用一个性能函数来判断全局最优化，而模型预测控制则不需在全局范围内判断最优化性能，因此，模型预测控制的滚动优化方法对于动态特性变化和存在不确定因素的复杂系统特别实用。Rodrigues 和 Maciel Filho（1999）应用动态矩阵控制算法研究了青霉素发酵过程的优化问题。Simon 和 Karim（2001）对动物细胞培养过程进行了系统辨识，在所建模型基础上，采用广义预测控制方法对溶氧浓度实施控制，取得了比 PID 和常规模型预测控制更好的效果。谢磊等（2003）提出了一种基于多模型的自适应预测函数控制方法，并将其应用于连续发酵过程，结果表明基于多模型的自适应预测函数控制器比常规的预测函数控制器具有更好的控制效果。Ramaswamy 等（2005）将非线性模型预测控制算法应用于连续生化过程的控制，并研究了预测步长对被控系统稳定性的影响情况。Santos 等（2012）研究了过量流加过程的非线性模型预测控制。Craven 等（2014）针对动物细胞流加培养过程，设计了一个可用于控制葡萄糖浓度的非线性模型预测控制策略。虽然模型预测控制能控制各种复杂过程，但由于其本质原因，实际中设计这样一个控制系统非常复杂，要拥有丰富的经验。此外，模型预测控制并不能很好地处理调节控制难题。

1.3.3 迭代学习控制

微生物间歇和流加发酵过程可以看做批量生产过程，对于这类过程控制的一个重要要求是保证最终产品质量的一致性和稳定性。但由于这类生产过程的最终成品质量一般不能在线检测（有些产品只能在实验室检测），或只能凭经验判断；生产中原材料品质不一致性和工作条件的不稳定性；生产过程本身的复杂特性，如非线性、不确定性、时变、大滞后等；传统控制方法的局限性等因素，很难实现上述控制要求。迭代学习控制技术是为解决批量生产过程控制而提出的一种先进控制技术，它所特有的学习机制使得控制系统能够在线自动地积累对象的知识，用以改善控制系统的性能，因此是一种基于知识的智能控制方法（Bien and Xu，1998）。Fu 和 Barford（1992）将迭代学习控制应用于动物细胞的流加培养过程，取得了令人满意的效果。Zhang 和 Leigh（1993）基于预测和校正技术提出了一种预测时间序列迭代学习控制算法，并将其应用于流加生化过程控制中。如果被控对象本身是不稳定的，那么采用开环学习算法的迭代学习控制器并不能使整个系统稳定，因此经常在开环迭代学习控制系统中引入反馈环，构成反馈-前馈迭代学习控制系统。基于这一思想，Choi 等（1996）针对乙酸钙不动杆菌的流加发酵过程，设计了一个使乙醇浓度最优值保持恒定的反馈-前馈迭代学习控制器。实验结果表明，该迭代学习控制器很好地改善了系统的性能，并获得了比传统 PI 控制更高的 Emulsan 产率。Waissman 等(2002)利用 P 型学习算法和高阶 P 型学习算法，研究了乳酸流加发酵过程的迭代学习控制。研究结果表明，P 型学习算法对较大的离线采样周期是有效的，而高阶 P 型学习算法不仅对较小的离线采样周期有效，而且改善了算法的收敛性能。Jewaratnam 等(2012)研究了一类流加发酵过程的迭代学习控制。

1.3.4 非线性控制

由于发酵过程具有本质非线性特性，所以在设计控制器时若能考虑过程的非线性，则可以改善控制器的性能。Bastin 和 Dochain(1990)为单输入单输出生物反应器建立了输入-输出反馈线性化法则，用于控制具有参数不确定性的非线性过程，并分析了控制方法的稳定性和收敛性质。褚健等(1993)给出了一种基于非线性模型结构的状态变换，讨论了一种非线性控制器的两步设计法，继而得到相应的非线性控制算法，并将其应用于生化反应器的控制。Castillo-Toledo 等(1999)研究了间歇发酵罐的非线性调节器设计问题，实现了对具有参数变化和模型不确定性生化过程的鲁棒调控。Wu 和 Huang(2003)、Harmand 等(2006)则研究了连续生化过程的输出调控问题。Teng 和 Samyudia(2012)研究了微氧发酵过程的非线性控制问题。Battista 等(2012)研究了流加发酵过程生物生长调节问题的非线性 PI 控制。Lara-Cisneros 等(2014)针对一类具有不确定生长速率的生化过程，基于滑模技术提出了一种极值跟踪控制器。尽管已有一些将非线性控制方法应用于模拟和中试规模生产上的研究报道，但其在实际发酵工业中的应用还需进一步研究。

1.3.5 鲁棒控制

实际运行的工程系统都会受到不确定性(包括建模误差、外部干扰和未建模动态)的影响，生化过程就是这样一类典型的具有不确定性的系统。因此，在工程实践中，采用基于精确数学模型的现代控制理论方法所设计的控制系统往往难以具有期望的性能，甚至连系统的稳定性都难以得到保证。为了弥补现代控制理论的这一不足，现代鲁棒控制理论应运而生。鲁棒控制理论结合模型参数不确定性和外部扰动不确定性的考虑，研究系统的鲁棒性能分析和综合问题，使得系统的分析和综合方法更加有效、实用(俞立，2002)。Stoyanov 和 Simeonov(1996)基于内模原理提出了一种鲁棒补偿策略，用于控制连续发酵过程。仿真结果表明，所设计的鲁棒补偿控制器具有良好的设定点跟踪性能和在较宽工作范围内对外部扰动的抑制能力。Georgieva 和 Feyo de Azevedo(1999)应用 H_∞控制方法设计了一个线性鲁棒控制器，用于活性污泥过程的控制，并与传统的 PI 控制方法作了比较，结果表明所设计的鲁棒控制器具有更好的对参考信号的跟踪性能。Lee 等(2004)则研究了活性污泥去氮过程的鲁棒多变量控制问题。Nguang 和 Chen(1999)基于非线性控制中的 L_2 增益设计方法，对一个用非结构动力学模型描述的连续生化过程进行了非线性 H_∞控制研究。Renard 等(2006)针对酿酒酵母发酵过程，提出了一种实用的鲁棒控制格式，并对其进行了实验研究。Renard 和 Vande Wouwer(2008)研究了酿酒酵母流加发酵过程的鲁棒自适应控制。Dewasme 等(2010)设计了一种线性鲁棒控制器，用于酿酒酵母流加培养过程的乙醇浓度控制。实验结果表明，所提出的鲁棒控制策略可应用于工业生产中。Logist 等(2011a，2011b)研究了生化过程的鲁棒多目标最优控制。Nuñez 等(2013)研究了有氧流加发酵过程的最小溶氧浓度控制问题。

1.3.6 模糊控制

模糊控制是以模糊集合论、模糊语言变量和模糊逻辑推理为基础的一种控制方法。20 世纪 70 年代，英国的 Mamdani 和 Assilian(1975)首先用模糊控制语句组成模糊控制器，并把它应用于锅炉和蒸汽机的控制，在实验室获得成功。这一开拓性的工作标志着模糊控制论的正式诞生。尽管生化过程各种参数之间往往不能用确切的数学关系来描述，但在不同的发酵时期，它们之间也许可以用模糊关系来描述(张嗣良和储炬，2003)，因此，可用这些模糊关系的推理结果来指导生化过程的优化操作和控制。Horiuchi 和 Kishimoto(2002)用模糊推理来鉴别培养期，并将此技术应用于在线模糊控制谷氨酸、α-淀粉酶、β-半乳糖苷酶和维生素 B_2 的生产。Campello 等(2003)基于正交基函数理论提出了一个递阶模糊模型，并研究了其在乙醇生产过程辨识和预测控制中的应用。Karakuzu 等(2006)研究了面包酵母流加发酵过程的建模、在线生物量估计和模糊控制问题。Cosenza 和 Galluzzo(2012)设计了一个可用于青霉素生产过程的非线性模糊控制器。Yang 等(2014)提出了一种模糊模型预测控制策略，用于控制活性污泥污水处理过程，并与传统的 PID 和动态矩阵控制方法作了比较，结果表明所设计的模糊控制器具有更好的设定点跟踪性能。从模糊控制器的建立过程可以看到，由于模糊系统的规则集和隶属度函数只能依靠经验来选取，而模糊系统本身又不具备自学习和自适应能力，所以模糊控制器往往受设计人员经验的限制而无法发挥更大的作用。近年来，人们常将模糊系统与自适应和学习能力都很强的神经网络结合起来，以实现模糊系统的自学习和自适应功能(殷铭等，2000；Ronen et al.，2002；李伟奖，2010；Jia et al.，2012)。

1.3.7 神经网络控制

人工神经网络技术在解决非线性、多输入、多输出、不确定性等复杂系统时具有明显的优势。它作为一种黑箱模型，无需知道系统的详细机理。同时网络具有学习能力，通过对实际数据的训练，可以相当准确地模拟和预测系统行为。当前，许多人在研究用神经网络来描述和控制生化过程。元英进等(1997)提出了一种子空间可调的模糊神经网络，并将其用于谷氨酸流加发酵过程的模拟和预测。王斌和王孙安(2004)基于非线性自回归滑动平均模型，设计了一个神经网络自回归滑动平均模型，较好地解决了生化过程中的温度控制建模问题。Mészáros 等(2004)应用神经网络研究了一个实验发酵罐的 pH 和溶氧浓度控制问题，并为其设计了计算机辅助全自动多任务控制系统。Nagy(2007)结合人工神经网络的最优设计和模型预测控制算法，研究了酵母发酵过程的建模和控制问题，并将所提出的控制算法与线性模型预测控制和 PID 控制进行比较。孙玉坤等(2010)基于逆系统方法与模糊神经网络，提出一种可用于发酵过程的解耦控制方法。仿真结果表明，提出的解耦控制方法能够适应发酵过程模型的不确定性和参数的时变性，具有较强的鲁棒性，克服了解析逆系统解耦控制方法依赖于过程模型和对模型参数的变化很敏感的缺点，且结构简单，易于实现。Peng 等(2013)基于人工神经网络和遗传算法，研究了海洋细菌素 1701 生物合成系统的过程控制问题。于霜等(2013)提出了一种基于参考模型的神经网络在线解耦控制方法，仿真实验结果表明，提出的解耦控制方法对多变量发酵过程是简单有效的。虽然人工神经网络在生化过程的建模、优化和控制中显示了其强大的在线模拟和预测学习能力，但是在实际应用中也存在一些问题，例如，缺乏一个适用于所有过程的训练算法，缺乏对具体问题如何选择网络类型、网络拓扑结构的理论指导(王树青和元英进，1999)。

1.3.8 专家控制系统

专家系统始于 20 世纪 60 年代中期，指的是一个智能计算机程序系统，其内部含有大量的某个领域专家水平的知识与经验，能够利用人类专家的知识和解决问题的经验方法来处理该领域的高水平难题(蔡自兴，1998)。简言之，专家系统是一种模拟人类专家解决某领域问题的计算机系统。有时也把专家系统称为基于知识的系统。通常一个专家系统由知识获取、知识库、推理机、数据库和用户界面等五部分组成。20 世纪 80 年代专家系统的概念和方法被引入到生化过程控制领域。至今，已有多位学者把专家对生化过程优化控制的知识、操作人员的经验以及有关生产数据总结成知识库，用一些规则来描述，然后根据生化过程可测量的参数来推断出应采取的控制方法(张嗣良和储炬，2003)。Suteaki 等(1999)综述了专家系统在生物过程系统设计和操作中的研究进展。Hrncirik 等(2002)详细讨论了知识库控制系统 BIOGENES 的结构及其在面包酵母发酵过程中的应用。Lennox 等(2002)讨论了专家系统在工业生物过程中的应用，指出专家系统可有效地向操作人员提示发酵过程中出现的故障。Cimander 等(2003)基于实时专家系统，设计了一个可实现生化过程监测和控制任务的计算机集成系统。Kabbaj 等(2010)综合应用基于模型和知识的方法，研究了生物过程的监测与控制。

1.3.9 推理控制

在发酵过程中，有一部分生化参数可直接由测量得到，如发酵液温度、pH 和溶氧浓度；还有一部分状态变量，如细胞与代谢物的浓度以及比生长速率，虽然对于生化过程的控制和优化非常重要，但是由于在线检测手段的限制，对其进行直接的在线测定有一定的困难。通常的办法是结合使用比较容易检测的参数(如氧气利用速率、二氧化碳释放速率和呼吸商)和发酵反应的物料平衡方程来对难以测定的状态变量进行估算(史仲平和潘丰，2005)，其结果可用于过程控制。Long 等(2003)基于对不可测状态的推理控制方法，提出了一种新的模型预测控制算法，并将其用于酿酒酵母发酵过程的控制。Horiuchi 和 Kishimoto(2002)用模糊推理来鉴别培养期，并将此技术应用于在线模糊控制谷氨酸、α-淀粉酶、β-半乳糖苷酶和维生素 B_2 的生产。

1.3.10 其他控制方法

除了前面提到的九种方法以外，还有一些其他的先进控制方法被用于生化过程的控制，如滑模变结构控制(Zlateva，1996；Babary and Bourrel，1999；Picó-Marco et al.，2005；Mohseni et al.，2009；Mihoub et al.，2011；Kravaris and Savoglidis，2012)和习惯控制(McLain et al.，1996)等。

1.4 色氨酸生物合成的研究进展

色氨酸是一种重要的人体必需氨基酸，在医疗、食品甚至饲料领域中有广泛应用。同其他氨基酸一样，色氨酸的生产一般是用化学合成的方法，但由于会生成 D-色氨酸和 L-色氨酸这两种物质的混合物，所以化学合成法具有造价高和效率低的缺点。与化学合成路线相比，用基因工程菌发酵生产色氨酸会得到具有生物活性的 L-色氨酸。不同的微生物，如大肠杆菌、谷氨酸棒状杆菌和酵母，都曾用来研究过量生产色氨酸。尽管在分子生物学和生物过程工程两方面都做了大量工作，但色氨酸的生产强度与其他氨基酸(如赖氨酸和谷氨酸)相比处于较低的水平(Jetton and Sinskey，1995；Krämer，1996)。Bailey(1991)提出应该把数学建模作为工具来分析数据和优化通量，以提高生产强度。关于用数学形式来描述色氨酸生物合成路径的调控，自从 19 世纪 60 年代，人们就做了大量的研究工作。在前人工作的基础上，Xiu 等(1997)引入细胞生长速率和色氨酸消耗项建立了一个数学模型，2002 年又对此模型进行改进，在新模型中考虑了生物合成酶的反馈抑制和色氨酸操纵子在转录水平上的阻遏、弱化作用(Xiu et al.，2002)。Bhartiya 等(2003)考虑外部色氨酸浓度对色氨酸操纵子的影响建立了一个数学模型，分析结果表明该动力学模型表现出结构设计上的最优性。Venkatesh 等(2004)研究了多反馈环是影响色氨酸调控鲁棒动态性能的关键因素。李铮(2006)在已有色氨酸操纵子模型的基础上，建立了一个新的用于描述色氨酸操纵子动态行为的数学模型。它不仅考虑了阻遏、弱化以及反馈抑制作用对转录的影响，而且考虑了表达阻遏蛋白的基因和表达关键酶的基因之间的相互作用和影响，以及色氨酸外排的影响。Marín-Sanguino 和 Torres(2000)利用 IOM 方法和修志龙等(1997)在 1997 年所建立的色氨酸生物合成模型，进行了色氨酸生物合成的优化研究，使色氨酸产率提高到原来的 4 倍以上，但是先前的色氨酸模型没有考虑色氨酸操纵子在转录水平上的弱化作用。徐恭贤等(2005)利用色氨酸生物合成过程的三维非线性动力系统，建立了使色氨酸消耗和分泌的综合项最大的稳态优化模型。根据 IOM 方法，首先将描述色氨酸生物合成的非线性模型转化为 S-系统形式，然后将非线性优化问题近似转化为线性优化问题来求解，最后得到了一个稳定而且鲁棒的稳态。在该稳态下，色氨酸产率提高为基本稳态时的 9 倍。与已有的优化结果(Marín-Sanguino and Torres，2000)相比，不仅获得了更高的色氨酸产率，而且得到了鲁棒性更好的最优稳态。但是，以往的研究只考虑色氨酸产率这一个目标，而实际生产中，除了要追求高产率，还要降低生产过程的代谢成本。为此，王晓雪和徐恭贤(2011)研究了色氨酸生物合成的多目标稳态优化问题。研究结果表明，在色氨酸产率基本不变的情况下，代谢物浓度之和可以降低到原来的 1/52。目前色氨酸生物合成系统已成为国内外学者研究生化系统优化问题的经典算例(Marín-Sanguino and Torres，2000；Torres and Voit，2002；徐恭贤等，2007；Marín-Sanguino et al.，2007；Xu et al.，2008；Vera et al.，2010；Xu，2013；Xu and Wang，2014)。

1.5　微生物发酵法生产 1, 3-丙二醇的研究进展

自 20 世纪 80 年代以来，将甘油发酵转化为 1, 3-丙二醇(即 1, 3-PD)就已经成

为一个研究热点，这主要是因为1, 3-PD是一种重要的化工原料，它可广泛应用于合成聚合材料的单体以及溶剂、抗冻剂等(修志龙，2000)。全球每年对1, 3-PD的市场需求量在100万吨左右，但生产厂家却很少。现今，该产品每吨售价都在4万元左右。当今世界上1, 3-PD大多采用化学合成法生产，但无论哪一种化学合成法都需要在高温、高压及催化剂存在的情况下进行。因此，成本较高，操作条件恶劣，也就限制了1, 3-PD的生产。随着石油价格的步步攀升及石油资源的短缺，生物合成法生产1, 3-PD备受全球关注。与传统的化学合成法相比，发酵法生产1, 3-PD技术具有原料来源可再生、反应条件温和、选择性好，副产物少，环境污染低等优点，这为1, 3-PD的产业化提供了广阔的前景，也引起了人们的极大关注。数家世界上著名的跨国化工公司，如美国的Dupont公司、荷兰的Shell公司和德国的Degussa公司等，都对1, 3-PD的生产和应用予以高度重视。国内大连理工大学生物工程系、清华大学化学工程系、山东大学微生物国家重点实验室、江南大学生物工程学院、中国石油吉林石化公司和天冠集团等多家单位在研究发酵法生产1, 3-PD的技术，这对发展中国化工、纺织、电子等工业，填补国内空白，打破国外对中国的技术垄断和封锁具有重要意义。

甘油生物歧化为1, 3-PD是一个具有很强非线性的生物过程。实验过程中发现，甘油作为细胞生长的底物，低浓度时是激活剂，高浓度时是潜在的抑制剂，当甘油浓度较高时，系统中存在着明显的底物和产物抑制现象(Zeng et al.，1994)；在较高的稀释速率和较大的进料浓度情况下，进料底物浓度由低到高增大或者由高到低减小将导致多稳态的出现(Xiu et al.，1998)；而且，当外界条件如进料甘油浓度、稀释速率或pH有较大突变时，系统中生物量、底物和产物都会产生振荡现象(Menzel et al.，1996)。Zeng(1995)、Zeng和Deckwer(1995)用过量动力学模型描述了甘油转化过程中底物、能量消耗以及部分产物形成的情况。修志龙等(2000a)发现，虽然能用过量动力学模型描述甘油转化过程中底物、能量消耗以及部分产物形成的情况，但是当甘油的浓度变化速率较大时，动力学模型参数必须重新修正，这时对细胞生长毒性较强的乙醇的形成不能再用过量动力学模型描述。为此，结合实验数据，修志龙等对过量动力学模型进行了参数辨识，修改后的模型定性地描述了实验中的多态，但不能解释其中的持续振荡现象。同期，修志龙等(2000b)通过实验研究了微生物连续培养过程中的过渡行为。为进一步揭示微生物连续培养过程的非线性现象，如多态、振荡和混沌，考虑到细胞通过细胞壁或细胞膜摄取底物和分泌产物有个传递过程，孙丽华等(2002，2003)、马永峰等(2003)、姚玉华等(2005)在已有的微生物发酵法生产1, 3-PD的模型中引入时滞，发现此系统存在Hopf分叉，根据分析和计算，得到了Hopf分支的分叉值及其随操作参数的变化规律，并利用时滞微分方程的数值解法绘制了周期解和相图。Xiu等(2002)在双反应器串联连续发酵的模型中引入时滞，研究了代谢过量和时滞对两阶段发酵过程的性能和动态行为的影响情况。Li 等(2005)对微生物连续发酵的非线性动力系统进行了稳定性分析，证明了平衡点的存在性，给出了平衡点的稳定性条件。Chen 等(2003)在微氧条件下，通过实验研究了批式流加过程，并进行化学计量分析。綦文涛和修志龙(2003)系统综述了甘油生物转化为 1, 3-PD 过程的代谢和基因调控机理的研究进展。Xiu 等(2004)研究了甘油转化为 1, 3-PD 过程的最优操作问题。李晓红等(2005)、Li 等(2006)针对微生物间歇和连续发酵生产 1, 3-PD 这两个非线性系统，分别研究了其动态优化问题(开环最优控制)和稳态优化问题，用不可微优化理论和方法证明了模型最优解的存在性，论述了最优性函数与一阶最优性条件的等价性。近年来，冯恩民领导的课题组通过数值计算研究了连续发酵、间歇发酵与批式流加过程的参数辨识问题(Gao et al.，2005，2006；Wang et al.，2007，2008；Shen et al.，2008；Wang et al.，2009；Gong et al.，2011；Wang et al.，2011a，2011b；冯恩民等，2012；Yan et al.，2012；Ye et al.，2012；Shen et al.，2012；Jiang et al.，2013；Liu et al.，2013；Gao et al.，2014；Yuan et al.，2014)。Xu 等(2006)、Xu(2010b)针对生化过程所固有的不确定性这一特点，研究了甘油连续生物歧化为 1, 3-PD 过程的 H_∞控制问题，并应用 H_∞控制方法，设计了一个使系统在产物体积产率最大的最优稳态附近工作的鲁棒控制器。仿真结果表明，所设计的鲁棒控制器不仅保证了系统对模型的参数变化具有鲁棒稳定性，而且使系统具有很好的鲁棒跟踪性能。Zhu 等(2014)应用 μ 分析工具设计了一个鲁棒控制器，用于控制甘油连续生物歧化为 1, 3-PD 过程。

第 2 章　生化系统稳态优化的 IOM 方法与应用

近年来，基于模型的优化已成为生化系统代谢路径优化的重要组成部分。从技术的角度来看，数学优化为分析和优化生物过程提供了一个有效的系统化工具，借助这种优化技术可以获得生化系统的重要信息，从而可以设计过程的最优操作策略。关于基于模型的优化策略，研究人员已经做了很多有益的工作（Voit，1992；Hatzimanikatis et al.，1996a，1996b；Torres et al.，1996；Torres et al.，1997；Dean and Dervakos，1998；Chang and Sahinidis，2005），其中一个成功的例子是 Torres 等在 1996 年提出的间接优化方法（IOM）（Torres et al.，1996，1997）。该方法的基本思想是用 S-系统去逼近生化系统的非线性模型，这种表示的一个好处是，当模型的所有变量用对数坐标表达时，稳态方程是线性的，所以，可用线性优化算法来求解生化系统的稳态优化问题。与一般的非线性优化方法相比，IOM 方法具有操作简单和便于对生化系统进行分析的优点，因此备受人们的关注。

本章内容安排如下：首先给出生化系统稳态优化的 IOM 方法；然后考虑生物合成酶的反馈抑制和色氨酸操纵子在转录水平上的阻遏、弱化作用，应用 IOM 方法研究了色氨酸生物合成的稳态优化，使色氨酸产率得到进一步提高，并与 Marín-Sanguino 和 Torres（2000）进行结果比较。

2.1　生化系统稳态优化的 IOM 方法

2.1.1　生化系统稳态优化问题的描述

考虑如下生化系统：

$$\frac{\mathrm{d}X_i}{\mathrm{d}t}=F_i(\boldsymbol{X},\boldsymbol{Y}),\qquad i=1,2,\cdots,n \tag{2.1}$$

式中，$\boldsymbol{X}=(X_1,X_2,\cdots,X_n)^{\mathrm{T}}\in\mathbf{R}^n$，$X_i(i=1,2,\cdots,n)$ 为代谢物浓度；$\boldsymbol{Y}=(Y_1,Y_2,\cdots,Y_m)^{\mathrm{T}}\in\mathbf{R}^m$，$Y_k(k=1,2,\cdots,m)$ 为模型参数，一般为酶活性。

生化系统式（2.1）的稳态优化问题可描述为

$$\max\quad J(\boldsymbol{X},\boldsymbol{Y}) \tag{2.2}$$

$$\text{s.t.}\quad F_i(\boldsymbol{X},\boldsymbol{Y})=0,\qquad i=1,2,\cdots,n \tag{2.3}$$

$$X_i^L\leqslant X_i\leqslant X_i^U \tag{2.4}$$

$$Y_k^L \leqslant Y_k \leqslant Y_k^U, \quad k=1,2,\cdots,m \tag{2.5}$$

$$G_l(\boldsymbol{X},\boldsymbol{Y}) \leqslant 0, \quad l=1,2,\cdots,p \tag{2.6}$$

式中，目标函数 $J(\boldsymbol{X},\boldsymbol{Y})$ 通常为某一通量或代谢物浓度；式(2.3)为稳态约束；式(2.4)和式(2.5)分别是对代谢物浓度 X_i 和模型参数 Y_k 的约束；式(2.6)是对某一通量或某两个通量之比的约束。

2.1.2 IOM 方法

IOM 方法的操作步骤如下。

1. 将原模型转化为 S-系统形式

S-系统形式是一种基于生化系统理论(biochemical systems theory，BST)并用幂函数来描述生化过程非线性本质特性的建模方法(Savageau，1976)。S-系统中代谢物浓度的变化由两部分组成，一部分是“积累”，另一部分是“消耗”。如果将“积累”和“消耗” X_i 的所有通量之和分别记为 V_i^+ 和 V_i^-，则生化系统(2.1)可表示为

$$\frac{\mathrm{d}X_i}{\mathrm{d}t}=V_i^+ - V_i^-, \quad i=1,2,\cdots,n \tag{2.7}$$

将 V_i^+ 和 V_i^- 分别表示成幂函数的形式，则生化系统(2.1)的 S-系统模型可写为

$$\frac{\mathrm{d}X_i}{\mathrm{d}t}=\alpha_i\prod_{j=1}^{n}X_j^{g_{ij}}\prod_{k=1}^{m}Y_k^{g'_{ik}} - \beta_i\prod_{j=1}^{n}X_j^{h_{ij}}\prod_{k=1}^{m}Y_k^{h'_{ik}}, \quad i=1,2,\cdots,n \tag{2.8}$$

式中，参数 g_{ij}、g'_{ik}、h_{ij} 和 h'_{ik} 为动力阶；α_i 和 β_i 是速率常数，分别定义如下：

$$g_{ij}=\left(\frac{\partial V_i^+}{\partial X_j}\frac{X_j}{V_i^+}\right)_0$$

$$g'_{ik}=\left(\frac{\partial V_i^+}{\partial Y_k}\frac{Y_k}{V_i^+}\right)_0$$

$$h_{ij}=\left(\frac{\partial V_i^-}{\partial X_j}\frac{X_j}{V_i^-}\right)_0$$

$$h'_{ik}=\left(\frac{\partial V_i^-}{\partial Y_k}\frac{Y_k}{V_i^-}\right)_0$$

$$\alpha_i=\left(V_i^+\right)_0\prod_{j=1}^{n}\left(X_j\right)_0^{-g_{ij}}\prod_{k=1}^{m}\left(Y_k\right)_0^{-g'_{ik}}$$

$$\beta_i = \left(V_i^-\right)_0 \prod_{j=1}^{n} \left(X_j\right)_0^{-h_{ij}} \prod_{k=1}^{m} \left(Y_k\right)_0^{-h'_{ik}}$$

下标 0 表示上述参数是在代谢物浓度的稳态下计算的，本章以下部分类同。

根据式(2.8)，目标函数 $J(\boldsymbol{X},\boldsymbol{Y})$ 的 S-系统表示形式为

$$J'(\boldsymbol{X},\boldsymbol{Y}) = \gamma \prod_{i=1}^{n} X_i^{f_i} \prod_{k=1}^{m} Y_k^{f'_k} \tag{2.9}$$

式中，f_i 和 f'_k 是动力阶；γ 是相应的速率常数，其表达式为

$$\gamma = (J)_0 \prod_{i=1}^{n} (X_i)_0^{-f_i} \prod_{k=1}^{m} (Y_k)_0^{-f'_k}$$

2. S-系统的质量评估

S-系统形式可方便地用于模型质量评估的分析和计算。

首先，通过解如下 Jacobi 矩阵的特征方程可以对 S-系统模型进行局部稳定性的判定(Savageau，1976；Chen，1984)：

$$\begin{bmatrix} d_{11} & d_{12} & \cdots & d_{1n} \\ d_{21} & d_{22} & \cdots & d_{2n} \\ \vdots & \vdots & & \vdots \\ d_{n1} & d_{n2} & \cdots & d_{nn} \end{bmatrix} \tag{2.10}$$

式中

$$d_{ij} = \left(\frac{V_i^+}{X_i}\right)_0 (g_{ij} - h_{ij})$$

如果式(2.10)中矩阵的所有特征值的实部都是负的，那么稳态是局部稳定的。

其次，可以分析模型的鲁棒性，即模型的性能对微小结构改变的“强健”程度。系统敏感度理论是评估模型质量的重要方法。在 S-系统中有速率常数敏感度、动力阶敏感度和对数增益，其定义如下。

1) 速率常数敏感度

速率常数敏感度的定义式为

$$S_{\mathrm{rc}}(X_i, \alpha_j) = \left(\frac{\partial X_i}{\partial \alpha_j} \frac{\alpha_j}{X_i}\right)_0$$

$$S_{\mathrm{rc}}(X_i, \beta_j) = \left(\frac{\partial X_i}{\partial \beta_j} \frac{\beta_j}{X_i}\right)_0$$

$$S_{\mathrm{rc}}(V_i,\alpha_j)=\left(\frac{\partial V_i}{\partial \alpha_j}\frac{\alpha_j}{V_i}\right)_0$$

$$S_{\mathrm{rc}}(V_i,\beta_j)=\left(\frac{\partial V_i}{\partial \beta_j}\frac{\beta_j}{V_i}\right)_0$$

式中，V_i 表示给定的通量。一般地，速率常数敏感度与系统的所有动力阶有关，所以它们是系统的整体性质。

2)动力阶敏感度

动力阶敏感度的定义式为

$$S_{\mathrm{ko}}(X_i,g_{qj})=\left(\frac{\partial X_i}{\partial g_{qj}}\frac{g_{qj}}{X_i}\right)_0$$

$$S_{\mathrm{ko}}(V_i,g_{qj})=\left(\frac{\partial V_i}{\partial g_{qj}}\frac{g_{qj}}{V_i}\right)_0$$

$$S_{\mathrm{ko}}(X_i,g'_{qk})=\left(\frac{\partial X_i}{\partial g'_{qk}}\frac{g'_{qk}}{X_i}\right)_0$$

$$S_{\mathrm{ko}}(V_i,g'_{qk})=\left(\frac{\partial V_i}{\partial g'_{qk}}\frac{g'_{qk}}{V_i}\right)_0$$

$$S_{\mathrm{ko}}(X_i,h_{qj})=\left(\frac{\partial X_i}{\partial h_{qj}}\frac{h_{qj}}{X_i}\right)_0$$

$$S_{\mathrm{ko}}(V_i,h_{qj})=\left(\frac{\partial V_i}{\partial h_{qj}}\frac{h_{qj}}{V_i}\right)_0$$

$$S_{\mathrm{ko}}(X_i,h'_{qk})=\left(\frac{\partial X_i}{\partial h'_{qk}}\frac{h'_{qk}}{X_i}\right)_0$$

$$S_{\mathrm{ko}}(V_i,h'_{qk})=\left(\frac{\partial V_i}{\partial h'_{qk}}\frac{h'_{qk}}{V_i}\right)_0$$

式中，$q=1,2,\cdots,n$。与速率常数敏感度一样，动力阶敏感度也是系统的整体性质，只不过它们是速率常数和动力阶的函数。

3)对数增益

对数增益也是一种很重要的敏感度系数，其定义式为

$$L_{\mathrm{g}}(X_i,Y_k)=\left(\frac{\partial X_i}{\partial Y_k}\frac{Y_k}{X_i}\right)_0$$

$$L_g(V_i, Y_k) = \left(\frac{\partial V_i}{\partial Y_k} \frac{Y_k}{V_i} \right)_0$$

式中，$L_g(X_i, Y_k)$ 是浓度对数增益；$L_g(V_i, Y_k)$ 是通量对数增益。

敏感度比 1 大说明系统对某个参数的扰动的响应扩大；反之，则响应减小。敏感度是正值说明系统变量与速率常数(或动力阶)对参数的扰动，在数值上是同增同减的；反之，则向相反的方向变化。一个好的模型其参数敏感度应该很小，即参数发生微小改变时，模型仍能保持原有的结构和行为；相反，如果模型具有高参数敏感度，即速率常数敏感度和动力阶敏感度的绝对值大于 50(Vera et al.，2003b)，对数增益的绝对值大于 10(Vera et al.，2003b)，那么就需要重新考虑该模型的参数值。

最后，还可以考察系统对暂时扰动或持久变化的瞬态响应的动力学特性。例如，经扰动后模型恢复到其稳态需要多长时间；模型对中等程度的而不是非常小的扰动的反应如何；扰动是否会引起振荡响应；若是，它们是现实发生的吗；从扰动到接近稳态间的暂态响应是否合理。所有这些分析可用于检查数学表示是否一致和可靠(Shiraishi and Savageau，1992；Ni and Savageau，1996a，1996b)。

3. 线性规划和优化

尽管 S-系统模型是非线性的，但当变量用对数坐标表示时，稳态方程却是线性的(Savageau，1969)。这样对稳态系统及其约束作对数变换，即可将非线性优化问题转化为线性优化问题来求解(Voit，1992；Torres et al.，1996)。

令 $\mathrm{d}X_i/\mathrm{d}t = 0$，则系统(2.8)的稳态方程可化为

$$\sum_{j=1}^{n}(g_{ij} - h_{ij})\ln(X_j) + \sum_{k=1}^{m}(g'_{ik} - h'_{ik})\ln(Y_k) = \ln\left(\frac{\beta_i}{\alpha_i}\right), \quad i = 1, 2, \cdots, n \tag{2.11}$$

设

$$x_j = \ln(X_j), \quad j = 1, 2, \cdots, n$$

$$y_k = \ln(Y_k), \quad k = 1, 2, \cdots, m$$

$$b_i = \ln\left(\frac{\beta_i}{\alpha_i}\right), \quad i = 1, 2, \cdots, n$$

则可将式(2.11)表示为如下线性代数方程形式：

$$\boldsymbol{A}_d \boldsymbol{x} + \boldsymbol{A}_{id} \boldsymbol{y} = \boldsymbol{b} \tag{2.12}$$

式中

$$\boldsymbol{A}_d = (g_{ij} - h_{ij})_{n \times n}$$

$$\boldsymbol{A}_{id} = (g'_{ik} - h'_{ik})_{n \times m}$$

$$\boldsymbol{x}=(x_1, x_2, \cdots, x_n)^{\mathrm{T}}$$
$$\boldsymbol{y}=(y_1, y_2, \cdots, y_m)^{\mathrm{T}}$$
$$\boldsymbol{b}=(b_1, b_2, \cdots, b_n)^{\mathrm{T}}$$

由 Savageau(1976)可知，如果生化系统有非零稳态，则矩阵 $\boldsymbol{A}_d$ 可逆，于是由式(2.12)可唯一地解出 $\boldsymbol{x}$，其解为

$$\boldsymbol{x}(\boldsymbol{y},\boldsymbol{b})=-\boldsymbol{A}_d^{-1}\boldsymbol{A}_{id}\boldsymbol{y}+\boldsymbol{A}_d^{-1}\boldsymbol{b} \tag{2.13}$$

由于对数变换并不改变目标函数最优解的位置，所以优化问题(2.2)～(2.6)可化为如下线性优化问题：

$$\begin{aligned} \max\quad & \bar{J}(\boldsymbol{x},\boldsymbol{y}) \\ \text{s.t.}\quad & \boldsymbol{A}_d\boldsymbol{x}+\boldsymbol{A}_{id}\boldsymbol{y}=\boldsymbol{b} \\ & \ln(X_i^L)\leqslant x_i\leqslant \ln(X_i^U), \quad i=1,2,\cdots,n \\ & \ln(Y_k^L)\leqslant y_k\leqslant \ln(Y_k^U), \quad k=1,2,\cdots,m \\ & \bar{\boldsymbol{G}}(\boldsymbol{x},\boldsymbol{y})\leqslant 0 \end{aligned} \tag{2.14}$$

式中，向量函数 $\bar{\boldsymbol{G}}(\boldsymbol{x},\boldsymbol{y})\in\mathbf{R}^l$ 是约束(2.6)在对数空间的线性表示；目标函数 $\bar{J}(\boldsymbol{x},\boldsymbol{y})$ 为

$$\begin{aligned} \bar{J}(\boldsymbol{x},\boldsymbol{y}) &= \ln(J(\boldsymbol{X},\boldsymbol{Y})) \\ &= \ln(J'(\boldsymbol{X},\boldsymbol{Y})) \\ &= \ln(\gamma)+\sum_{i=1}^{n} f_i\ln(X_i)+\sum_{k=1}^{m} f'_k\ln(Y_k) \\ &= \ln(\gamma)+\sum_{i=1}^{n} f_i x_i+\sum_{k=1}^{m} f'_k y_k \\ &= \ln(\gamma)+\boldsymbol{f}^{\mathrm{T}}\boldsymbol{x}+\boldsymbol{f}'^{\mathrm{T}}\boldsymbol{y} \end{aligned}$$

式中

$$\boldsymbol{f}=(f_1, f_2, \cdots, f_n)^{\mathrm{T}}$$
$$\boldsymbol{f}'=(f'_1, f'_2, \cdots, f'_m)^{\mathrm{T}}$$

为了获得细胞生理能力上可以接受的最优解，对代谢物浓度 X_i 的上下界施以如下约束(Torres et al.，1996；Torres et al.，1997)：

$$X_i^L=0.8(X_i)_0$$
$$X_i^U=1.2(X_i)_0$$

式中，$(X_i)_0$ 为 X_i 的参考稳态。

4. 将优化结果转化为原模型

为考察 S-系统模型与原模型之间的最优解是否一致，需将前面得到的最优 S-

系统解下的参数 Y_k（$k=1,2,\cdots,m$）代入系统(2.1)中求其稳态解 X_i（$i=1,2,\cdots,n$）。如果 X_i 与由 S-系统计算出来的代谢物浓度值相差很大或模型不稳定，则需改变相应的变量约束。

注 2.1　设问题(2.14)的最优解为 $((\boldsymbol{x}^{\mathrm{S}})^{\mathrm{T}},(\boldsymbol{y}^{\mathrm{S}})^{\mathrm{T}})^{\mathrm{T}}$，则称 $\boldsymbol{X}^{\mathrm{S}}$（$X_i^{\mathrm{S}}=\exp(x_i^{\mathrm{S}})$，$i=1,2,\cdots,n$）为生化系统的 S-系统解。如果将最优 S-系统解 $\boldsymbol{X}^{\mathrm{S}}$ 下的参数 $\boldsymbol{Y}^{\mathrm{S}}$（$Y_k^{\mathrm{S}}=\exp(y_k^{\mathrm{S}})$，$k=1,2,\cdots,m$）代入系统(2.1)中所得的稳态解记为 $\boldsymbol{X}^{\mathrm{IOM}}$，则称 $\boldsymbol{X}^{\mathrm{IOM}}$ 为生化系统的 IOM 解。通常情况下，S-系统解 $\boldsymbol{X}^{\mathrm{S}}$ 与 IOM 解 $\boldsymbol{X}^{\mathrm{IOM}}$ 相差较大。

2.1.3　迭代 IOM 方法

当 S-系统解 $\boldsymbol{X}^{\mathrm{S}}$ 与 IOM 解 $\boldsymbol{X}^{\mathrm{IOM}}$ 相差较大时，可采用迭代 IOM 方法以获得比较满意的最优解(Voit，1992；Marín-Sanguino and Torres，2000)。该方法可简述如下：将前面得到的最优参数值 Y_k ($k=1,2,\cdots,m$)代入系统(2.1)中，按 IOM 方法重新计算，可得另一组最优参数值和一个新的稳态。重复这种过程，可以得到一族稳态。当 S-系统解与 IOM 解满足 $\left\|\boldsymbol{X}_{\mathrm{SS}}^{(r)}-\boldsymbol{X}_{\mathrm{IOM}}^{(r)}\right\|<\varepsilon$ 时，迭代过程结束。其中，$\boldsymbol{X}_{\mathrm{SS}}^{(r)}$ 和 $\boldsymbol{X}_{\mathrm{IOM}}^{(r)}$ 分别为迭代 r 次的 S-系统解和 IOM 解，ε 为给定的允许精度，$\|\cdot\|$ 为欧氏范数。

2.2　色氨酸生物合成的稳态优化

本节基于 Xiu 等(2002)建立的色氨酸合成动力学模型，建立了色氨酸生物合成的稳态优化模型。根据 IOM 方法，将非线性优化问题近似转化为线性优化问题来求解，使色氨酸产率得到进一步提高，并与 Marín-Sanguino 和 Torres(2000)进行结果比较。

2.2.1　色氨酸生物合成的数学模型、正稳态解及其优化

Xiu 等(2002)给出了色氨酸生物合成的无因次数学模型：

$$\frac{\mathrm{d}X_1}{\mathrm{d}t}=\frac{1+X_3}{1+[1+Y_2X_3/(X_3+Y_{11})]X_3}\frac{Y_{12}}{Y_{12}+X_3}-(Y_8+Y_1)X_1 \tag{2.15}$$

$$\frac{\mathrm{d}X_2}{\mathrm{d}t}=X_1-(Y_9+Y_1)X_2 \tag{2.16}$$

$$\frac{\mathrm{d}X_3}{\mathrm{d}t}=\frac{X_2Y_3^2}{Y_3^2+X_3^2}-(Y_{10}+Y_1)X_3-\frac{X_3Y_4}{1+X_3}\frac{X_3}{X_3+Y_{11}}-\frac{Y_5(1-Y_6Y_1)Y_1X_3}{X_3+Y_7} \tag{2.17}$$

式中，X_1、X_2、X_3、t 和 Y_1 分别是无因次的胞内 mRNA、酶、色氨酸浓度、时间和生长速率；Y_2 表示菌种色氨酸操纵子阻遏物水平的无因次常数的最大值；其他参数意义见文献(Xiu et al.，2002)。同文献(Xiu et al.，2002)一样，本书忽略色氨酸的降解，所以 $Y_{10}=0$。

从式(2.15)～式(2.17)的稳态条件 $\mathrm{d}X_i/\mathrm{d}t=0\,(i=1,2,3)$，可得如下三个非线性方程：

$$X_1=\frac{1+X_3}{1+[1+Y_2X_3/(X_3+Y_{11})]X_3}\frac{Y_{12}}{Y_{12}+X_3}\frac{1}{Y_8+Y_1} \tag{2.18}$$

$$X_2=\frac{1+X_3}{1+[1+Y_2X_3/(X_3+Y_{11})]X_3}\frac{Y_{12}}{Y_{12}+X_3}\frac{1}{Y_8+Y_1}\frac{1}{Y_9+Y_1} \tag{2.19}$$

$$\begin{aligned}&\frac{1+X_3}{1+[1+Y_2X_3/(X_3+Y_{11})]X_3}\frac{Y_{12}}{Y_{12}+X_3}\frac{1}{Y_8+Y_1}\frac{1}{Y_9+Y_1}\frac{Y_3^2}{Y_3^2+X_3^2}\\&=(Y_{10}+Y_1)X_3+\frac{X_3Y_4}{1+X_3}\frac{X_3}{X_3+Y_{11}}+\frac{Y_5(1-Y_6Y_1)Y_1X_3}{X_3+Y_7}\end{aligned} \tag{2.20}$$

对于给定的 $Y_k>0$（$k=1,2,\cdots,12$）以及 $1-Y_6Y_1>0$，易证式(2.20)的左端在 $(0,+\infty)$ 上关于 X_3 单调递减，而其右端在 $(0,+\infty)$ 上关于 X_3 单调递增，所以式(2.20)有唯一的正解，记为 $(X_3)_0$。再由式(2.18)和式(2.19)可知，式(2.15)～式(2.17)有且仅有一个正稳态解，记为 $((X_1)_0,(X_2)_0,(X_3)_0)^{\mathrm{T}}$。当式(2.15)～式(2.17)中的参数 Y_k 取表 2.1 中的值时，则可算得式(2.15)～式(2.17)的正稳态解为

$$\boldsymbol{X}_0=((X_1)_0,(X_2)_0,(X_3)_0)^{\mathrm{T}}=(0.021999,1.020382,57.235413)^{\mathrm{T}}$$

称该稳态为基本稳态。

表 2.1　式(2.15)～式(2.17)中参数的取值(Xiu et al.，2002)

参数	Y_1	Y_2	Y_3	Y_4	Y_5	Y_6	Y_7	Y_8	Y_9	Y_{10}	Y_{11}	Y_{12}
取值	0.001 56	5	100	0.024	430	7.5	0.005	0.9	0.02	0	25	5.5

式(2.15)～式(2.17)中虽然没有直接包含产物分泌，但是由 Xiu 等(1997)、Marín-Sanguino 和 Torres(2000)可知，式(2.17)的最后一项可以认为是描述色氨酸消耗和分泌的综合项，记为

$$J=\frac{Y_5(1-Y_6Y_1)Y_1X_3}{X_3+Y_7} \tag{2.21}$$

于是使色氨酸生物合成过程在稳态下进行，又使目标函数 J 最大的稳态优化问题可表示为

$$
\begin{aligned}
\max \quad & J=\frac{Y_5(1-Y_6Y_1)Y_1X_3}{X_3+Y_7} \\
\text{s.t.} \quad & \frac{1+X_3}{1+(1+Y_2X_3/(X_3+Y_{11}))X_3}\frac{Y_{12}}{Y_{12}+X_3}=(Y_8+Y_1)X_1 \\
& X_1=(Y_9+Y_1)X_2 \\
& \frac{X_2Y_3^2}{Y_3^2+X_3^2}=(Y_{10}+Y_1)X_3+\frac{X_3Y_4}{1+X_3}\frac{X_3}{X_3+Y_{11}}+\frac{Y_5(1-Y_6Y_1)Y_1X_3}{X_3+Y_7} \\
& 0.8(X_i)_0 \leqslant X_i \leqslant 1.2(X_i)_0, \quad i=1,2,3 \\
& 0<Y_1 \leqslant 0.00624 \\
& 5 \leqslant Y_2 \leqslant 150 \\
& 10 \leqslant Y_3 \leqslant 5000 \\
& Y_4=5.616\times 10^{-4}Y_2 \\
& 0<Y_5 \leqslant 1000 \\
& 10<Y_{11} \leqslant 250 \\
& 5.5<Y_{12} \leqslant 55 \\
& (Y_6,Y_7,Y_8,Y_9,Y_{10})=(7.5,0.005,0.9,0.02,0)
\end{aligned}
\tag{2.22}
$$

2.2.2　优化问题的简化

因为式(2.22)是一个非线性规划问题，为此应用 IOM 方法，将其转化为一个线性优化问题来求解。

首先，根据式(2.8)，可得式(2.15)～式(2.17)在基本稳态 $\boldsymbol{X}_0$ 下的 S-系统表示形式为

$$\frac{\mathrm{d}X_1}{\mathrm{d}t}=0.7487X_3^{-1.1608}Y_2^{-0.7738}Y_{11}^{0.2352}Y_{12}^{0.9123}-1.0128X_1Y_1^{0.0017}Y_8^{0.9983} \tag{2.23}$$

$$\frac{\mathrm{d}X_2}{\mathrm{d}t}=X_1-1.2965X_2Y_1^{0.0724}Y_9^{0.9276} \tag{2.24}$$

$$\begin{aligned}\frac{\mathrm{d}X_3}{\mathrm{d}t}=\ & 0.572X_2X_3^{-0.4935}Y_3^{0.4935}-1.475X_3^{0.1231}Y_1^{0.9684} \\ & \cdot Y_4^{0.0214}Y_5^{0.8625}Y_6^{-0.0102}Y_7^{-7.5\times 10^{-5}}Y_{11}^{-0.0065}\end{aligned} \tag{2.25}$$

其次，由式(2.9)可以得到目标函数(2.21)在基本稳态 $\boldsymbol{X}_0$ 下的 S-系统形式为

$$J'=0.9368X_3^{0.000087}Y_1^{0.9882}Y_5Y_6^{-0.0118}Y_7^{-0.000087} \tag{2.26}$$

最后，按 2.1.2 节中所述的方法，将式(2.22)近似化为如下线性优化问题：

$$
\begin{aligned}
\max \quad & J'(\boldsymbol{x},\boldsymbol{y}) = \ln(0.9368) + \boldsymbol{f}^{\mathrm{T}}\boldsymbol{x} + \boldsymbol{f}'^{\mathrm{T}}\boldsymbol{y} \\
\text{s.t.} \quad & \boldsymbol{A}_d\boldsymbol{x} + \boldsymbol{A}_{id}\boldsymbol{y} = \boldsymbol{b} \\
& \ln(0.8(X_i)_0) \leqslant x_i \leqslant \ln(1.2(X_i)_0), \quad i=1,2,3 \\
& 1.6094 \leqslant y_2 \leqslant 5.0106 \\
& 2.3026 \leqslant y_3 \leqslant 8.5172 \\
& y_4 = -7.4847 + y_2 \\
& -\infty < y_5 \leqslant 6.9078 \\
& 2.3026 < y_{11} \leqslant 5.5215 \\
& 1.7047 < y_{12} \leqslant 4.0073 \\
& (y_6, y_7, y_8, y_9) = (2.0149, -5.2983, -0.1054, -3.9120)
\end{aligned} \tag{2.27}
$$

式中

$$\boldsymbol{f} = (0, 0, 0.000087)^{\mathrm{T}}$$

$$\boldsymbol{f}' = (0.9882, 0, 0, 0, 1, -0.0118, -0.000087, 0, 0, 0, 0, 0)^{\mathrm{T}}$$

2.2.3 结果分析

1. S-系统模型的质量评估

由式(2.10)可以算得 S-系统(2.23)～(2.25)在基本稳态处的特征值分别为−0.9019、−0.0147+0.0172i 和−0.0147−0.0172i，而且都具有负实部，所以 S-系统(2.23)～(2.25)在基本稳态处是局部稳定的。

图 2.1 给出了速率常数、参数以及动力阶对代谢物浓度 X_i(i=1,2,3)和通量 V_i(i=1,2,3)的影响情况。从图 2.1(a)中可以看出，所有速率常数敏感度的绝对值都小于 1，其中，最大值为 0.6531，最小值仅为 0.0693。由此可见，S-系统模型对参数变化具有很好的抗干扰性。图 2.1(b)是对数增益图，从图中可以看出，所有对数增益的绝对值皆小于 1，其中，Y_1 和 Y_5 对通过 X_3 的通量 V_3 的影响最大，相应的对数增益分别为 0.8962 和 0.8028；X_3 和通过 X_3 的通量 V_3 对参数的变化最敏感。图 2.1(c)说明了动力阶参数对代谢物浓度和通量的影响情况，其中，Z_v 由表 2.2 给出。在所有 126 个动力阶敏感度中，有 51 个近似为 0，33 个绝对值小于 1，还有 42 个其绝对值为 1～5.83。显然，X_3 和通过 X_3 的通量 V_3 对动力阶的变化最敏感，而 $h'_{3,1}$ 和 $h'_{3,5}$ 是最大的影响参数。

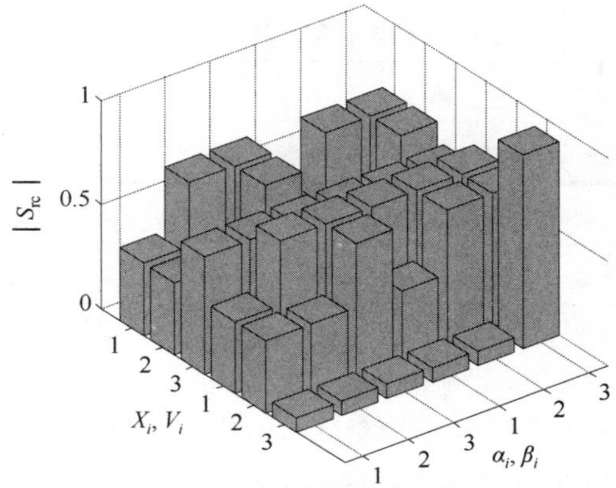

(a) 速率常数敏感度

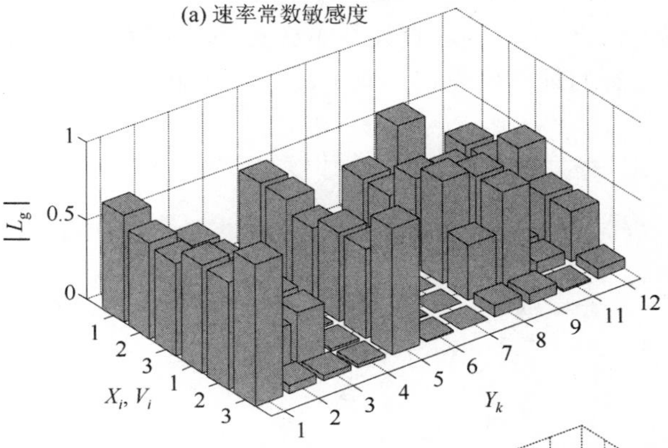

(b) 对数增益

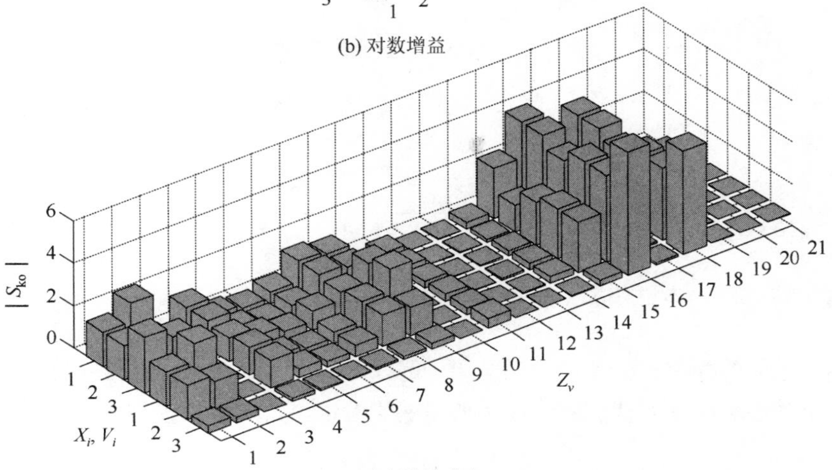

(c) 动力阶敏感度

图 2.1　基本稳态时的速率常数敏感度、对数增益和动力阶敏感度

表 2.2 动力阶的分配

Z_v	Z_1	Z_2	Z_3	Z_4	Z_5	Z_6	Z_7	Z_8	Z_9	Z_{10}	Z_{11}
动力阶	$g_{1,3}$	$g_{2,1}$	$g_{3,2}$	$g_{3,3}$	$g'_{1,2}$	$g'_{1,11}$	$g'_{1,12}$	$g'_{3,3}$	$h_{1,1}$	$h_{2,2}$	$h_{3,3}$
Z_v	Z_{12}	Z_{13}	Z_{14}	Z_{15}	Z_{16}	Z_{17}	Z_{18}	Z_{19}	Z_{20}	Z_{21}	
动力阶	$h'_{1,1}$	$h'_{1,8}$	$h'_{2,1}$	$h'_{2,9}$	$h'_{3,1}$	$h'_{3,4}$	$h'_{3,5}$	$h'_{3,6}$	$h'_{3,7}$	$h'_{3,11}$	

系统动力学也可用于评价 S-系统(2.23)～(2.25)的鲁棒性和可靠性。图 2.2 所示为色氨酸浓度增加为基本稳态的 2 倍后系统的动态响应图。从图中可以看出，X_1 和 X_2 在分别经过 2.51 个和 3.43 个无因次时间后，与基本稳态大约相差 2%；X_3 大约经过 2.37 个无因次时间渐近达到其基本稳态的 4%；6 个无因次时间以后，X_1、X_2、X_3 与基本稳态的最大偏差仅为 0.3%。

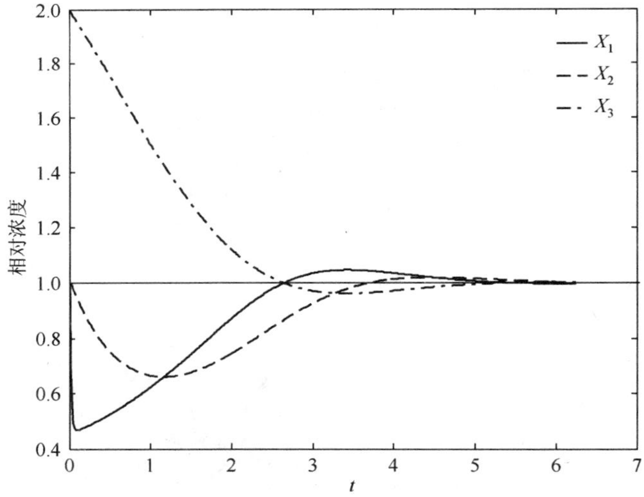

图 2.2 基本稳态时色氨酸浓度增加为其稳态值的 2 倍后系统的动态响应

结合上面的稳态分析和动力学结果，可以得出 S-系统(2.23)～(2.25)的鲁棒性较好，即小的参数扰动对代谢物浓度和通量的影响很小，所以该模型可用于优化。

2. 最优解

表 2.3 给出了优化结果(Y_4 未列出)。从表中可以看出，S-系统解和 IOM 解得到了基本一致的通量(约为基本稳态时的 9 倍)；Y_1、Y_2、Y_3、Y_5 和 Y_{11} 对优化结

果都有一定的影响，但 Y_1 和后三个参数的影响更大些；S-系统解的所有代谢物浓度 X_i（$i=1,2,3$）都在给定的约束范围内，而对于 IOM 解，所有代谢物的浓度 X_i（$i=1,2,3$）却远远偏离了基本稳态，但从细胞生理能力上来讲，仍是可以接受的。另外，由目标函数的表达式(2.21)易见，X_1 和 X_2 对最后的色氨酸产率没有直接影响，而目标函数 J 对 X_3 的变化又不敏感。

表 2.3　直接 IOM 方法的优化结果

变量	基本稳态	最优解	
		S-系统	IOM
X_1	0.021 999	$1.200(X_1)_0$	$7.220(X_1)_0$
X_2	1.020 382	$1.086(X_2)_0$	$5.932(X_2)_0$
X_3	57.235 413	$0.988(X_3)_0$	$0.298(X_3)_0$
Y_1	0.001 56	0.006 24	0.006 24
Y_2	5	6.775 469	6.775 469
Y_3	100	5000	5000
Y_5	430	1000	1000
Y_{11}	25	140.578 516	140.578 516
Y_{12}	5.5	5.5	5.5
J	0.662 894	6.066 071	5.946 226

类似于前面的分析方法，可以对最优稳态的 S-系统模型进行质量评估。

由式(2.10)可以求得 S-系统在最优稳态处的特征值分别为–0.9181、–0.0104+0.1028i 和–0.0104–0.1028i，由于特征值均具有负实部，所以最优稳态是局部稳定的。

敏感度分析结果如图 2.3(a)所示。从图 2.3(a)中可以看出，所有速率常数敏感度的绝对值都小于 1，其中有 15 个近似为 0。由此可见，S-系统模型对参数变化具有很好的抗干扰性。图 2.3(b)是对数增益图。从图中可以看出，在所有 66 个对数增益中有 45 个几乎为 0，17 个绝对值小于 1，余下的 4 个绝对值为 1.03～1.18。Y_1 和 Y_5 对代谢物浓度和通量的影响都很大；X_3 对参数的变化最敏感。图 2.3(c)说明动力阶参数对代谢物浓度和通量的影响情况。在所有 126 个动力阶敏感度中，有 87 个约等于 0，22 个绝对值小于 2，还有 17 个其绝对值为 2～6.68。显然，代谢物浓度 X_3 和通过 X_3 的通量 V_3 对动力阶的变化最敏感，而 $h'_{3,1}$ 和 $h'_{3,5}$ 是最大的影响参数，这与基本稳态时的情况是一致的。比较基本稳态和最优稳态时的敏感度分析结果可知，S-系统模型在两个稳态下具有相近的鲁棒性。

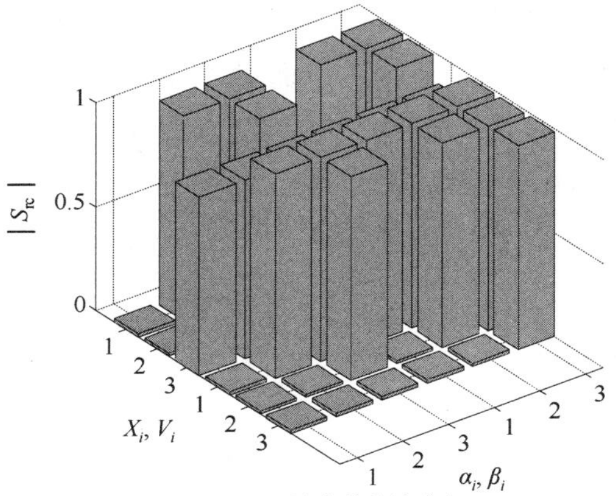

(a) 速率常数敏感度

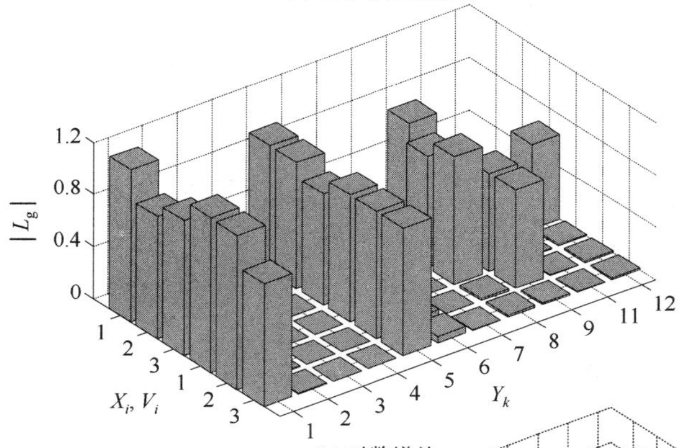

(b) 对数增益

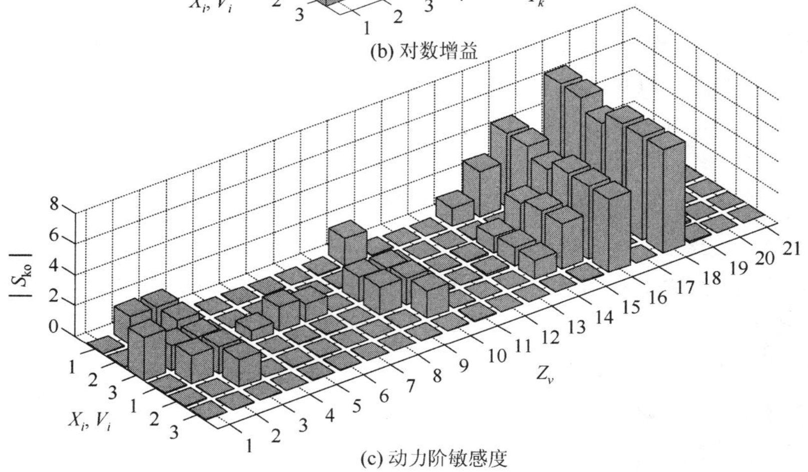

(c) 动力阶敏感度

图 2.3　最优稳态时的速率常数敏感度、对数增益和动力阶敏感度

图 2.4 所示为色氨酸浓度增加为最优稳态的 2 倍后系统的动态响应图。从图中可以看出，X_1、X_2 在分别经过 5.8 个和 3.75 个无因次时间后，与最优稳态的

最大偏差为 2%；X_3 大约经过 4 个无因次时间与最优稳态的最大偏差为 5%；8 个无因次时间以后，X_1、X_2 和 X_3 与最优稳态的最大偏差仅为 0.35%。

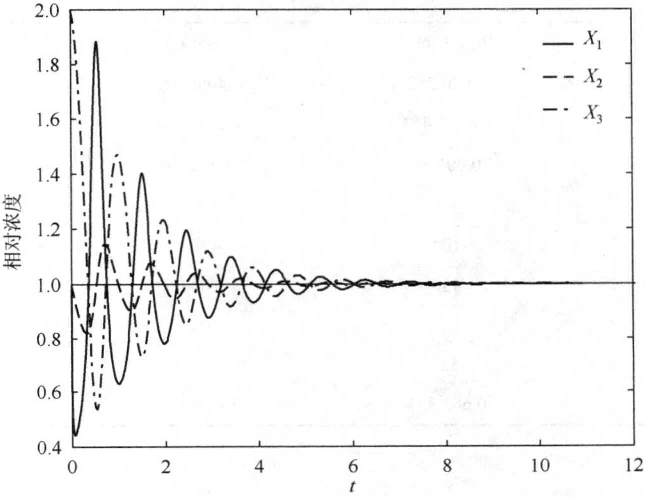

图 2.4　最优稳态时色氨酸浓度增加为其稳态值的 2 倍后系统的动态响应

由上面的稳态分析和动力学结果可以得出，最优稳态时的 S-系统模型具有较好的鲁棒性，所以该模型可作为式(2.15)～式(2.17)在最优稳态时的表示形式。

虽然应用直接 IOM 方法得到的稳态是稳定的，而且符合生物学意义，但是为了减小 S-系统解与原模型解的偏差，采用迭代 IOM 方法对表 2.3 中的结果进行修正。记表 2.3 为迭代 1 次所得的结果，则只需迭代 3 次就可以得到一个稳定而且鲁棒的稳态，其中，S-系统解 $\boldsymbol{X}_{\mathrm{SS}}^{(3)}$ 和 IOM 解 $\boldsymbol{X}_{\mathrm{IOM}}^{(3)}$ 都在给定的约束范围内，并且 $\left\|\boldsymbol{X}_{\mathrm{SS}}^{(3)}-\boldsymbol{X}_{\mathrm{IOM}}^{(3)}\right\|=0.050786$。从第 16 次迭代开始，S-系统解和 IOM 解均变化不大，表现出明显的收敛特性。图 2.5 给出了代谢物浓度随迭代次数的变化曲线。表 2.4 给出了迭代 20 次时的最优解。

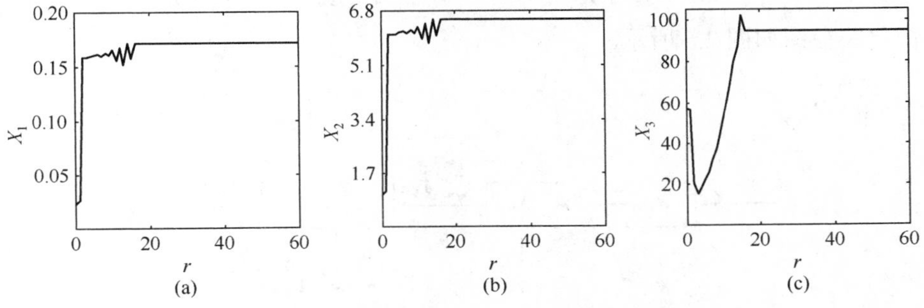

图 2.5　代谢物浓度随迭代次数的变化曲线

表 2.4　迭代 20 次时的优化结果

变量	基本稳态	最优解	
		S-系统	IOM
X_1	0.021 999	$7.795(X_1)_0$	$7.804(X_1)_0$
X_2	1.020 382	$6.405(X_2)_0$	$6.412(X_2)_0$
X_3	57.235 413	$1.658(X_3)_0$	$1.656(X_3)_0$
Y_1	0.001 56	0.006 24	0.006 24
Y_2	5	5	5
Y_3	100	4271	4271
Y_5	430	1000	1000
Y_{11}	25	250	250
Y_{12}	5.5	5.5	5.5
J	0.662 894	5.947 655	5.947 654

3. 与已有结果的比较

为了便于与 Marín-Sanguino 和 Torres(2000)所得结果进行比较，下面先简单介绍一下 Marín-Sanguino 和 Torres(2000)对色氨酸生物合成系统进行优化研究的结果。

Marín-Sanguino 和 Torres(2000)考虑了如下色氨酸生物合成模型：

$$\frac{\mathrm{d}X_1}{\mathrm{d}t}=\frac{X_3+1}{1+(1+Y_2)X_3}-(Y_8+Y_1)X_1 \tag{2.28}$$

$$\frac{\mathrm{d}X_2}{\mathrm{d}t}=X_1-(Y_9+Y_1)X_2 \tag{2.29}$$

$$\frac{\mathrm{d}X_3}{\mathrm{d}t}=\frac{X_2Y_3^2}{Y_3^2+X_3^2}-(Y_{10}+Y_1)X_3-\frac{X_3Y_4}{1+X_3}-\frac{Y_5(1-Y_6Y_1)Y_1X_3}{X_3+Y_7} \tag{2.30}$$

其简化路径图如图 2.6 所示。

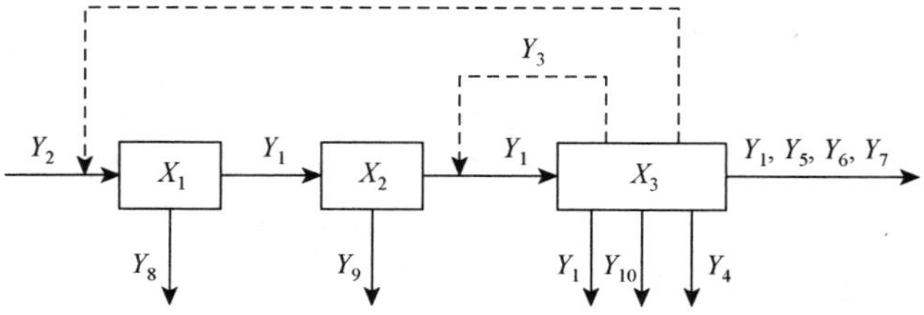

图 2.6　色氨酸生物合成的简化路径图

与式(2.15)～式(2.17)相比，式(2.28)～式(2.30)没有考虑色氨酸操纵子在转录水平上的弱化作用，而且 Y_2 表示的是菌种色氨酸操纵子阻遏物水平的无因次常数，而不是其最大值。

针对上述色氨酸生物合成模型，Marín-Sanguino 和 Torres(2000)提出了如下稳态优化问题：

$$
\begin{aligned}
\max \quad & J=\frac{Y_5(1-Y_6Y_1)Y_1X_3}{X_3+Y_7} \\
\text{s.t.} \quad & \frac{X_3+1}{1+(1+Y_2)X_3}=(Y_8+Y_1)X_1 \\
& X_1=(Y_9+Y_1)X_2 \\
& \frac{X_2Y_3^2}{Y_3^2+X_3^2}=(Y_{10}+Y_1)X_3+\frac{X_3Y_4}{1+X_3}+\frac{Y_5(1-Y_6Y_1)Y_1X_3}{X_3+Y_7} \\
& 0.8(X_i)_0\leqslant X_i\leqslant 1.2(X_i)_0, \quad i=1,2,3 \\
& 0<Y_1\leqslant 0.00624 \\
& 4\leqslant Y_2\leqslant 10 \\
& 500\leqslant Y_3\leqslant 5000 \\
& Y_4=0.0022Y_2 \\
& 0<Y_5\leqslant 1000 \\
& (Y_6,Y_7,Y_8,Y_9,Y_{10})=(7.5,0.005,0.9,0.02,0)
\end{aligned}
\tag{2.31}
$$

在给定的参考稳态下(表 2.5)，由式(2.8)和式(2.9)可以分别得到式(2.28)～式(2.30)和目标函数 J 的 S-系统表示形式：

$$\frac{\mathrm{d}X_1}{\mathrm{d}t}=0.6403X_3^{-5.87\times10^{-4}}Y_2^{-0.8332}-1.0233X_1Y_1^{0.0035}Y_8^{0.9965} \tag{2.32}$$

$$\frac{\mathrm{d}X_2}{\mathrm{d}t}=X_1-1.4854X_2Y_1^{0.1349}Y_9^{0.8651} \tag{2.33}$$

$$\frac{\mathrm{d}X_3}{\mathrm{d}t}=0.5534X_2X_3^{-0.5573}Y_3^{0.5573}-1.7094X_3^{0.7684} \cdot Y_1^{0.9904}Y_4^{0.0042}Y_5^{0.2274}Y_6^{-5.45\times10^{-3}}Y_7^{-0.8\times10^{-6}} \tag{2.34}$$

$$J'=0.8925X_3^{3.5\times10^{-6}}Y_1^{0.9760}Y_5Y_6^{-0.0240}Y_7^{-3.5\times10^{-6}} \tag{2.35}$$

需要说明的是，由于计算过程中产生的舍入误差及其他原因，上述 S-系统模型与 Marín-Sanguino 和 Torres(2000)所得到的形式略有不同。例如，式(2.32)中 Y_1 的动力阶 $h'_{1,1}$，这里 $h'_{1,1}=0.0035$，而在 Marín-Sanguino 和 Torres(2000)所得的 S-系统模型中 $h'_{1,1}=0.0034$，但是根据前面对动力阶的定义，有

$$
\begin{aligned}
h'_{1,1}+h'_{1,8} &= \left(\frac{\partial V_1^-}{\partial Y_1}\frac{Y_1}{V_1^-}\right)_0+\left(\frac{\partial V_1^-}{\partial Y_8}\frac{Y_8}{V_1^-}\right)_0 \\
&= \left(\frac{X_1Y_1}{(Y_8+Y_1)X_1}\right)_0+\left(\frac{X_1Y_8}{(Y_8+Y_1)X_1}\right)_0 \\
&= 1
\end{aligned}
$$

显然，$h'_{1,1}=0.0035$ 是合理的。

表 2.5 给出了应用直接 IOM 方法得到的优化结果。从表中可以看出，S-系统解和 IOM 解得到了基本一致的通量(约为基本稳态时的 4.3 倍)。比较表 2.3 和表 2.5 的结果可知，表 2.5 获得的色氨酸产率(5.582771，IOM 解)要低于表 2.3 中的结果(5.946226，IOM 解)。之所以会产生这两种不同的结果，是因为比生长速率 Y_1 在里面起了决定性的作用，这可以从下面对目标函数 J 的粗略分析中得到证明。

表 2.5　问题(2.31)中直接 IOM 方法的优化结果

变量	基本稳态	最优解	
		S-系统	IOM
X_1	0.184 654	$1.200(X_1)_0$	$1.196(X_1)_0$
X_2	7.986 756	$1.103(X_2)_0$	$1.070(X_2)_0$
X_3	1418.931 944	$0.800(X_3)_0$	$0.347(X_3)_0$
Y_1	0.003 12	0.005 84	0.005 84
Y_2	5	4.008	4.008
Y_3	2283	5000	5000
Y_5	430	1000	1000
J	1.310 202	$4.287(J)_0$	$4.261(J)_0$

在优化问题(2.31)的目标函数 J 中，令 $Y_5=1000$，$Y_6=7.5$，$Y_7=0.005$，则有

$$J=\frac{1000(1-7.5Y_1)Y_1X_3}{X_3+0.005}$$

由上式可知，只要色氨酸浓度 X_3 足够大，则目标函数 J 对变量 X_3 的变化就不敏感，因此在分析 J 的最大值时可以忽略 $X_3/(X_3+0.005)$ 项。另外，容易证明，随着比生长速率 Y_1 的增大，一元二次函数 $(1-7.5Y_1)Y_1$ 的值也随之增加。可以求得，当 $Y_1=0.00624$ 时，J 的最大值约为 5.947968。当然该值是在忽略 $X_3/(X_3+0.005)$ 项和不考虑其他约束的情况下得到的。

类似于前面的分析方法，可以验证，在表 2.5 所示的最优稳态下，S-系统模型是稳定而且鲁棒的。图 2.7 是最优稳态时的敏感度分析结果。其中，Z_v 由表 2.6 给出。比较图 2.3 和图 2.7 可知，在最优稳态下，本书 S-系统的鲁棒性要好于 Marín-Sanguino 和 Torres(2000)所得的 S-系统。

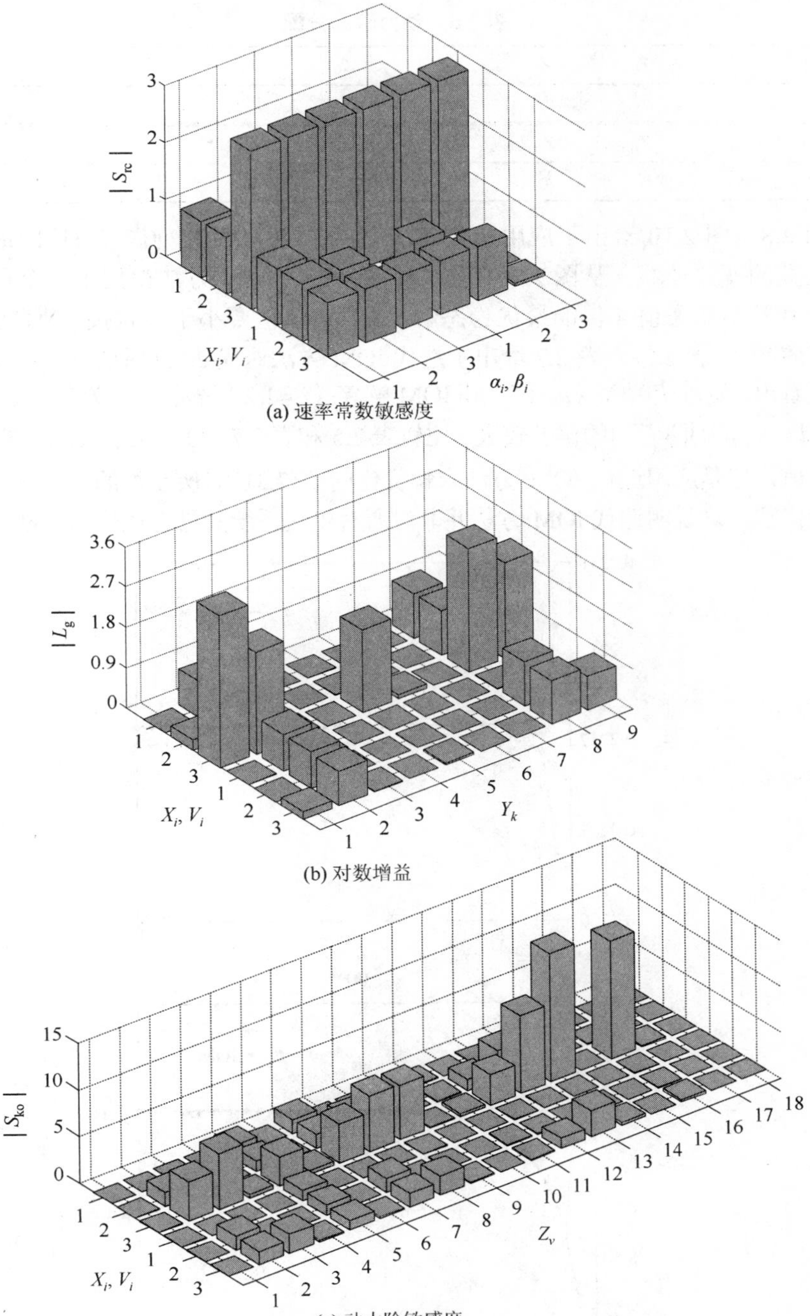

(a) 速率常数敏感度

(b) 对数增益

(c) 动力阶敏感度

图 2.7　最优稳态时的速率常数敏感度、对数增益和动力阶敏感度

表 2.6 动力阶的分配

Z_v	Z_1	Z_2	Z_3	Z_4	Z_5	Z_6	Z_7	Z_8	Z_9
动力阶	$g_{1,3}$	$g_{2,1}$	$g_{3,2}$	$g_{3,3}$	$g'_{1,2}$	$g'_{3,3}$	$h_{1,1}$	$h_{2,2}$	$h_{3,3}$
Z_v	Z_{10}	Z_{11}	Z_{12}	Z_{13}	Z_{14}	Z_{15}	Z_{16}	Z_{17}	Z_{18}
动力阶	$h'_{1,1}$	$h'_{1,8}$	$h'_{2,1}$	$h'_{2,9}$	$h'_{3,1}$	$h'_{3,4}$	$h'_{3,5}$	$h'_{3,6}$	$h'_{3,7}$

图 2.8～图 2.10 给出了应用迭代 IOM 方法计算的优化问题(2.31)的最优解随迭代次数的变化曲线。从图 2.9 中可以看出，迭代 IOM 方法得到了一个目标函数值小于其基本稳态值 4 倍的最优稳态解，显然，该值要小于由直接 IOM 方法求得的色氨酸产率(表 2.5)。表 2.7 给出了迭代 IOM 方法迭代 20 次时的优化结果。从表中可以看出，S-系统解 X_i（$i=1,2$）和 IOM 解 X_i（$i=1,2$）是基本一致的，但是对于色氨酸浓度 X_3，则两者间的偏差较大。比较表 2.5 和表 2.7 可知，虽然最后都收敛到某个最优值，但是应用迭代 IOM 方法求解优化问题(2.31)时所获得的最优解并不是其真正最优解。这说明迭代 IOM 方法并非对所有生化系统的稳态优化问题都有效。

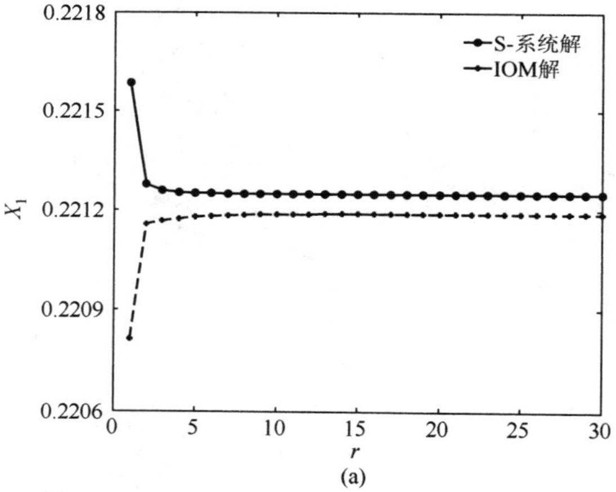

(a)

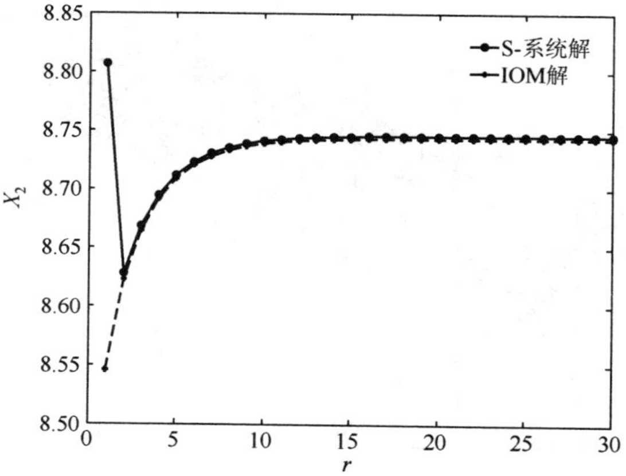

(b)

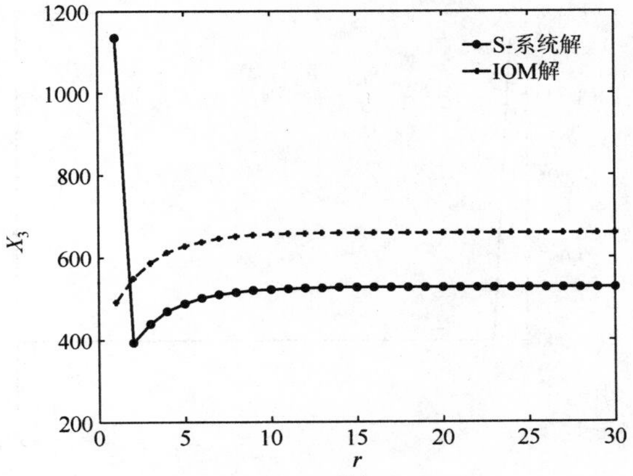

(c)

图 2.8　问题(2.31)中标准迭代 IOM 方法求得的代谢物浓度随迭代次数的变化曲线

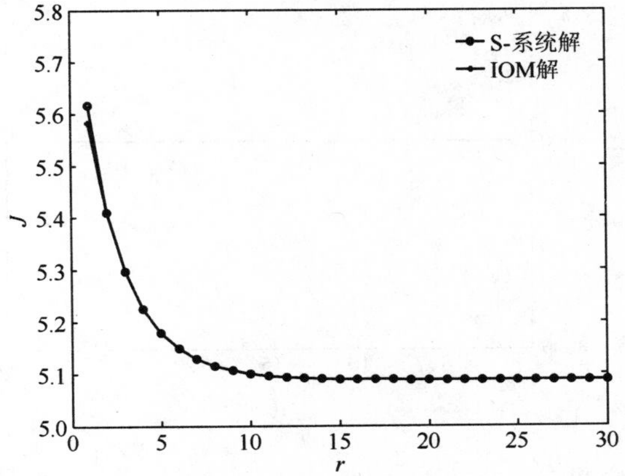

图 2.9　问题(2.31)中标准迭代 IOM 方法求得的优化指标随迭代次数的变化曲线

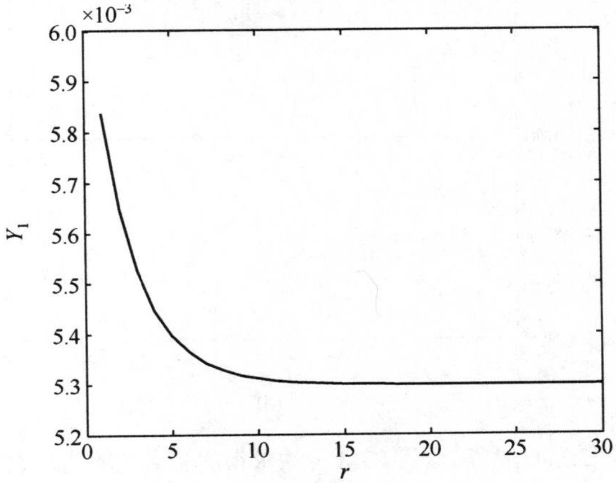

(a)

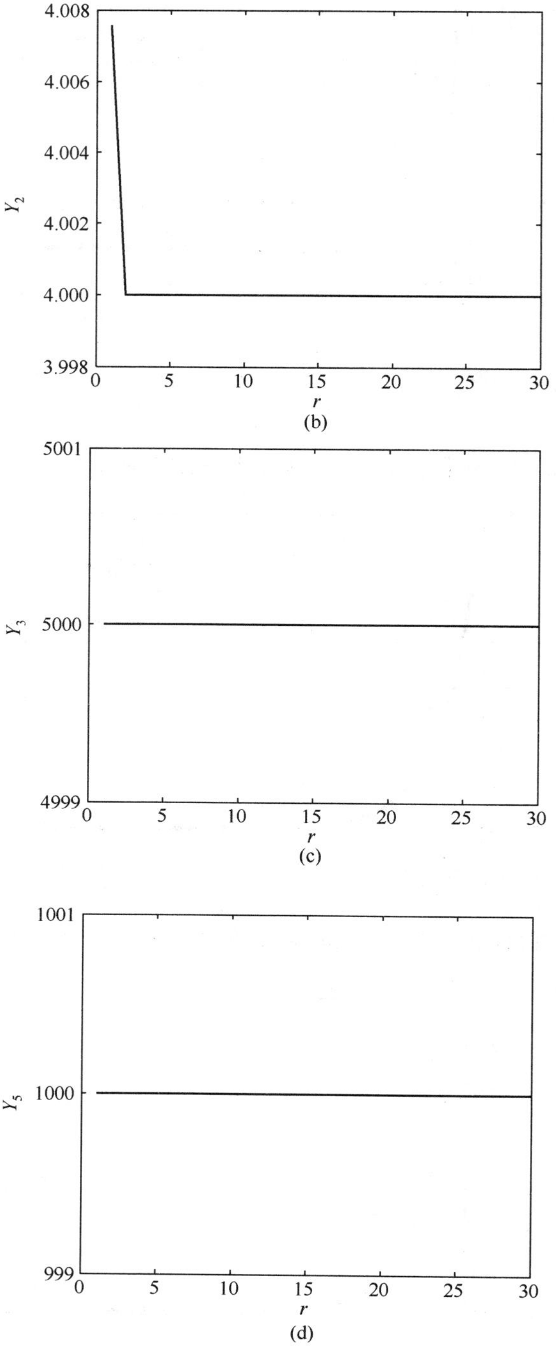

图 2.10　问题(2.31)中标准迭代 IOM 方法求得的酶活性随迭代次数的变化曲线

表 2.7　问题(2.31)中标准迭代 IOM 方法的优化结果

变量	基本稳态	最优解(20 次迭代)	
		S-系统	IOM
X_1	0.184654	$1.198(X_1)_0$	$1.198(X_1)_0$
X_2	7.986756	$1.095(X_2)_0$	$1.095(X_2)_0$
X_3	1418.931944	$0.372(X_3)_0$	$0.465(X_3)_0$
Y_1	0.00312	0.0053	0.0053
Y_2	5	4	4
Y_3	2283	5000	5000
Y_5	430	1000	1000
J	1.310202	$3.883(J)_0$	$3.883(J)_0$

2.3　本 章 小 结

本章考虑生物合成酶的反馈抑制和色氨酸操纵子在转录水平上的阻遏、弱化作用，应用 IOM 方法研究了色氨酸生物合成的稳态优化，最后得到了一个稳定而且鲁棒的稳态。在该稳态下，色氨酸产率提高为基本稳态时的 9 倍。与已有的优化结果相比，本章不仅获得了更高的色氨酸产率，而且得到了鲁棒性更好的最优稳态。此外，本章应用标准迭代 IOM 方法成功地得到了一致的 S-系统解和 IOM 解以及系统的真正最优解，而已有的研究工作则无法做到这一点。由此可见，标准迭代 IOM 方法难以保证获得生化系统的真正最优解，因此有必要对其进行修正。

第3章 生化系统稳态优化的修正迭代IOM方法与应用

通过第 2 章对 IOM 方法在色氨酸生物合成稳态优化中的应用研究，虽然标准迭代 IOM 方法在一定程度上可以减小 S-系统解与 IOM 解之间的偏差，但是它可能获得一个比直接 IOM 方法更低的色氨酸产率。这是因为 S-系统（基于一阶泰勒逼近（Torres and Voit，2002））是原模型的局部表示，所以标准迭代 IOM 方法只在某一参考稳态附近是有效的，即随着迭代次数的增加，目标函数值逐渐收敛到某一最优值，但是该值并不是优化问题的真正最优解，因此有必要对标准迭代 IOM 方法进行修正。

为了克服标准迭代 IOM 方法的这一缺点，本章提出了一种可用于求解生化系统稳态优化问题的新算法。该算法的基本思想是在直接 IOM 方法的线性优化问题中引入一个说明 S-系统解与原模型解一致性的等式约束，应用 Lagrangian 乘子法将上述修正后的非线性优化问题转化为一个等价的线性优化问题来求解。应用研究表明，本章提出的优化算法可以收敛到真正的系统最优解。

3.1 修正的迭代 IOM 方法

假定生化系统(2.1)有一个非零正稳态，记为 $\hat{X}_i(\boldsymbol{Y})$ $(i=1,2,\cdots,n)$。设 $\hat{x}_i=\ln(\hat{X}_i)$，$\hat{\boldsymbol{x}}=(\hat{x}_1,\hat{x}_2,\cdots,\hat{x}_n)^{\mathrm{T}}$，定义 $\tilde{J}(\boldsymbol{y},\boldsymbol{b})=\bar{J}(\boldsymbol{x}(\boldsymbol{y},\boldsymbol{b}),\boldsymbol{y})$。另引入变量 $\boldsymbol{w}\in\mathbf{R}^m$，在优化问题(2.14)中增加可以说明 S-系统解与原模型解一致性的等式约束 $\hat{\boldsymbol{x}}(\boldsymbol{y})=\boldsymbol{x}(\boldsymbol{y},\boldsymbol{b})$，则有下面的修正优化问题：

$$
\begin{aligned}
\min\quad & -\tilde{J}(\boldsymbol{y},\boldsymbol{b})\\
\text{s.t.}\quad & \boldsymbol{x}(\boldsymbol{w},\boldsymbol{b})=\hat{\boldsymbol{x}}(\boldsymbol{w})\\
& \boldsymbol{x}^l\leqslant\boldsymbol{x}(\boldsymbol{y},\boldsymbol{b})\leqslant\boldsymbol{x}^u\\
& \boldsymbol{y}^l\leqslant\boldsymbol{y}\leqslant\boldsymbol{y}^u\\
& \tilde{\boldsymbol{G}}(\boldsymbol{y},\boldsymbol{b})\leqslant 0\\
& \boldsymbol{w}=\boldsymbol{y}
\end{aligned}
\tag{3.1}
$$

式中

$$
\begin{aligned}
&\tilde{\boldsymbol{G}}(\boldsymbol{y},\boldsymbol{b})=\bar{\boldsymbol{G}}(\boldsymbol{x}(\boldsymbol{y},\boldsymbol{b}),\boldsymbol{y})\\
&\boldsymbol{x}^l=(\ln(X_1^L),\ln(X_2^L),\cdots,\ln(X_n^L))^{\mathrm{T}}\\
&\boldsymbol{x}^u=(\ln(X_1^U),\ln(X_2^U),\cdots,\ln(X_n^U))^{\mathrm{T}}
\end{aligned}
$$

$$\boldsymbol{y}^l = (\ln(Y_1^L), \ln(Y_2^L), \cdots, \ln(Y_m^L))^{\mathrm{T}}$$
$$\boldsymbol{y}^u = (\ln(Y_1^U), \ln(Y_2^U), \cdots, \ln(Y_m^U))^{\mathrm{T}}$$

对于此类问题，可以通过确定其 Lagrangian 函数的静态点来考虑（Brdyś et al.，1986）。引入 Lagrangian 函数：

$$\begin{aligned} L_a(\boldsymbol{\lambda},\boldsymbol{\sigma},\boldsymbol{\mu}_1,\boldsymbol{\mu}_2,\boldsymbol{\eta}_1,\boldsymbol{\eta}_2,\boldsymbol{\eta}_3) = & -\tilde{J}(\boldsymbol{y},\boldsymbol{b}) + \boldsymbol{\lambda}^{\mathrm{T}}(\boldsymbol{w}-\boldsymbol{y}) + \boldsymbol{\sigma}^{\mathrm{T}}[\boldsymbol{x}(\boldsymbol{w},\boldsymbol{b}) - \hat{\boldsymbol{x}}(\boldsymbol{w})] \\ & + \boldsymbol{\mu}_1^{\mathrm{T}}(\boldsymbol{y}-\boldsymbol{y}^u) + \boldsymbol{\mu}_2^{\mathrm{T}}(-\boldsymbol{y}+\boldsymbol{y}^l) + \boldsymbol{\eta}_1^{\mathrm{T}}(\boldsymbol{x}(\boldsymbol{y},\boldsymbol{b}) - \boldsymbol{x}^u) \\ & + \boldsymbol{\eta}_2^{\mathrm{T}}(-\boldsymbol{x}(\boldsymbol{y},\boldsymbol{b}) + \boldsymbol{x}^l) + \boldsymbol{\eta}_3^{\mathrm{T}}\tilde{\boldsymbol{G}}(\boldsymbol{y},\boldsymbol{b}) \end{aligned} \tag{3.2}$$

式中，$\boldsymbol{\lambda}$、$\boldsymbol{\sigma}$、$\boldsymbol{\mu}_1$、$\boldsymbol{\mu}_2$、$\boldsymbol{\eta}_1$、$\boldsymbol{\eta}_2$ 和 $\boldsymbol{\eta}_3$ 是 Lagrangian 乘子和 Kuhn-Tucker 乘子。

假设以下所用到的导数存在且连续，则修正优化问题(3.1)的一阶必要最优性条件可写为

$$\frac{\partial^{\mathrm{T}} L_a}{\partial \boldsymbol{y}} = -\frac{\partial^{\mathrm{T}} \tilde{J}(\boldsymbol{y},\boldsymbol{b})}{\partial \boldsymbol{y}} - \boldsymbol{\lambda} + \boldsymbol{\mu}_1 - \boldsymbol{\mu}_2 + \frac{\partial^{\mathrm{T}} \boldsymbol{x}(\boldsymbol{y},\boldsymbol{b})}{\partial \boldsymbol{y}}(\boldsymbol{\eta}_1 - \boldsymbol{\eta}_2) + \frac{\partial^{\mathrm{T}} \tilde{\boldsymbol{G}}(\boldsymbol{y},\boldsymbol{b})}{\partial \boldsymbol{y}}\boldsymbol{\eta}_3 = 0 \tag{3.3}$$

$$\frac{\partial^{\mathrm{T}} L_a}{\partial \boldsymbol{w}} = \boldsymbol{\lambda} + \left[\frac{\partial \boldsymbol{x}(\boldsymbol{w},\boldsymbol{b})}{\partial \boldsymbol{w}} - \frac{\partial \hat{\boldsymbol{x}}(\boldsymbol{w})}{\partial \boldsymbol{w}}\right]^{\mathrm{T}} \boldsymbol{\sigma} = 0 \tag{3.4}$$

$$\frac{\partial^{\mathrm{T}} L_a}{\partial \boldsymbol{b}} = -\frac{\partial^{\mathrm{T}} \tilde{J}(\boldsymbol{y},\boldsymbol{b})}{\partial \boldsymbol{b}} + \frac{\partial^{\mathrm{T}} \boldsymbol{x}(\boldsymbol{w},\boldsymbol{b})}{\partial \boldsymbol{b}}\boldsymbol{\sigma} + \frac{\partial^{\mathrm{T}} \boldsymbol{x}(\boldsymbol{y},\boldsymbol{b})}{\partial \boldsymbol{b}}(\boldsymbol{\eta}_1 - \boldsymbol{\eta}_2) + \frac{\partial^{\mathrm{T}} \tilde{\boldsymbol{G}}(\boldsymbol{y},\boldsymbol{b})}{\partial \boldsymbol{b}}\boldsymbol{\eta}_3 = 0 \tag{3.5}$$

$$\frac{\partial^{\mathrm{T}} L_a}{\partial \boldsymbol{\sigma}} = \boldsymbol{x}(\boldsymbol{w},\boldsymbol{b}) - \hat{\boldsymbol{x}}(\boldsymbol{w}) = 0 \tag{3.6}$$

$$\frac{\partial^{\mathrm{T}} L_a}{\partial \boldsymbol{\lambda}} = \boldsymbol{w} - \boldsymbol{y} = 0 \tag{3.7}$$

$$\boldsymbol{y} - \boldsymbol{y}^u \leqslant 0, \quad \boldsymbol{\mu}_1 \geqslant 0, \quad \boldsymbol{\mu}_1^{\mathrm{T}}(\boldsymbol{y} - \boldsymbol{y}^u) = 0 \tag{3.8}$$

$$-\boldsymbol{y} + \boldsymbol{y}^l \leqslant 0, \quad \boldsymbol{\mu}_2 \geqslant 0, \quad \boldsymbol{\mu}_2^{\mathrm{T}}(-\boldsymbol{y} + \boldsymbol{y}^l) = 0 \tag{3.9}$$

$$\boldsymbol{x}(\boldsymbol{y},\boldsymbol{b}) - \boldsymbol{x}^u \leqslant 0, \quad \boldsymbol{\eta}_1 \geqslant 0, \quad \boldsymbol{\eta}_1^{\mathrm{T}}(\boldsymbol{x}(\boldsymbol{y},\boldsymbol{b}) - \boldsymbol{x}^u) = 0 \tag{3.10}$$

$$-\boldsymbol{x}(\boldsymbol{y},\boldsymbol{b}) + \boldsymbol{x}^l \leqslant 0, \quad \boldsymbol{\eta}_2 \geqslant 0, \quad \boldsymbol{\eta}_2^{\mathrm{T}}(-\boldsymbol{x}(\boldsymbol{y},\boldsymbol{b}) + \boldsymbol{x}^l) = 0 \tag{3.11}$$

$$\tilde{\boldsymbol{G}}(\boldsymbol{y},\boldsymbol{b}) \leqslant 0, \quad \boldsymbol{\eta}_3 \geqslant 0, \quad \boldsymbol{\eta}_3^{\mathrm{T}}\tilde{\boldsymbol{G}}(\boldsymbol{y},\boldsymbol{b}) = 0 \tag{3.12}$$

由式(3.4)和式(3.5)可以求得 Lagrangian 乘子 $\boldsymbol{\lambda}$ 为

$$\begin{aligned} \boldsymbol{\lambda}(\boldsymbol{w},\boldsymbol{b}) = & \left[\frac{\partial \boldsymbol{x}(\boldsymbol{w},\boldsymbol{b})}{\partial \boldsymbol{w}} - \frac{\partial \hat{\boldsymbol{x}}(\boldsymbol{w})}{\partial \boldsymbol{w}}\right]^{\mathrm{T}} \left[\frac{\partial^{\mathrm{T}} \boldsymbol{x}(\boldsymbol{w},\boldsymbol{b})}{\partial \boldsymbol{b}}\right]^{-1} \\ & \left[-\frac{\partial^{\mathrm{T}} \tilde{J}(\boldsymbol{y},\boldsymbol{b})}{\partial \boldsymbol{b}} + \frac{\partial^{\mathrm{T}} \boldsymbol{x}(\boldsymbol{y},\boldsymbol{b})}{\partial \boldsymbol{b}}(\boldsymbol{\eta}_1 - \boldsymbol{\eta}_2) + \frac{\partial^{\mathrm{T}} \tilde{\boldsymbol{G}}(\boldsymbol{y},\boldsymbol{b})}{\partial \boldsymbol{b}}\boldsymbol{\eta}_3\right] \end{aligned} \tag{3.13}$$

则可在优化问题(3.1)的一阶必要最优性条件(3.3)～(3.12)中去掉式(3.4)和式(3.5)，即新的一阶必要最优性条件由式(3.3)和式(3.6)～式(3.12)组成。

由式(2.13)和式(3.7)有

$$\frac{\partial \boldsymbol{x}(\boldsymbol{y},\boldsymbol{b})}{\partial \boldsymbol{b}}=\boldsymbol{A}_d^{-1}$$

$$\frac{\partial \boldsymbol{x}(\boldsymbol{w},\boldsymbol{b})}{\partial \boldsymbol{w}}=-\boldsymbol{A}_d^{-1}\boldsymbol{A}_{id}$$

$$\frac{\partial \boldsymbol{x}(\boldsymbol{w},\boldsymbol{b})}{\partial \boldsymbol{b}}=\boldsymbol{A}_d^{-1}$$

又

$$\frac{\partial \tilde{J}(\boldsymbol{y},\boldsymbol{b})}{\partial \boldsymbol{b}}=\frac{\partial \bar{J}(\boldsymbol{x}(\boldsymbol{y},\boldsymbol{b}),\boldsymbol{y})}{\partial \boldsymbol{x}}\frac{\partial \boldsymbol{x}(\boldsymbol{y},\boldsymbol{b})}{\partial \boldsymbol{b}}=\boldsymbol{f}^{\mathrm{T}}\boldsymbol{A}_d^{-1}$$

$$\frac{\partial \tilde{\boldsymbol{G}}(\boldsymbol{y},\boldsymbol{b})}{\partial \boldsymbol{b}}=\frac{\partial \bar{\boldsymbol{G}}(\boldsymbol{x}(\boldsymbol{y},\boldsymbol{b}),\boldsymbol{y})}{\partial \boldsymbol{x}}\frac{\partial \boldsymbol{x}(\boldsymbol{y},\boldsymbol{b})}{\partial \boldsymbol{b}}=\frac{\partial \bar{\boldsymbol{G}}(\boldsymbol{x}(\boldsymbol{y},\boldsymbol{b}),\boldsymbol{y})}{\partial \boldsymbol{x}}\boldsymbol{A}_d^{-1}$$

则根据式(3.7)，式(3.13)可进一步化为

$$\begin{aligned}\boldsymbol{\lambda}(\boldsymbol{w},\boldsymbol{b})&=\left[-\boldsymbol{A}_d^{-1}\boldsymbol{A}_{id}-\frac{\partial \hat{\boldsymbol{x}}(\boldsymbol{w})}{\partial \boldsymbol{w}}\right]^{\mathrm{T}}\boldsymbol{A}_d^{\mathrm{T}}\\&\quad\left[-\left(\boldsymbol{A}_d^{-1}\right)^{\mathrm{T}}\boldsymbol{f}+\left(\boldsymbol{A}_d^{-1}\right)^{\mathrm{T}}(\boldsymbol{\eta}_1-\boldsymbol{\eta}_2)+\left(\boldsymbol{A}_d^{-1}\right)^{\mathrm{T}}\frac{\partial^{\mathrm{T}}\bar{\boldsymbol{G}}(\boldsymbol{x}(\boldsymbol{w},\boldsymbol{b}),\boldsymbol{w})}{\partial \boldsymbol{x}}\boldsymbol{\eta}_3\right]\\&=\left[\boldsymbol{A}_d^{-1}\boldsymbol{A}_{id}+\frac{\partial \hat{\boldsymbol{x}}(\boldsymbol{w})}{\partial \boldsymbol{w}}\right]^{\mathrm{T}}\left[\boldsymbol{f}-\boldsymbol{\eta}_1+\boldsymbol{\eta}_2-\frac{\partial^{\mathrm{T}}\bar{\boldsymbol{G}}(\boldsymbol{x}(\boldsymbol{w},\boldsymbol{b}),\boldsymbol{w})}{\partial \boldsymbol{x}}\boldsymbol{\eta}_3\right]\end{aligned}\tag{3.14}$$

求解式(3.3)和式(3.8)～式(3.12)等价于求解如下的修正模型优化问题：

$$\begin{aligned}\min_{\boldsymbol{y}}\quad & -\tilde{J}(\boldsymbol{y},\boldsymbol{b})-\boldsymbol{\lambda}^{\mathrm{T}}(\boldsymbol{w},\boldsymbol{b})\boldsymbol{y}\\ \text{s.t.}\quad & \boldsymbol{x}^l\leqslant \boldsymbol{x}(\boldsymbol{y},\boldsymbol{b})\leqslant \boldsymbol{x}^u\\ & \boldsymbol{y}^l\leqslant \boldsymbol{y}\leqslant \boldsymbol{y}^u\\ & \tilde{\boldsymbol{G}}(\boldsymbol{y},\boldsymbol{b})\leqslant 0\end{aligned}\tag{3.15}$$

与优化问题(2.14)相比，优化问题(3.15)的目标函数中考虑了 S-系统与原模型之间代谢物浓度对模型参数导数的比较。显然，优化问题(3.15)仍是一个线性规划问题。

综上所述，本章提出的优化算法可描述如下。

(1) 选择稳定而且鲁棒的初始参考稳态设定点$((\boldsymbol{X}^{(0)})^{\mathrm{T}},(\boldsymbol{Y}^{(0)})^{\mathrm{T}})^{\mathrm{T}}$，乘子$\boldsymbol{\eta}_1^{(0)}$、$\boldsymbol{\eta}_2^{(0)}$和$\boldsymbol{\eta}_3^{(0)}$，$\boldsymbol{\eta}_1^{(0)},\boldsymbol{\eta}_2^{(0)},\boldsymbol{\eta}_3^{(0)}\geqslant 0$，增益系数$\kappa_1$、$\kappa_2$、$\kappa_3$和$\kappa_4$，$0<\kappa_1\leqslant 1,\kappa_2,\kappa_3,\kappa_4>0$，以及解精度$\varepsilon_1,\varepsilon_2,\varepsilon_3,\varepsilon_4>0$。令$r=0$。

(2) 对给定的参数$\boldsymbol{Y}^{(r)}$，由系统(2.1)求出$\boldsymbol{X}^{(r)}$，然后将系统(2.1)和目标函数$J(\boldsymbol{X},\boldsymbol{Y})$化为 S-系统形式。

(3) 对 S-系统模型进行质量评估的分析与计算。如果 S-系统是稳定而且鲁棒的，则转步骤(4)；否则返回步骤(2)修正 $\boldsymbol{Y}^{(r)}$。

(4) 对 $\boldsymbol{w}=\boldsymbol{w}^{(r)}$，$\boldsymbol{b}=\boldsymbol{b}^{(r)}$ 和 $\boldsymbol{\lambda}(\boldsymbol{w},\boldsymbol{b})=\boldsymbol{\lambda}(\boldsymbol{w}^{(r)},\boldsymbol{b}^{(r)})$，求解修正的模型优化问题(3.15)，设 $\hat{\boldsymbol{y}}^{(r)}=\hat{\boldsymbol{y}}^{(r)}(\boldsymbol{w}^{(r)},\boldsymbol{b}^{(r)},\boldsymbol{\eta}_1^{(r)},\boldsymbol{\eta}_2^{(r)},\boldsymbol{\eta}_3^{(r)})$ 是优化问题的最优解，相应的乘子为 $\hat{\boldsymbol{\mu}}_1^{(r)}$、$\hat{\boldsymbol{\mu}}_2^{(r)}$、$\hat{\boldsymbol{\eta}}_1^{(r)}$、$\hat{\boldsymbol{\eta}}_2^{(r)}$ 和 $\hat{\boldsymbol{\eta}}_3^{(r)}$。记 $\hat{\boldsymbol{Y}}^{(r)}=(\exp(\hat{y}_1^{(r)}),\exp(\hat{y}_2^{(r)}),\cdots,\exp(\hat{y}_m^{(r)}))^{\mathrm{T}}$。

(5) 如果

$$\left\|\hat{\boldsymbol{Y}}^{(r)}-\boldsymbol{Y}^{(r)}\right\|\leqslant\varepsilon_1$$

$$\left\|\hat{\boldsymbol{\eta}}_1^{(r)}-\boldsymbol{\eta}_1^{(r)}\right\|\leqslant\varepsilon_2$$

$$\left\|\hat{\boldsymbol{\eta}}_2^{(r)}-\boldsymbol{\eta}_2^{(r)}\right\|\leqslant\varepsilon_3$$

$$\left\|\hat{\boldsymbol{\eta}}_3^{(r)}-\boldsymbol{\eta}_3^{(r)}\right\|\leqslant\varepsilon_4$$

同时成立，则停止迭代。

(6) 更新酶活性 $\boldsymbol{Y}$ 和 Kuhn-Tucker 乘子 $\boldsymbol{\eta}_1$、$\boldsymbol{\eta}_2$ 和 $\boldsymbol{\eta}_3$：

$$\boldsymbol{Y}^{(r+1)}=\boldsymbol{Y}^{(r)}+\kappa_1(\hat{\boldsymbol{Y}}^{(r)}-\boldsymbol{Y}^{(r)}) \tag{3.16}$$

$$\eta_{1i}^{(r+1)}=\max\left\{0,\eta_{1i}^{(r)}+\kappa_2(\hat{\eta}_{1i}^{(r)}-\eta_{1i}^{(r)})\right\},\quad i=1,2,\cdots,n \tag{3.17}$$

$$\eta_{2i}^{(r+1)}=\max\left\{0,\eta_{2i}^{(r)}+\kappa_3(\hat{\eta}_{2i}^{(r)}-\eta_{2i}^{(r)})\right\},\quad i=1,2,\cdots,n \tag{3.18}$$

$$\eta_{3l}^{(r+1)}=\max\left\{0,\eta_{3l}^{(r)}+\kappa_4(\hat{\eta}_{3l}^{(r)}-\eta_{3l}^{(r)})\right\},\quad l=1,2,\cdots,p \tag{3.19}$$

令 $r=r+1$，返回步骤(2)继续计算。

注 3.1　为了降低算法的运行成本，实际应用中对 S-系统模型质量评估的分析与计算可在算法满足终止条件后进行。

注 3.2　为了保证 $\boldsymbol{\eta}_1$，$\boldsymbol{\eta}_2$，$\boldsymbol{\eta}_3\geqslant 0$，Kuhn-Tucker 乘子 $\boldsymbol{\eta}_1$、$\boldsymbol{\eta}_2$ 和 $\boldsymbol{\eta}_3$ 中所有元素的更新分别由式(3.17)～式(3.19)给出。

注 3.3　当将修正的迭代 IOM 方法应用到多稳态生化系统的稳态优化中时，算法迭代一次后可能会得到多个稳态。若此种情况发生，则可以选择能使优化指标最大、又是稳定而且鲁棒的稳态作为下一次迭代的基本稳态。

3.2　修正的迭代 IOM 方法在生化系统稳态优化中的应用

为了说明本章算法的可行性和有效性，分别对三个生化系统进行了优化研究。

3.2.1　修正的迭代 IOM 方法在色氨酸生物合成系统中的应用

通过 2.2 节对色氨酸生物合成稳态优化的研究可知，对于优化问题(2.31)而言，标准迭代 IOM 方法无法获得系统的真正最优解。为此，我们应用修正的迭代 IOM 方法，对其进行更进一步的研究。

本例中，由于 $\boldsymbol{f}=(0,0,f_3)^{\mathrm{T}}$，则 Lagrangian 乘子 $\boldsymbol{\lambda}$ 为

$$\boldsymbol{\lambda}(\boldsymbol{w},\boldsymbol{b})=\left[\boldsymbol{A}_d^{-1}\boldsymbol{A}_{id}+\frac{\partial\hat{\boldsymbol{x}}(\boldsymbol{w})}{\partial\boldsymbol{w}}\right]^{\mathrm{T}}\left[(0,0,f_3)^{\mathrm{T}}-\boldsymbol{\eta}_1+\boldsymbol{\eta}_2\right]$$

式中，$\partial\hat{\boldsymbol{x}}(\boldsymbol{w})/\partial\boldsymbol{w}$ 可由式(3.7)和下列关系求得

$$\frac{\partial\hat{x}_i(y_k)}{\partial y_k}=\frac{\partial\hat{X}_i}{\partial Y_k}\frac{Y_k}{\hat{X}_i}$$

式中，$i=1,2,3$；$k=1,2,3,4,5$。

取表 3.1 所示的初始参考稳态设定点，设增益系数 κ_1、κ_2 和 κ_3 分别为 0.9、0.8 和 0.8，乘子 $\boldsymbol{\eta}_1^{(0)}$ 和 $\boldsymbol{\eta}_2^{(0)}$ 取为 $\boldsymbol{\eta}_1^{(0)}=\boldsymbol{\eta}_2^{(0)}=(0.1,0.1,0.1)^{\mathrm{T}}$，则由修正的迭代 IOM 方法求得的系统最优解随迭代次数的变化曲线如图 3.1～图 3.3 所示。从图中可以看出，修正的迭代 IOM 方法不仅表现出很快的收敛特性，而且得到了稳态优化问题的真正最优解。比较图 2.9 和图 3.2 可知，虽然最后都收敛到某个最优值，但是修正的迭代 IOM 方法获得了比标准迭代 IOM 方法更高的色氨酸产率。表 3.1 给出了修正的迭代 IOM 方法迭代 7 次时的优化结果(Y_4 未列出)。从表中可以看出，修正的迭代 IOM 方法得到了一致的 S-系统解和 IOM 解。类似于 2.2 节的分析方法，可以验证，在表 3.1 所示的最优稳态下，S-系统模型是稳定而且鲁棒的。

表 3.1　问题(2.31)中修正迭代 IOM 方法的优化结果

变量	基本稳态	最优解(7 次迭代)	
		S-系统	IOM
X_1	0.184 654	$1.198(X_1)_0$	$1.198(X_1)_0$
X_2	7.986 756	$1.055(X_2)_0$	$1.055(X_2)_0$
X_3	1418.931 944	$0.273(X_3)_0$	$0.273(X_3)_0$
Y_1	0.003 12	0.006 24	0.006 24
Y_2	5	4	4
Y_3	2283	5000	5000
Y_5	430	1000	1000
J	1.310 202	$4.54(J)_0$	$4.54(J)_0$

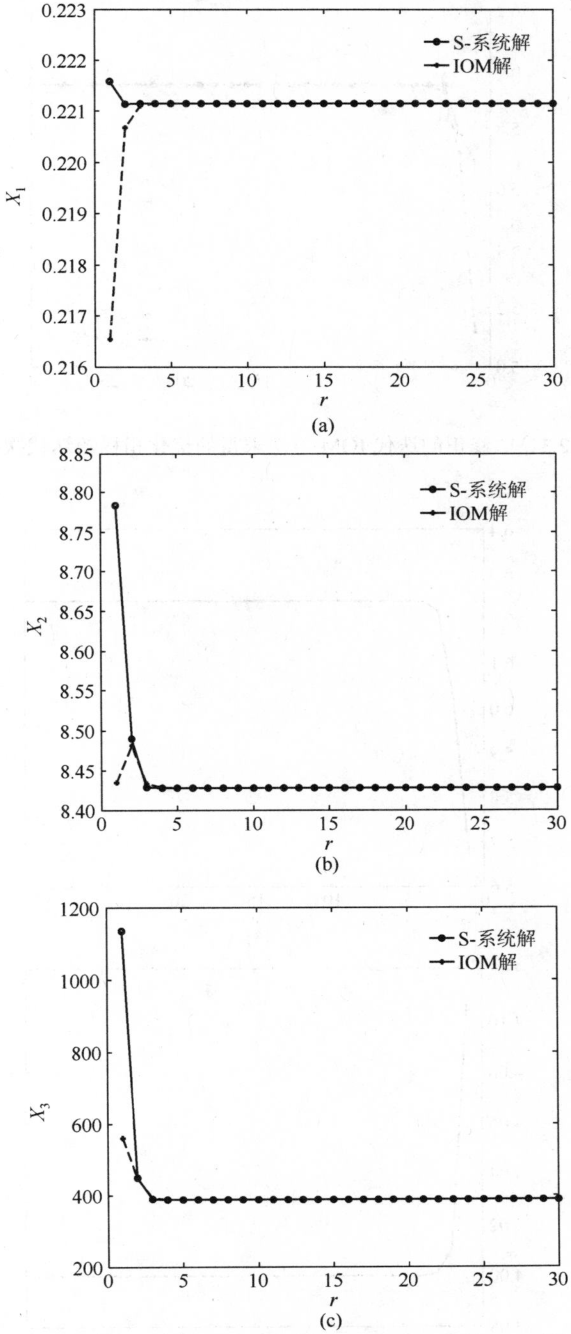

图 3.1　问题(2.31)中修正的迭代 IOM 方法求得的代谢物浓度随迭代次数的变化曲线

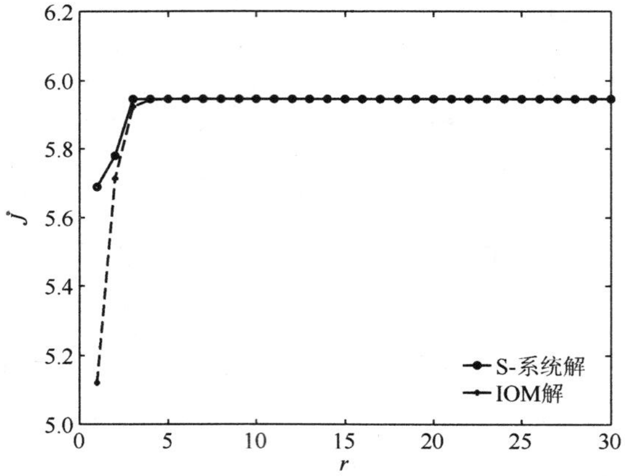

图 3.2　问题(2.31)中修正的迭代 IOM 方法求得的优化指标随迭代次数的变化曲线

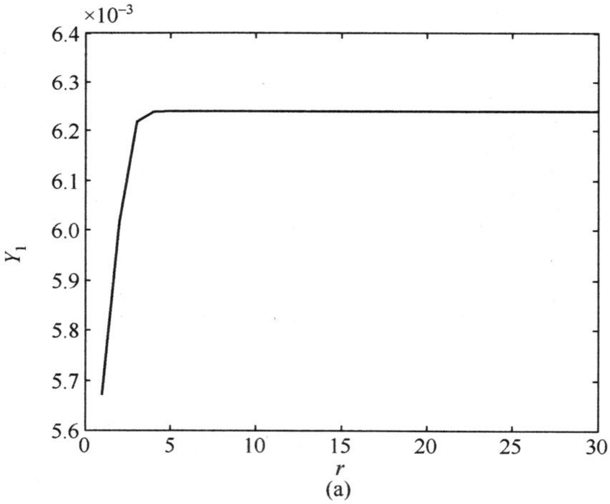

(a)

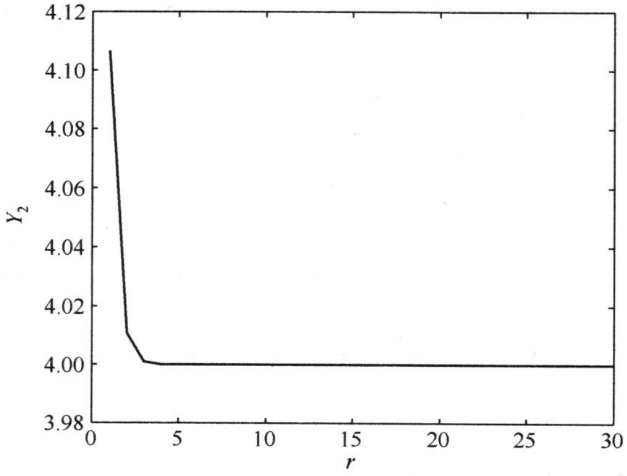

(b)

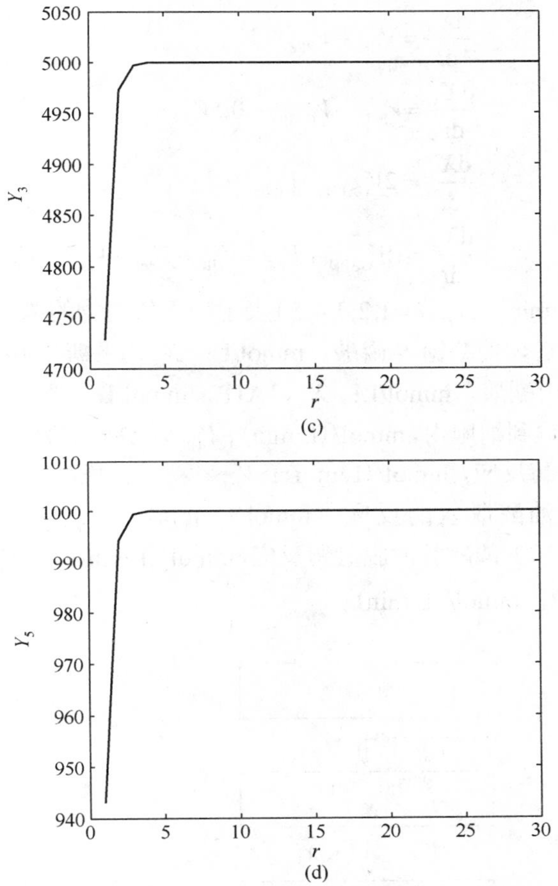

图 3.3　问题(2.31)中修正的迭代 IOM 方法求得的酶活性随迭代次数的变化曲线

3.2.2　酿酒酵母厌氧发酵系统的稳态优化

人们对用葡萄糖来生产乙醇以及甘油、糖原和海藻糖的酿酒酵母厌氧发酵系统已经作了广泛的研究。Galazzo 和 Bailey(1990，1991)给出了该系统在 pH 为 4.5 的悬浮细胞培养条件下的实验模型。Curto 等(1995)将 Galazzo 和 Bailey 的模型(Galazzo and Bailey，1990，1991)转化为 S-系统形式，随后 Torres 等(1997)在该 S-系统模型的基础上研究了乙醇生产的优化。酿酒酵母的厌氧发酵路径如图 3.4 所示，其物料平衡方程可写为(Galazzo and Bailey，1990，1991)

$$\frac{dX_1}{dt}=V_{in}-V_{HK} \tag{3.20}$$

$$\frac{dX_2}{dt}=V_{HK}-V_{PFK}-V_{Pol} \tag{3.21}$$

$$\frac{dX_3}{dt}=V_{PFK}-V_{GAPD}-0.5V_{Gol} \tag{3.22}$$

$$\frac{dX_4}{dt}=2V_{GAPD}-V_{PK} \tag{3.23}$$

$$\frac{dX_5}{dt}=2V_{GAPD}+V_{PK}-V_{HK}-V_{Pol}-V_{PFK}-V_{ATPase} \tag{3.24}$$

式中，t 代表时间，min。X_i（$i=1,2,3,4,5$）表示如下代谢物的浓度：X_1，细胞内葡萄糖，mmol/L；X_2，葡萄糖-6-磷酸，mmol/L；X_3，果糖-1, 6-二磷酸，mmol/L；X_4，磷酸烯醇式丙酮酸，mmol/L；X_5，ATP，mmol/L。带下标的 V 分别表示如下通量：V_{in}，糖运输到细胞内，mmol/(L·min)；V_{HK}，己糖激酶反应，mmol/(L·min)；V_{PFK}，磷酸果糖激酶反应，mmol/(L·min)；V_{Pol}，糖原合成酶反应，mmol/(L·min)；V_{GAPD}，3-磷酸甘油醛脱氢酶反应，mmol/(L·min)；V_{PK}，丙酮酸激酶反应，mmol/(L·min)；V_{Gol}，3-磷酸甘油脱氢酶反应，mmol/(L·min)，与 V_{PK} 成正比；V_{ATPase}，腺苷三磷酸酶反应，mmol/(L·min)。

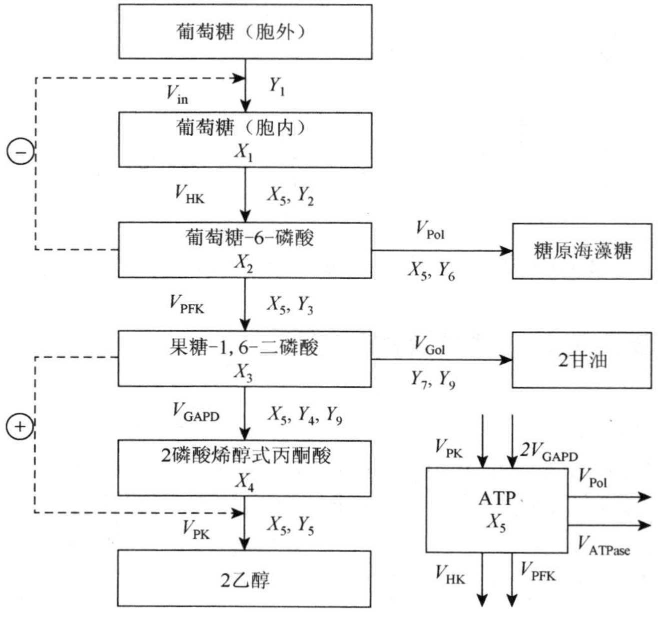

图 3.4　酿酒酵母的厌氧发酵路径

Galazzo 和 Bailey 的模型(3.20)～(3.24)中各通量速率的 Michaelis-Menten 表达形式为

$$V_{\text{in}} = Y_1 - 3.7X_2$$

$$V_{\text{HK}} = \frac{Y_2}{\dfrac{6.2\times10^{-4}}{X_1X_5} + \dfrac{0.11}{X_1} + \dfrac{0.1}{X_5} + 1}$$

$$V_{\text{PFK}} = \frac{50Y_3X_2X_5R_1}{R_1^2 + 3342L_1^2T_1^2}$$

$$R_1 = 1 + 0.3X_2 + 16.67X_5 + 50X_2X_5$$

$$L_1 = \frac{1 + 0.76\text{AMP}}{1 + 40\text{AMP}}$$

$$T_1 = 1 + 1.5\times10^{-4}X_2 + 16.67X_5 + 0.0025X_2X_5$$

$$\text{ADP} = \frac{1}{2}\left(\sqrt{12X_5 - 3X_5^2} - X_5\right)$$

$$\text{AMP} = 3 - X_5 - \text{ADP}$$

$$V_{\text{Pol}} = \frac{1.1Y_6}{\left(1 + \left(\dfrac{2}{X_2}\right)^{8.25}\right)\left(\dfrac{1.1}{0.7X_2} + 2.43\right)}$$

$$V_{\text{GAPD}} = \frac{Y_4}{1 + \dfrac{0.25}{X_3} + \dfrac{0.18}{\text{NAD}^+}\left(1 + \dfrac{\text{AMP}}{1.1} + \dfrac{\text{ADP}}{1.5} + \dfrac{X_5}{2.5}\right)\left(1 + \dfrac{0.25}{X_3}\left(1 + \dfrac{\text{NADH}}{0.0003}\right)\right)}$$

$$\text{NAD}^+ = \frac{2}{Y_9 + 1}$$

$$\text{NADH} = \frac{2Y_9}{Y_9 + 1}$$

$$V_{\text{PK}} = \frac{Y_5X_4\text{ADP}(2.519R_2 + 0.656T_2L_2^2)}{1.0832(R_2^2 + 164.084L_2^2T_2^2)}$$

$$R_2 = 1 + 125.94X_4 + 0.2\text{ADP} + 2.519X_4\text{ADP}$$

$$T_2 = 1 + 0.02X_4 + 0.2\text{ADP} + 0.004X_4\text{ADP}$$

$$L_2 = \frac{1 + 0.05X_3}{1 + 5X_3}$$

$$V_{\text{Gol}} = \frac{Y_7}{Y_5}V_{\text{PK}}$$

$$V_{\text{ATPase}} = Y_8X_5$$

式中，参数 Y_k（$k = 1,2,\cdots,8$）的单位为 mmol/(L·min)；Y_9 是无因次参数。

乙醇的生产速率可用通量 V_{PK} 来表示(Torres et al.，1997)，则可得如下稳态优化问题：

$$\begin{aligned}
\max\quad & J=V_{\mathrm{PK}} \\
\text{s.t.}\quad & V_{\mathrm{in}}-V_{\mathrm{HK}}=0 \\
& V_{\mathrm{HK}}-V_{\mathrm{PFK}}-V_{\mathrm{Pol}}=0 \\
& V_{\mathrm{PFK}}-V_{\mathrm{GAPD}}-0.5V_{\mathrm{Gol}}=0 \\
& 2V_{\mathrm{GAPD}}-V_{\mathrm{PK}}=0 \\
& 2V_{\mathrm{GAPD}}+V_{\mathrm{PK}}-V_{\mathrm{HK}}-V_{\mathrm{Pol}}-V_{\mathrm{PFK}}-V_{\mathrm{ATPase}}=0 \\
& 0.8(X_i)_0 \leqslant X_i \leqslant 1.2(X_i)_0,\quad i=1,2,3,4,5 \\
& (Y_k)_0 \leqslant Y_k \leqslant 50(Y_k)_0,\quad k=1,2,3,4,5,8 \\
& V_{\mathrm{PK}} \leqslant 2V_{\mathrm{in}} \\
& (Y_6,Y_7,Y_9)=(14.31,203,0.042)
\end{aligned} \tag{3.25}$$

式中，约束$V_{\mathrm{PK}} \leqslant 2V_{\mathrm{in}}$确保乙醇生成速率$V_{\mathrm{PK}}$不会大于输入通量$V_{\mathrm{in}}$的 2 倍。显然，问题(3.25)是一个具有复杂约束的非线性优化问题。

取表 3.2 所示的基本稳态，则式(3.20)～式(3.24)的 S-系统可表示为

$$\frac{\mathrm{d}X_1}{\mathrm{d}t}=0.8122X_2^{-0.2344}Y_1-2.8661X_1^{0.7464}X_5^{0.0244}Y_2 \tag{3.26}$$

$$\frac{\mathrm{d}X_2}{\mathrm{d}t}=2.8661X_1^{0.7464}X_5^{0.0244}Y_2-0.5239X_2^{0.7388}X_5^{-0.3937}Y_3^{0.9991}Y_6^{0.0009} \tag{3.27}$$

$$\begin{aligned}\frac{\mathrm{d}X_3}{\mathrm{d}t}=&0.5231X_2^{0.7318}X_5^{-0.3941}Y_3-0.0148X_3^{0.5843}\\ &\cdot X_4^{0.0297}X_5^{0.119}Y_4^{0.9443}Y_7^{0.0557}Y_9^{-0.5749}\end{aligned} \tag{3.28}$$

$$\frac{\mathrm{d}X_4}{\mathrm{d}t}=0.0221X_3^{0.6159}X_5^{0.1308}Y_4Y_9^{-0.6088}-0.0946X_3^{0.0499}X_4^{0.533}X_5^{-0.0822}Y_5 \tag{3.29}$$

$$\begin{aligned}\frac{\mathrm{d}X_5}{\mathrm{d}t}=&0.0914X_3^{0.3329}X_4^{0.2665}X_5^{0.0243}Y_4^{0.5}Y_5^{0.5}Y_9^{-0.3044}\\ &-3.2105X_1^{0.1978}X_2^{0.1958}X_5^{0.3722}Y_2^{0.265}Y_3^{0.2648}Y_6^{0.0002}Y_8^{0.47}\end{aligned} \tag{3.30}$$

另外，目标函数$J=V_{\mathrm{PK}}$和非线性约束$V_{\mathrm{PK}} \leqslant 2V_{\mathrm{in}}$的 S-系统形式分别为

$$J'=0.0946X_3^{0.0499}X_4^{0.533}X_5^{-0.0822}Y_5 \tag{3.31}$$

$$0.0946X_3^{0.0499}X_4^{0.533}X_5^{-0.0822}Y_5 \leqslant 1.6244X_2^{-0.2344}Y_1 \tag{3.32}$$

本例中，初始参考稳态设定点由表 3.2 给出，参数κ_1、κ_2、κ_3和κ_4的取值分别为 1.0、0.8、0.8 和 0.8，初始乘子$\eta_{1i}^{(0)}$和$\eta_{2i}^{(0)}$取为$\eta_{1i}^{(0)}=\eta_{2i}^{(0)}=0.1$（$i=1,2,3,4,5$），$\eta_3^{(0)}=0.1$，则由修正的迭代 IOM 方法求得的系统最优解随迭代次数的变化曲线如图 3.5～图 3.7 所示。

图 3.8～图 3.10 给出了应用标准迭代 IOM 方法计算的最优解随迭代次数的变化曲线。从图 3.5～图 3.10 中可以看出，两种迭代 IOM 方法都得到了一致的 S-系统解和 IOM 解，但是修正的迭代 IOM 方法比标准迭代 IOM 方法表现出更

快的收敛行为，即只需较少的迭代次数就可以收敛到最优稳态解。表 3.2 和表 3.3 分别给出了两种迭代 IOM 方法的优化结果。从表中可以看出，两种算法得到了基本一致的乙醇产率(约为基本稳态时的 64.829 倍)。与 Torres 等(1997)应用直接 IOM 方法得到的结果(表 3.4)相比，这里采用迭代 IOM 方法获得了比其高得多的乙醇产率。以上分析说明，修正的迭代 IOM 方法在处理具有非线性不等式约束的大规模生化系统的稳态优化时是有效的。

表 3.2　问题(3.25)中修正的迭代 IOM 方法的优化结果

变量	基本稳态	最优解(6 次迭代)	
		S-系统	IOM
X_1	0.0345	$3.028(X_1)_0$	$3.028(X_1)_0$
X_2	1.0111	$1.745(X_2)_0$	$1.745(X_2)_0$
X_3	9.1437	$2.714(X_3)_0$	$2.714(X_3)_0$
X_4	0.0095	$2.156(X_4)_0$	$2.156(X_4)_0$
X_5	1.1278	$1.376(X_5)_0$	$1.376(X_5)_0$
Y_1	19.7	985	985
Y_2	68.5	2075.2523	2075.2523
Y_3	31.7	1585	1585
Y_4	49.9	1909.9131	1909.9131
Y_5	3440	172 000	172 000
Y_8	25.1	1255	1255
J	30.1124	$64.829(J)_0$	$64.829(J)_0$

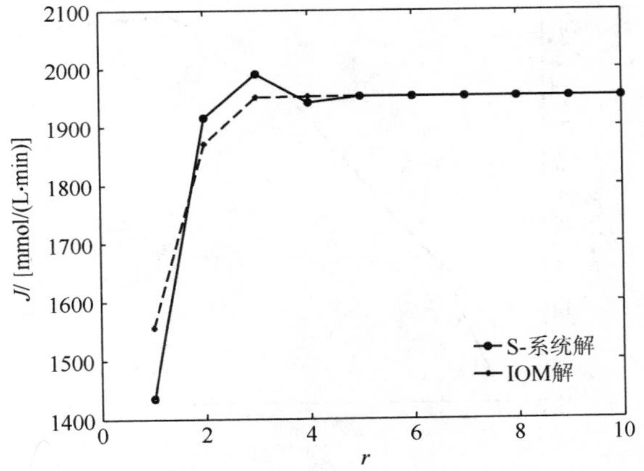

图 3.5　问题(3.25)中修正的迭代 IOM 方法求得的优化指标随迭代次数的变化曲线

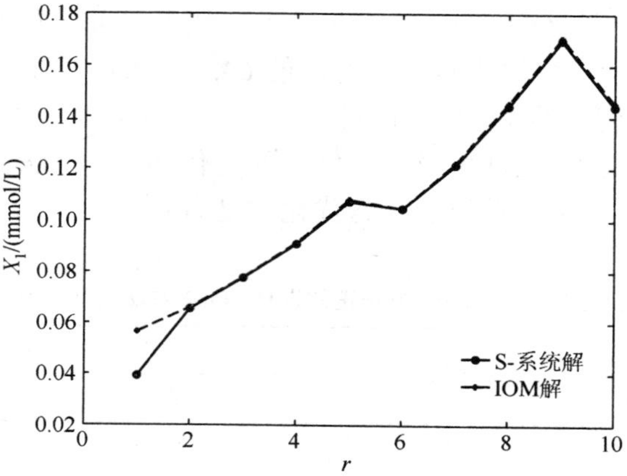
0.18
0.16
0.14
0.12
0.10
0.08
0.06
0.04
0.02
X_1/(mmol/L)
0
2
4
6
8
10
r
S-系统解
IOM解

(a)

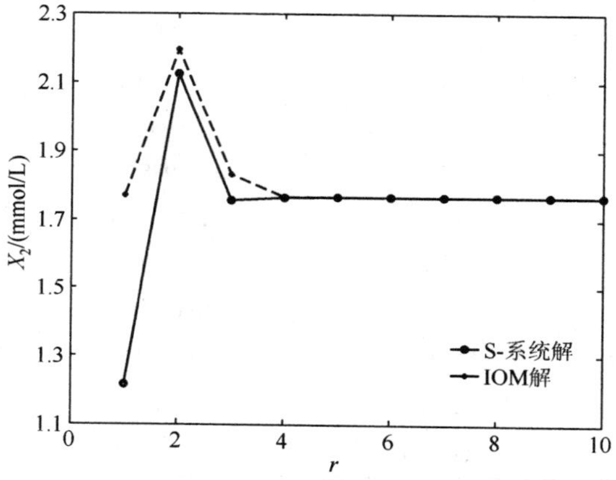
2.3
2.1
1.9
1.7
1.5
1.3
1.1
X_2/(mmol/L)
0
2
4
6
8
10
r
S-系统解
IOM解

(b)

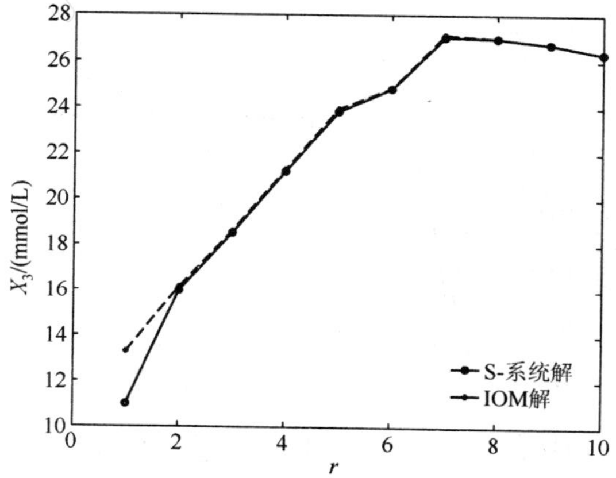
28
26
24
22
20
18
16
14
12
10
X_3/(mmol/L)
0
2
4
6
8
10
r
S-系统解
IOM解

(c)

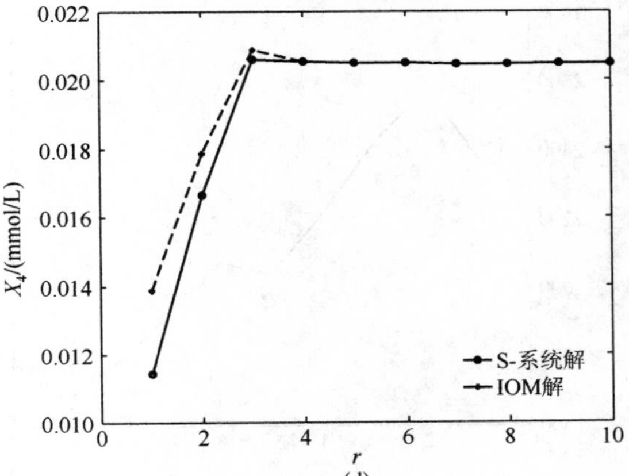

(d)

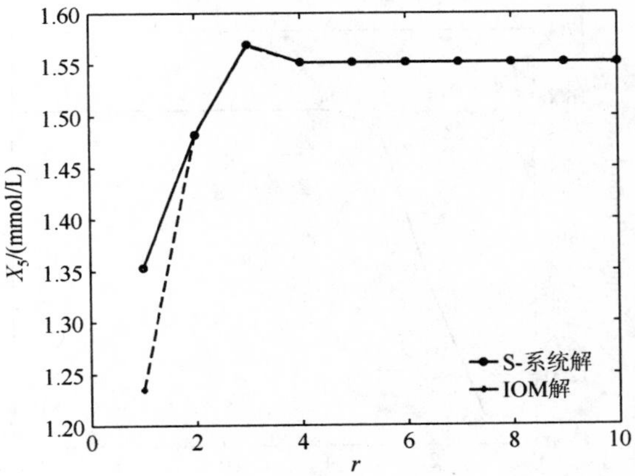

(e)

图 3.6　问题(3.25)中修正的迭代 IOM 方法求得的代谢物浓度随迭代次数的变化曲线

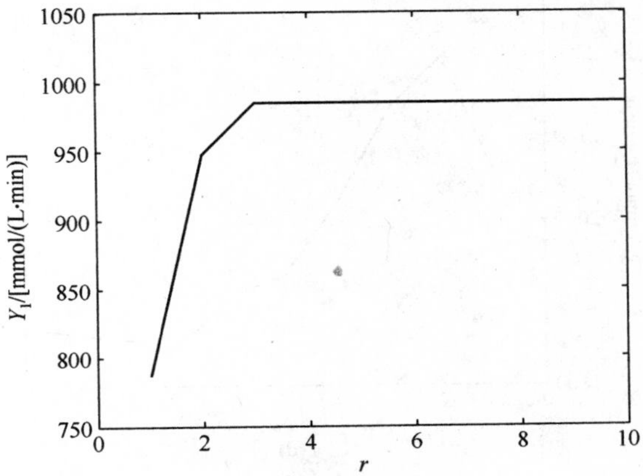

(a)

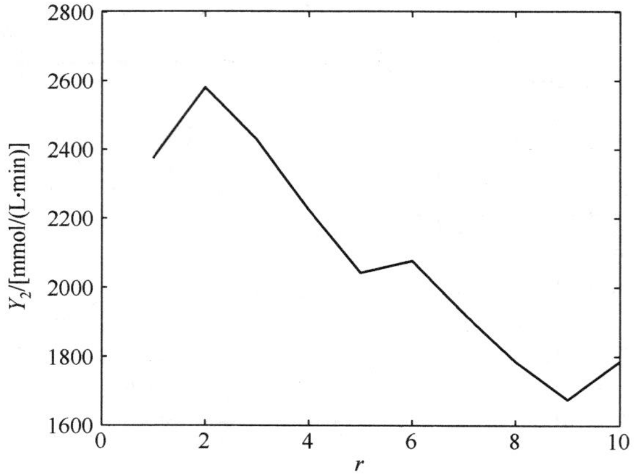
2800
2600
2400
2200
2000
1800
1600
Y_2/[mmol/(L·min)]
0
2
4
6
8
10
r

(b)

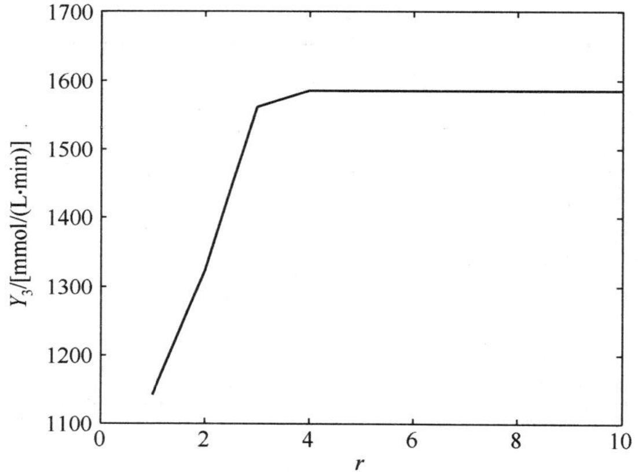
1700
1600
1500
1400
1300
1200
1100
Y_3/[mmol/(L·min)]
0
2
4
6
8
10
r

(c)

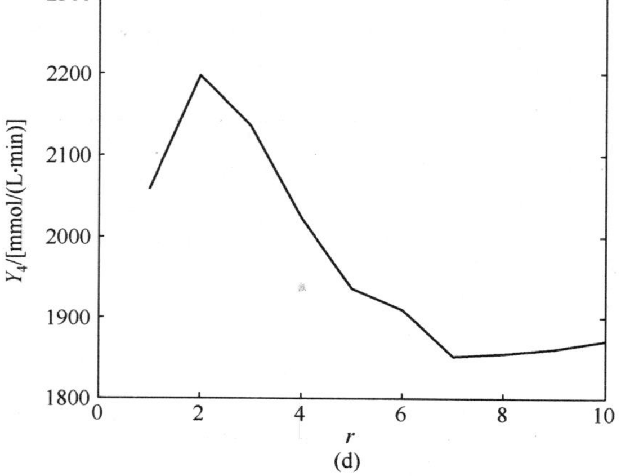
2300
2200
2100
2000
1900
1800
Y_4/[mmol/(L·min)]
0
2
4
6
8
10
r

(d)

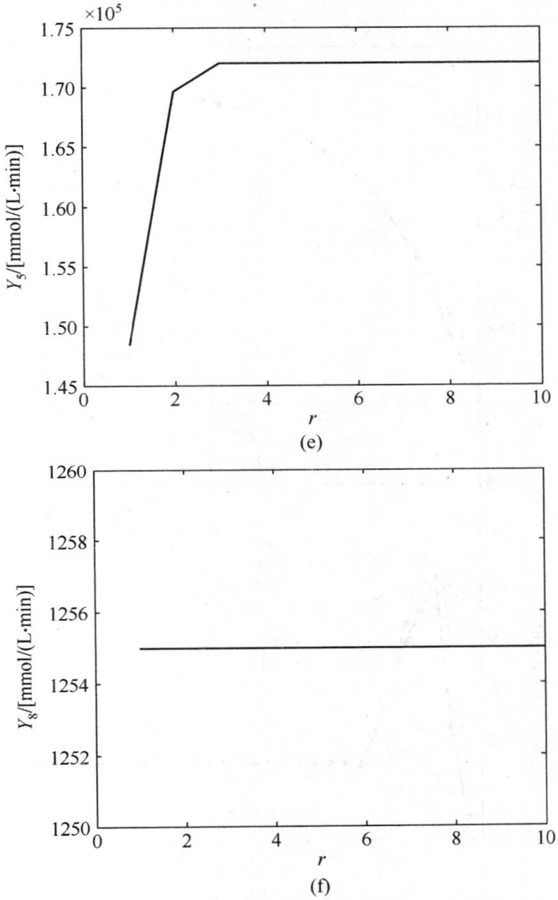

图 3.7　问题(3.25)中修正的迭代 IOM 方法求得的酶活性随迭代次数的变化曲线

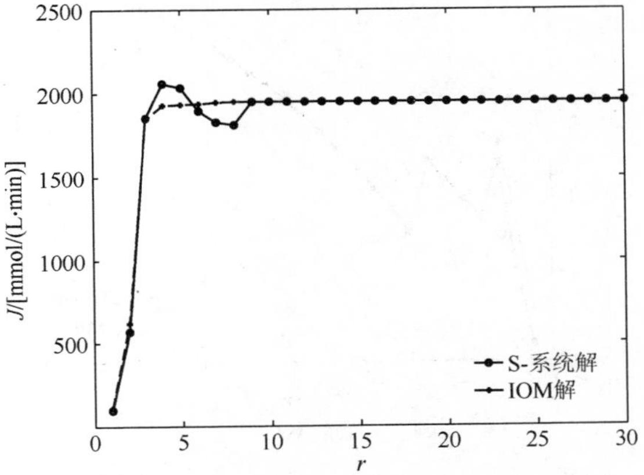

图 3.8　问题(3.25)中标准迭代 IOM 方法求得的优化指标随迭代次数的变化曲线

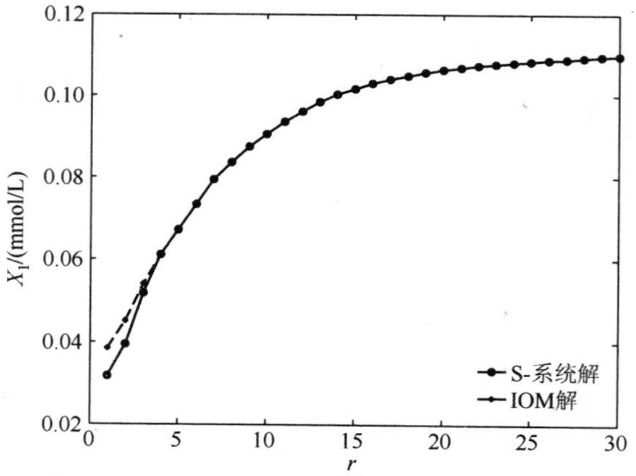
0.12
0.10
0.08
0.06
0.04
0.02
X_1/(mmol/L)
0
5
10
15
20
25
30
r
S-系统解
IOM解

(a)

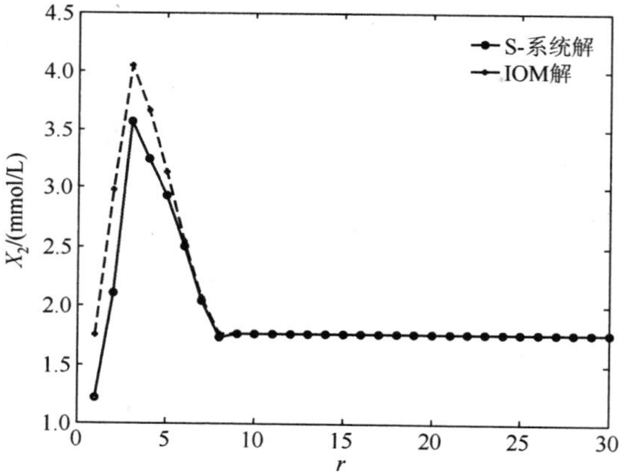
4.5
4.0
3.5
3.0
2.5
2.0
1.5
1.0
X_2/(mmol/L)
0
5
10
15
20
25
30
r
S-系统解
IOM解

(b)

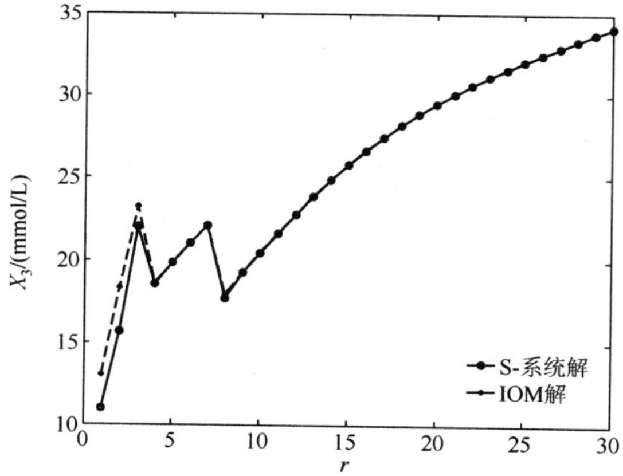
35
30
25
20
15
10
X_3/(mmol/L)
0
5
10
15
20
25
30
r
S-系统解
IOM解

(c)

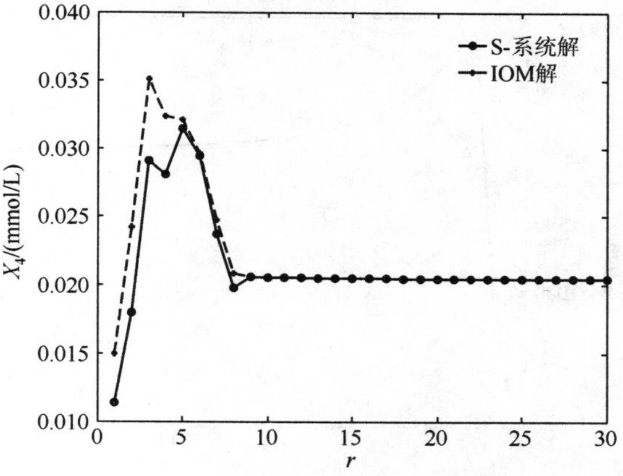

(d)

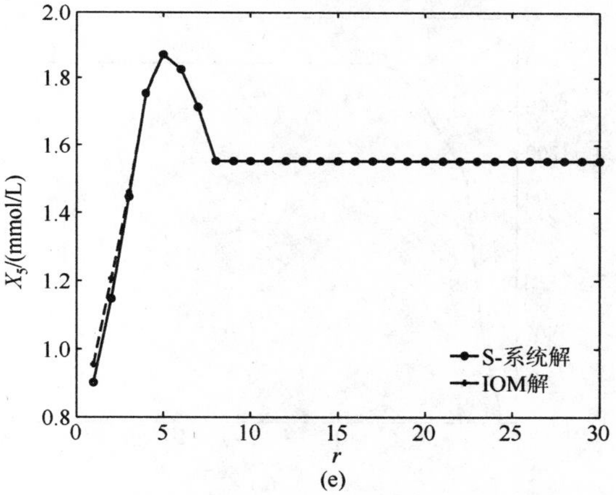

(e)

图 3.9　问题(3.25)中标准迭代 IOM 方法求得的代谢物浓度随迭代次数的变化曲线

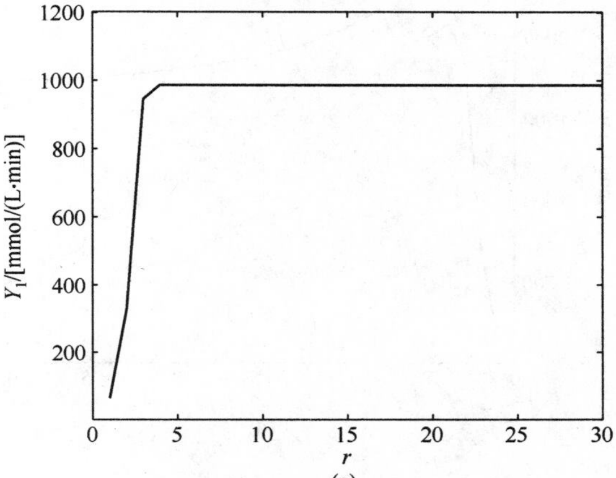

(a)

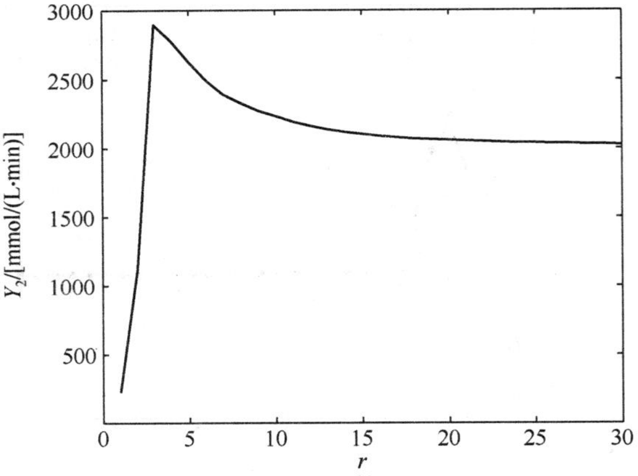
3000
2500
2000
1500
1000
500
Y_2/[mmol/(L·min)]
0
5
10
15
20
25
30
r

(b)

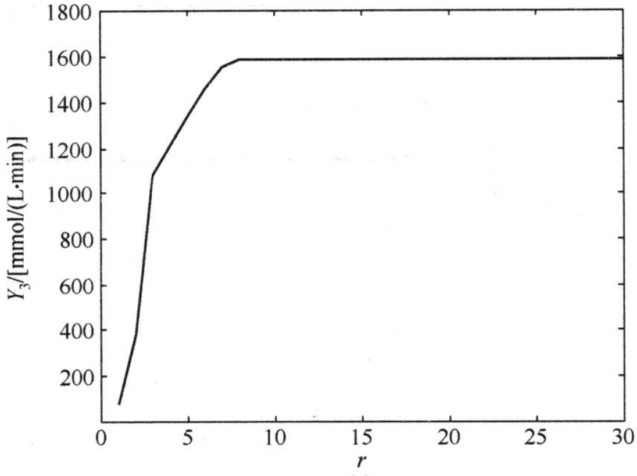
1800
1600
1400
1200
1000
800
600
400
200
Y_3/[mmol/(L·min)]
0
5
10
15
20
25
30
r

(c)

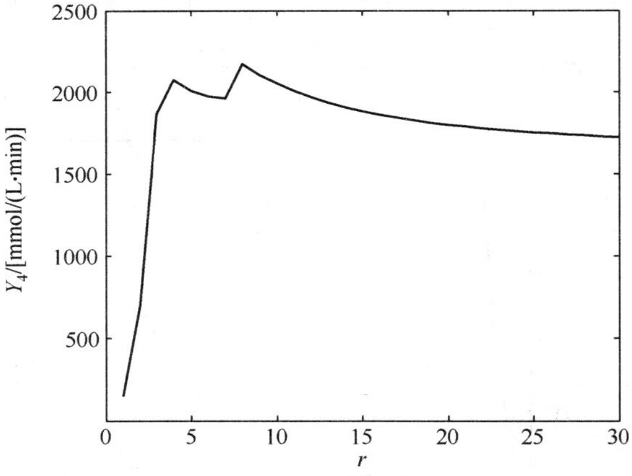
2500
2000
1500
1000
500
Y_4/[mmol/(L·min)]
0
5
10
15
20
25
30
r

(d)

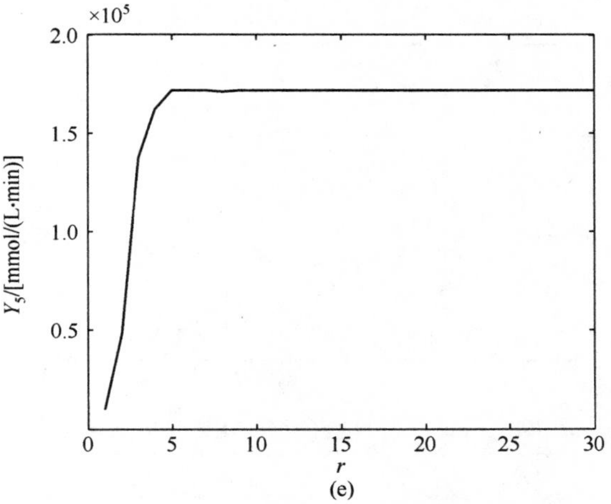

(e)

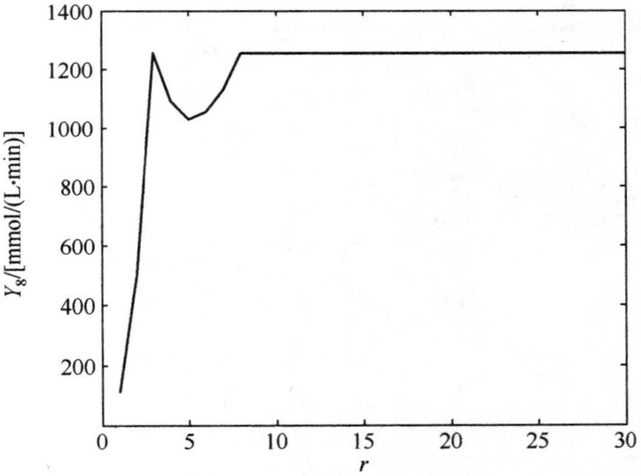

(f)

图 3.10　问题(3.25)中标准迭代 IOM 方法求得的酶活性随迭代次数的变化曲线

表 3.3　问题(3.25)中标准迭代 IOM 方法的优化结果

变量	基本稳态	最优解(15 次迭代)	
		S-系统	IOM
X_1	0.0345	$2.951(X_1)_0$	$2.951(X_1)_0$
X_2	1.0111	$1.745(X_2)_0$	$1.745(X_2)_0$
X_3	9.1437	$2.823(X_3)_0$	$2.824(X_3)_0$
X_4	0.0095	$2.155(X_4)_0$	$2.155(X_4)_0$
X_5	1.1278	$1.376(X_5)_0$	$1.376(X_5)_0$
Y_1	19.7	985	985
Y_2	68.5	2102.481	2102.481

续表

变量	基本稳态	最优解(15 次迭代)	
		S-系统	IOM
Y_3	31.7	1585	1585
Y_4	49.9	1883.4038	1883.4038
Y_5	3440	172 000	172 000
Y_8	25.1	1255	1255
J	30.1124	$64.828(J)_0$	$64.829(J)_0$

表 3.4　问题(3.25)中直接 IOM 方法的优化结果

变量	基本稳态	最优解	
		S-系统	IOM
X_1	0.0345	$0.919(X_1)_0$	$1.116(X_1)_0$
X_2	1.0111	$1.2(X_2)_0$	$1.733(X_2)_0$
X_3	9.1437	$1.2(X_3)_0$	$1.429(X_3)_0$
X_4	0.0095	$1.2(X_4)_0$	$1.575(X_4)_0$
X_5	1.1278	$0.8(X_5)_0$	$0.846(X_5)_0$
Y_1	19.7	62.8387	62.8387
Y_2	68.5	224.2612	224.2612
Y_3	31.7	77.6179	77.6179
Y_4	49.9	148.7649	148.7649
Y_5	3440	9850.9287	9850.9287
Y_8	25.1	108.5357	108.5357
J	30.1124	$3.159(J)_0$	$3.59(J)_0$

类似于 2.2 节的分析方法，可以对表 3.2 中给出的最优稳态下的 S-系统进行质量评估。首先由式(2.10)可以求得 S-系统在最优稳态处的特征值分别为−31077.76、−4680.565、−424.0144+394.5391i、−424.0144−394.5391i 和−17.87985，由于特征值均具有负实部，所以最优稳态是局部稳定的。

其次，对速率常数敏感度的分析(图略)可知，所有速率常数敏感度的绝对值都小于 6，其中有 8 个为 4～6，还有 66 个小于 1。另外，磷酸烯醇式丙酮酸(X_4)对速率常数的变化最敏感。对动力阶敏感度的分析(图略)可知，在所有 115 个影响代谢物浓度的动力阶敏感度中，大多数(73%)敏感度的绝对值在 1 以下，还有 5 个绝对值为 4～7 的敏感度对磷酸烯醇式丙酮酸(X_4)的影响较大；在所有 115 个影响通量的动力阶敏感度中，大多数(90%)敏感度的绝对值在 1 以下，而余下敏感度的绝对值都小于 1.13273。表 3.5 和表 3.6 分别给出了浓度对数增益和通量对数增益。从表 3.5 中可以看出，葡萄糖运输（Y_1）对代谢物浓度的影响最大，其中，幅度最高的值是 $L_g(X_4, Y_1) = 4.42486$，这意味着若葡萄糖的运输减小 1%，则磷酸烯醇式丙酮酸的浓度将升高 4.42486%。从表 3.6 中可以看出，葡萄糖运输（Y_1）对通量的影响最大。

表 3.5　S-系统的浓度对数增益

参数	X_1	X_2	X_3	X_4	X_5
Y_1	1.910 77	2.672 78	2.364 20	4.424 86	0.942 15
Y_2	−2.007 62	−0.000 10	0.000 04	−0.000 14	−0.000 09
Y_3	0.019 04	−1.590 35	0.053 36	0.128 53	0.036 40
Y_4	0.000 03	−0.000 45	−2.787 50	0.037 40	−0.000 41
Y_5	−0.000 17	0.002 38	0.002 69	−3.144 50	0.002 16
Y_6	0.000 22	−0.004 83	−0.002 61	−0.007 55	−0.002 45
Y_7	0.000 19	−0.002 59	−0.002 45	−0.007 18	−0.002 35
Y_8	0.077 54	−1.076 85	0.372 26	−1.431 43	−0.975 41
Y_9	−0.000 02	0.000 22	0.996 87	−0.013 20	0.000 20

表 3.6　S-系统的通量对数增益

参数	V_1	V_2	V_3	V_4	V_5
Y_1	0.982 09	0.982 09	0.961 73	0.961 73	0.961 73
Y_2	0	0	0	0	0
Y_3	0.010 66	0.010 66	0.023 53	0.023 53	0.023 53
Y_4	0	0	0.000 01	−0.000 20	−0.000 20
Y_5	−0.000 02	−0.000 02	−0.000 04	0.001 23	0.001 07
Y_6	0.000 03	0.000 03	−0.001 23	−0.001 23	−0.001 23
Y_7	0.000 02	0.000 02	0.000 04	−0.001 16	−0.001 16
Y_8	0.007 21	0.007 21	0.015 95	0.016 03	0.015 91
Y_9	0	0	0	0.000 10	0.000 10

最后，通过两个仿真实验考察了 S-系统的动力学。图 3.11 所示为胞内葡萄糖浓度（X_1）增加为最优稳态的 10 倍后系统的动态响应。从图中可以看出，系统只需 0.2min 就可以恢复到其受扰前的稳态。图 3.12 所示为参数 Y_9（[NADH]/ [NAD$^+$]）增加为最优稳态的 2 倍后系统的动态响应。从图中可以看出，在经过大约 0.6min 后，系统快速达到一个新的稳态。

以上分析结果说明，在最优稳态下，S-系统是稳定而且鲁棒的。

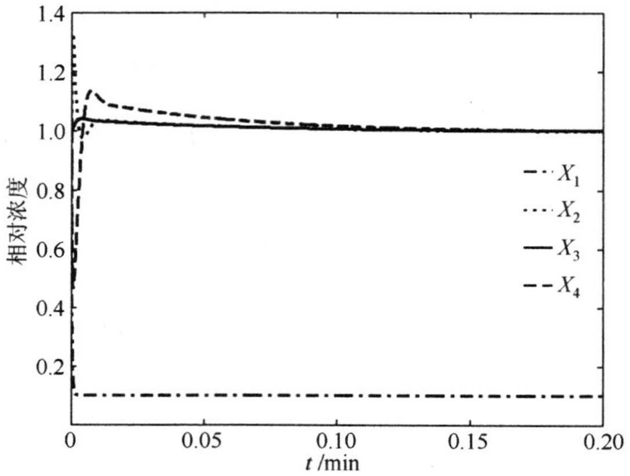

(a)

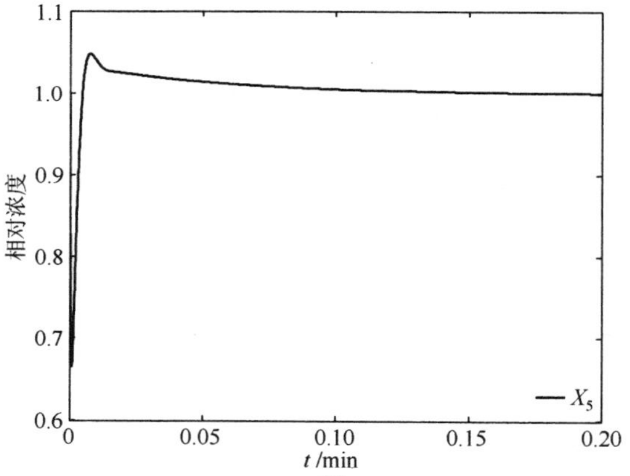

(b)

图 3.11 胞内葡萄糖浓度增加为最优稳态的 10 倍后系统的动态响应

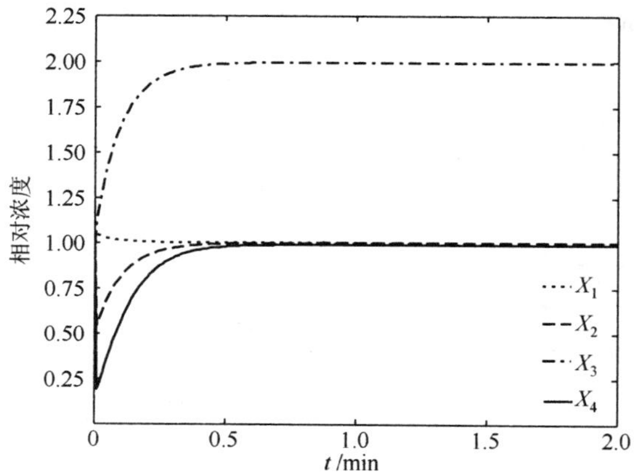

(a)

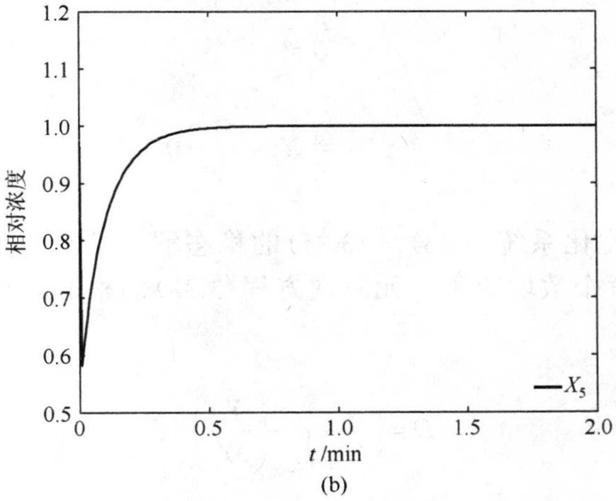

(b)

图 3.12　[NADH]/[NAD$^+$]增加为最优稳态的 2 倍后系统的动态响应

3.2.3　多稳态生化系统的稳态优化

本例研究一个简单的多稳态生化系统(Chang and Sahinidis，2005)的稳态优化。该系统的代谢路径如图 3.13 所示。其动力学方程可描述为(Chang and Sahinidis，2005)

$$\frac{\mathrm{d}X_1}{\mathrm{d}t} = F + Y_1 X_3^3 - Y_2 X_1 \tag{3.33}$$

$$\frac{\mathrm{d}X_2}{\mathrm{d}t} = Y_2 X_1 - Y_3 X_2 \tag{3.34}$$

$$\frac{\mathrm{d}X_3}{\mathrm{d}t} = Y_3 X_2 - Y_4 X_3 \tag{3.35}$$

式中，X_1、X_2 和 X_3 表示代谢物浓度；Y_1、Y_2、Y_3 和 Y_4 代表酶活性；F 为输入通量。

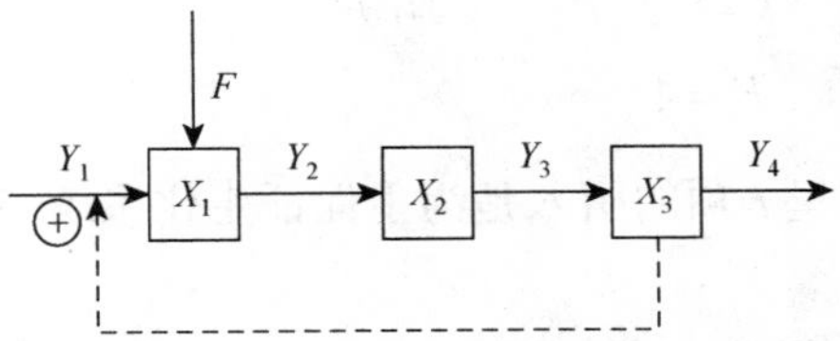

图 3.13　多稳态生化系统的代谢路径

从式(3.33)～式(3.35)的稳态条件可得如下三个方程：

$$X_1 = \frac{Y_4}{Y_2} X_3 \tag{3.36}$$

$$X_2 = \frac{Y_4}{Y_3} X_3 \tag{3.37}$$

$$X_3^3 - \frac{Y_4}{Y_1} X_3 + \frac{F}{Y_1} = 0 \tag{3.38}$$

上述方程确定了生化系统(3.33)～(3.35)的稳态解。显然，生化系统(3.33)～(3.35)的正稳态解个数取决于一元三次方程(3.38)的根的分布。根据式(3.38)的判别式

$$D = \left(\frac{F}{2Y_1}\right)^2 - \left(\frac{Y_4}{3Y_1}\right)^3$$

的符号以及根与系数的关系，可得式(3.38)的根的分布：若 $D > 0$，则有一个负根和两个共轭复根；若 $D = 0$，则有一个负根和两个相等的正根；若 $D < 0$，则有一个负根和两个不相等的正根。为了考察修正的迭代 IOM 方法在多稳态生化系统中的应用情况，这里仅考虑 $D < 0$ 的情形。

本书考虑如下使 $Y_1X_3^3$ 最大的稳态优化问题：

$$\begin{aligned}
\max \quad & J = Y_1 X_3^3 \\
\text{s.t.} \quad & F + Y_1 X_3^3 - Y_2 X_1 = 0 \\
& Y_2 X_1 - Y_3 X_2 = 0 \\
& Y_3 X_2 - Y_4 X_3 = 0 \\
& 0.8(X_i)_0 \leqslant X_i \leqslant 1.2(X_i)_0, \quad i = 1,2,3 \\
& 0.2 \leqslant Y_1 \leqslant 5 \\
& 1 \leqslant Y_k \leqslant 25, \quad k = 2,3,4 \\
& \left(\frac{F}{2Y_1}\right)^2 + \tau \leqslant \left(\frac{Y_4}{3Y_1}\right)^3 \\
& F = 4
\end{aligned} \tag{3.39}$$

式中，$\tau = 2/(27Y_1^2)$。这里 τ 项的引入是为了保证生化系统(3.33)～(3.35)是多稳态系统。

在表 3.7 所示的基本稳态下，生化系统(3.33)～(3.35)的 S-系统表示形式可写为

$$\frac{\mathrm{d}X_1}{\mathrm{d}t} = 5X_3^{0.6}Y_1^{0.2} - X_1Y_2 \tag{3.40}$$

$$\frac{\mathrm{d}X_2}{\mathrm{d}t}=X_1Y_2-X_2Y_3 \tag{3.41}$$

$$\frac{\mathrm{d}X_3}{\mathrm{d}t}=X_2Y_3-X_3Y_4 \tag{3.42}$$

表 3.7　问题(3.39)中修正的迭代 IOM 方法的优化结果

变量	基本稳态	最优解(2 次迭代)	
		S-系统	IOM
X_1	1	$1.026(X_1)_0$	$1.026(X_1)_0$
X_2	1	$1.026(X_2)_0$	$1.026(X_2)_0$
X_3	1	$1.006(X_3)_0$	$1.006(X_3)_0$
Y_1	1	1.5472	1.5472
Y_2	5	5.4361	5.4361
Y_3	5	5.4361	5.4361
Y_4	5	5.5417	5.5417
J	1	$1.576(J)_0$	$1.576(J)_0$

本例中，初始参考稳态设定点由表 3.7 给出，参数 κ_1、κ_2 和 κ_3 的取值分别为 1.0、0.9 和 0.9，初始乘子 $\boldsymbol{\eta}_1^{(0)}$ 和 $\boldsymbol{\eta}_2^{(0)}$ 取为 $\boldsymbol{\eta}_1^{(0)}=\boldsymbol{\eta}_2^{(0)}=(0.1,0.1,0.1)^{\mathrm{T}}$，则由修正的迭代 IOM 方法迭代 1 次求得的系统最优解为

$$(Y_1,Y_2,Y_3,Y_4)=(1.5221,5.2058,5.2058,5.5116)$$

将这些最优参数代入式(3.33)～式(3.35)中，可得两个正稳态。一个是稳定的稳态:

$$\boldsymbol{X}=(1.0712,1.0712,1.0118)^{\mathrm{T}}$$

另一个是不稳定的稳态:

$$\boldsymbol{X}=(1.2528,1.2528,1.1833)^{\mathrm{T}}$$

因此可选前一个稳态作为算法下一次迭代时的基本稳态。重复上述过程，直到算法收敛到系统的最优解。图 3.14 和图 3.15 是应用修正的迭代 IOM 方法计算的最优解随迭代次数的变化曲线。从图中可以看出，修正的迭代 IOM 方法得到了一致的 S-系统解和 IOM 解。表 3.7 给出了本章算法迭代两次时的优化结果。从表中可以看出，S-系统解和 IOM 解得到了一致的通量(约为参考稳态时的 1.576 倍)。

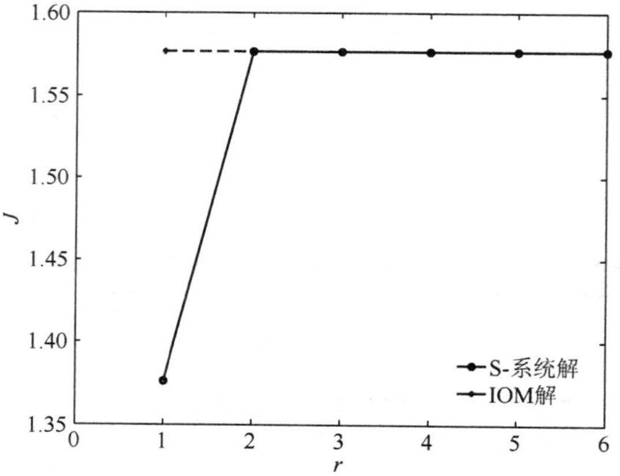

图 3.14　问题(3.39)中修正的迭代 IOM 方法求得的优化指标随迭代次数的变化曲线

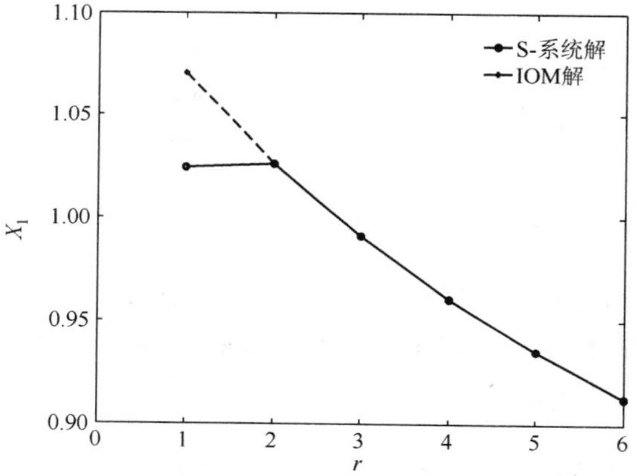

(a)

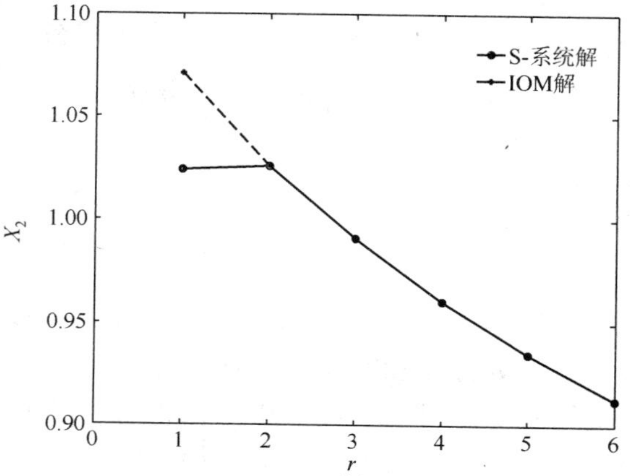

(b)

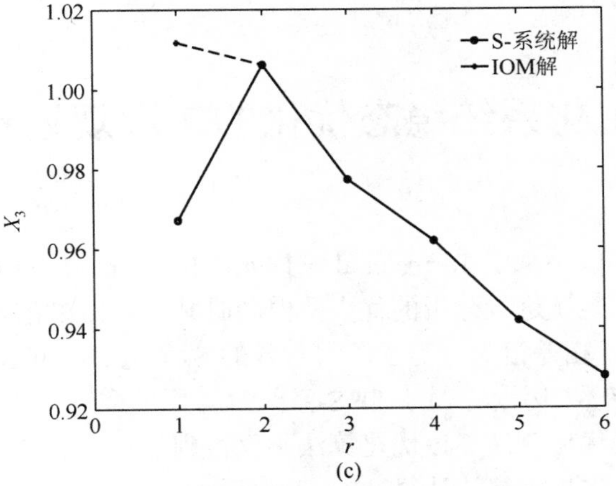

(c)

图 3.15　问题(3.39)中修正迭代 IOM 方法求得的代谢物浓度随迭代次数的变化曲线

3.3　本 章 小 结

本章对标准迭代 IOM 方法进行了修正，提出了一种可用于求解生化系统稳态优化问题的新算法。与标准迭代 IOM 方法相比，修正后的迭代 IOM 方法考虑了 S-系统与原模型之间状态变量对模型参数导数的比较，不仅可以快速地收敛到真正的系统最优解，而且可以获得一致的 S-系统解与 IOM 解。

第 4 章　生化系统稳态优化的二次规划算法与应用

IOM 方法（Voit，1992；Torres et al.，1996；Torres et al.，1997）虽然具有操作简单和便于对生化系统进行分析的优点，但同时其计算结果也表明所求得的 S-系统解与 IOM 解通常相差很大。为了获得一致的 S-系统解与 IOM 解，本章在已有 IOM 方法的目标函数中引入一个反映 S-系统解与原模型解一致性的二次项，提出了一种改进的迭代优化算法。该优化算法不仅得到了一致的 S-系统解与 IOM 解，而且可用现有的二次规划算法计算。

4.1　二次规划算法

为了获得一致的 S-系统解与 IOM 解，本章将优化问题（2.14）转化为如下二次规划问题：

$$
\begin{aligned}
\min \quad & P(\boldsymbol{x},\boldsymbol{y}) \\
\text{s.t.} \quad & \boldsymbol{A}_d\boldsymbol{x}+\boldsymbol{A}_{id}\boldsymbol{y}=\boldsymbol{b} \\
& \ln(X_i^L)\leqslant x_i\leqslant \ln(X_i^U), \quad i=1,2,\cdots,n \\
& \ln(Y_k^L)\leqslant y_k\leqslant \ln(Y_k^U), \quad k=1,2,\cdots,m \\
& \bar{\boldsymbol{G}}(\boldsymbol{x},\boldsymbol{y})\leqslant 0
\end{aligned}
\tag{4.1}
$$

式中，目标函数 $P(\boldsymbol{x},\boldsymbol{y})$ 可表示为

$$
\begin{aligned}
P(\boldsymbol{x},\boldsymbol{y}) &= -\bar{J}(\boldsymbol{x},\boldsymbol{y})+\rho\left\|\boldsymbol{x}-\boldsymbol{x}^{(0)}\right\|^2 \\
&= -\ln(\gamma)-\boldsymbol{f}^{\mathrm{T}}\boldsymbol{x}-\boldsymbol{f}'^{\mathrm{T}}\boldsymbol{y}+\rho\left\|\boldsymbol{x}-\boldsymbol{x}^{(0)}\right\|^2
\end{aligned}
\tag{4.2}
$$

式中，ρ 为罚系数；$\boldsymbol{x}^{(0)}$ 为给定的参考稳态；$\|\cdot\|$ 为欧氏范数。

目前有多种算法可以求解二次规划问题（4.1），如 Lemke 方法、内点法、有效集法和二次逼近法等。

综合前面所述，本章提出的优化算法可描述如下。

（1）给定初始参考稳态设定点 $((\boldsymbol{X}^{(0)})^{\mathrm{T}},(\boldsymbol{Y}^{(0)})^{\mathrm{T}})^{\mathrm{T}}$ 及在该稳态下系统（2.1）和目标函数 $J(\boldsymbol{X},\boldsymbol{Y})$ 的 S-系统形式；给定初始罚系数 $\rho^{(0)}>0$，以及解精度 $\varepsilon>0$。令 $r=0$。

（2）在算法的第 r（$r\geqslant 1$）次迭代，求解如下二次规划问题：

$$\begin{aligned}
\min \quad & P(\boldsymbol{x},\boldsymbol{y}) = -\ln(\gamma) - \boldsymbol{f}^{\mathrm{T}}\boldsymbol{x} - \boldsymbol{f}'^{\mathrm{T}}\boldsymbol{y} + \rho^{(r-1)}\left\|\boldsymbol{x}-\boldsymbol{x}^{(r-1)}\right\|^2 \\
\text{s.t.} \quad & \boldsymbol{A}_d\boldsymbol{x} + \boldsymbol{A}_{id}\boldsymbol{y} = \boldsymbol{b} \\
& \ln(X_i^L) \leqslant x_i \leqslant \ln(X_i^U), \quad i=1,2,\cdots,n \\
& \ln(Y_k^L) \leqslant y_k \leqslant \ln(Y_k^U), \quad k=1,2,\cdots,m \\
& \bar{\boldsymbol{G}}(\boldsymbol{x},\boldsymbol{y}) \leqslant 0
\end{aligned} \tag{4.3}$$

设 $((\boldsymbol{x}^{(r)})^{\mathrm{T}},(\boldsymbol{y}^{(r)})^{\mathrm{T}})^{\mathrm{T}}$ 是优化问题(4.3)的最优解。

(3) 如果 $\left\|\boldsymbol{x}^{(r)}-\boldsymbol{x}^{(r-1)}\right\| \leqslant \varepsilon$，则停止迭代；否则令

$$\rho^{(r)} = \bar{\tau}\rho^{(r-1)}, \quad \bar{\tau} > 1 \tag{4.4}$$

$$r = r+1 \tag{4.5}$$

返回步骤(2)继续计算。

4.2　二次规划算法在生化系统稳态优化中的应用

为了说明本章算法的可行性和有效性，分别对两个生化系统进行优化研究。

例 4.1　考虑如下生化系统(Hatzimanikatis and Bailey，1997)：

$$\frac{\mathrm{d}X_1}{\mathrm{d}t} = V_1 - V_2 \tag{4.6}$$

$$\frac{\mathrm{d}X_2}{\mathrm{d}t} = V_2 - V_3 \tag{4.7}$$

$$\frac{\mathrm{d}X_3}{\mathrm{d}t} = V_3 - V_4 \tag{4.8}$$

$$\frac{\mathrm{d}X_4}{\mathrm{d}t} = V_4 - V_5 \tag{4.9}$$

式中，各通量的表达式为

$$V_1 = \frac{1.75Y_1Y_2}{1.5+Y_1}$$

$$V_2 = \frac{2X_1Y_3}{0.3333+X_1}$$

$$V_3 = \frac{1.7X_2Y_4}{0.6667+X_2}$$

$$V_4 = \frac{1.5X_3Y_5}{0.6429+X_3}$$

$$V_5 = \frac{1.3X_4Y_6}{0.1875+X_4}$$

如果目标函数 $J(\boldsymbol{X},\boldsymbol{Y})$ 取为(Hatzimanikatis and Bailey，1997)

$$J(\boldsymbol{X},\boldsymbol{Y}) = V_5 = \frac{1.3X_4Y_6}{0.1875+X_4}$$

则使生化系统(4.6)～(4.9)在稳态下进行，又使$J(\boldsymbol{X},\boldsymbol{Y})$最大的稳态优化问题可表示为

$$\begin{aligned}
\max \quad & J(\boldsymbol{X},\boldsymbol{Y}) = \frac{1.3X_4Y_6}{0.1875+X_4} \\
\text{s.t.} \quad & \frac{1.75Y_1Y_2}{1.5+Y_1} = \frac{2X_1Y_3}{0.3333+X_1} \\
& \frac{2X_1Y_3}{0.3333+X_1} = \frac{1.7X_2Y_4}{0.6667+X_2} \\
& \frac{1.7X_2Y_4}{0.6667+X_2} = \frac{1.5X_3Y_5}{0.6429+X_3} \\
& \frac{1.5X_3Y_5}{0.6429+X_3} = \frac{1.3X_4Y_6}{0.1875+X_4} \\
& 0.8(X_i)_0 \leqslant X_i \leqslant 1.2(X_i)_0, \quad i=1,2,3,4 \\
& 1.6 \leqslant Y_1 \leqslant 2.4 \\
& 0.2 \leqslant Y_k \leqslant 5, \quad k=2,3,4,5,6
\end{aligned} \tag{4.10}$$

当式(4.6)～式(4.9)中的参数Y_k取为$(Y_1, Y_2, Y_3, Y_4, Y_5, Y_6)^{\mathrm{T}} = (2,1,1,1,1,1)^{\mathrm{T}}$时，可以算得初始参考稳态设定点为

$$(X_1, X_2, X_3, X_4)^{\mathrm{T}} = (0.3333, 0.9524, 1.2858, 0.6250)^{\mathrm{T}}$$

则由式(2.8)可得生化系统(4.6)～(4.9)的S-系统形式为

$$\frac{\mathrm{d}X_1}{\mathrm{d}t} = 0.7430Y_1^{0.4286}Y_2 - 1.7321X_1^{0.5}Y_3 \tag{4.11}$$

$$\frac{\mathrm{d}X_2}{\mathrm{d}t} = 1.7321X_1^{0.5}Y_3 - 1.0203X_2^{0.4118}Y_4 \tag{4.12}$$

$$\frac{\mathrm{d}X_3}{\mathrm{d}t} = 1.0203X_2^{0.4118}Y_4 - 0.9196X_3^{0.3333}Y_5 \tag{4.13}$$

$$\frac{\mathrm{d}X_4}{\mathrm{d}t} = 0.9196X_3^{0.3333}Y_5 - 1.1146X_4^{0.2308}Y_6 \tag{4.14}$$

目标函数$J(\boldsymbol{X},\boldsymbol{Y})$的S-系统形式为

$$J(\boldsymbol{X},\boldsymbol{Y}) = 1.1146X_4^{0.2308}Y_6 \tag{4.15}$$

本例中，初始参考稳态设定点由表4.1给出，初始罚系数$\rho^{(0)}$取0.001。表4.1给出了本章算法迭代3次时的优化结果。从表4.1中可以看出，本章方法得到了基本一致的S-系统解与IOM解。类似于2.2节的分析方法，可以验证，在表4.1所示的最优稳态下，S-系统模型是稳定而且鲁棒的。表4.2给出了本章算法与IOM

方法(Voit，1992；Torres et al.，1996，1997)的结果比较。从表 4.2 中可以看出，两种算法得到了基本一致的通量值(约为基本稳态时的 5.2 倍)。

表 4.1　例 4.1 中二次规划算法的优化结果

变量	基本稳态	最优解(3 次迭代)	
		S-系统	IOM
X_1	0.3333	0.3626	0.3602
X_2	0.9524	1.0549	1.0475
X_3	1.2858	1.4590	1.4481
X_4	0.6250	0.7500	0.7458
Y_1	2	2.4000	2.4000
Y_2	1	4.8231	4.8231
Y_3	1	5.0000	5.0000
Y_4	1	5.0000	5.0000
Y_5	1	5.0000	5.0000
Y_6	1	5.0000	5.0000
J	1	5.2000	5.1941

表 4.2　例 4.1 中本章算法与 IOM 方法的结果比较

变量	本章算法		IOM 方法	
	S-系统解	IOM 解	S-系统解	IOM 解
X_1	0.3626	0.3602	0.3889	0.3890
X_2	1.0549	1.0475	1.1075	1.1075
X_3	1.4590	1.4481	1.4989	1.4978
X_4	0.7500	0.7458	0.7500	0.7504
Y_1	2.4000	2.4000	2.3266	2.3266
Y_2	4.8231	4.8231	4.8877	4.8877
Y_3	5.0000	5.0000	4.8280	4.8280
Y_4	5.0000	5.0000	4.9007	4.9007
Y_5	5.0000	5.0000	4.9553	4.9553
Y_6	5.0000	5.0000	5.0000	5.0000
J	5.2000	5.1941	5.2000	5.2006

例 4.2　考虑如下生化系统(Hatzimanikatis and Bailey，1997)：

$$\frac{\mathrm{d}X_1}{\mathrm{d}t} = V_1 - V_2 \tag{4.16}$$

$$\frac{\mathrm{d}X_2}{\mathrm{d}t} = V_2 - V_3 - V_4 \tag{4.17}$$

$$\frac{\mathrm{d}X_3}{\mathrm{d}t} = V_3 - V_5 \tag{4.18}$$

$$\frac{\mathrm{d}X_4}{\mathrm{d}t} = V_4 - V_6 \tag{4.19}$$

式中，各通量的表达式为

$$V_1 = 3Y_1$$

$$V_2 = \frac{10X_1Y_2}{0.3333 + X_1}$$

$$V_3 = \frac{4.1667X_2Y_3}{0.6667\left(1 + \dfrac{X_3}{1 + \dfrac{X_1}{2}}\right) + X_2}$$

$$V_4 = \frac{7.5X_2Y_4}{0.6429\left[1 + \dfrac{X_4}{7\left(1 + \dfrac{X_3}{1.5}\right)}\right] + X_2\left[1 + \dfrac{X_4}{3.5\left(1 + \dfrac{X_3}{1.5}\right)}\right]}$$

$$V_5 = \frac{6.25X_3Y_5}{0.1875 + X_3}$$

$$V_6 = \frac{3.516X_4Y_6}{0.3333 + X_4}$$

如果目标函数 $J(\boldsymbol{X},\boldsymbol{Y})$ 取为

$$J(\boldsymbol{X},\boldsymbol{Y}) = V_5 = \frac{6.25X_3Y_5}{0.1875 + X_3}$$

则可得如下稳态优化问题：

$$\max \quad J(\boldsymbol{X},\boldsymbol{Y}) = \frac{6.25X_3Y_5}{0.1875 + X_3}$$

$$\text{s.t.} \quad 3Y_1 = \frac{10X_1Y_2}{0.3333 + X_1}$$

$$\frac{10X_1Y_2}{0.3333 + X_1} = \frac{4.1667X_2Y_3}{0.6667\left(1 + \dfrac{X_3}{1 + \dfrac{X_1}{2}}\right) + X_2}$$

$$+\frac{7.5X_2Y_4}{0.6429\left[1+\dfrac{X_4}{7\left(1+\dfrac{X_3}{1.5}\right)}\right]+X_2\left[1+\dfrac{X_4}{3.5\left(1+\dfrac{X_3}{1.5}\right)}\right]}$$

$$\frac{4.1667X_2Y_3}{0.6667\left(1+\dfrac{X_3}{1+\dfrac{X_1}{2}}\right)+X_2}=\frac{6.25X_3Y_5}{0.1875+X_3} \tag{4.20}$$

$$\frac{7.5X_2Y_4}{0.6429\left[1+\dfrac{X_4}{7\left(1+\dfrac{X_3}{1.5}\right)}\right]+X_2\left[1+\dfrac{X_4}{3.5\left(1+\dfrac{X_3}{1.5}\right)}\right]}=\frac{3.516X_4Y_6}{0.3333+X_4}$$

$$0.8(X_i)_0 \leqslant X_i \leqslant 1.2(X_i)_0,\quad i=1,2,3,4$$

$$0.1(Y_k)_0 \leqslant Y_k \leqslant 50(Y_k)_0,\quad k=1,2,3,4,5,6$$

当式(4.16)～式(4.19)中的参数 Y_k 取为 $(Y_1,Y_2,Y_3,Y_4,Y_5,Y_6)^{\mathrm{T}}=(1,1,1,1,1,1)^{\mathrm{T}}$ 时，可以算得初始参考稳态设定点为

$$(X_1,X_2,X_3,X_4)^{\mathrm{T}}=(0.1428,0.2425,0.0393,0.4000)^{\mathrm{T}}$$

则由式(2.8)可得生化系统(4.16)～(4.19)的 S-系统形式为

$$\frac{\mathrm{d}X_1}{\mathrm{d}t}=3Y_1-11.7158X_1^{0.7001}Y_2 \tag{4.21}$$

$$\frac{\mathrm{d}X_2}{\mathrm{d}t}=11.7158X_1^{0.7001}Y_2-7.8511X_1^{0.0006}X_2^{0.7246}X_3^{-0.0084}X_4^{-0.0423}Y_3^{0.3607}Y_4^{0.6393} \tag{4.22}$$

$$\frac{\mathrm{d}X_3}{\mathrm{d}t}=2.8474X_1^{0.0017}X_2^{0.7403}X_3^{-0.0263}Y_3-15.7280X_3^{0.8267}Y_5 \tag{4.23}$$

$$\frac{\mathrm{d}X_4}{\mathrm{d}t}=5.0037X_2^{0.7158}X_3^{0.0017}X_4^{-0.0662}Y_4-2.9087X_4^{0.4545}Y_6 \tag{4.24}$$

目标函数 $J(\boldsymbol{X},\boldsymbol{Y})$ 的 S-系统形式为

$$J(\boldsymbol{X},\boldsymbol{Y})=15.7280X_3^{0.8267}Y_5 \tag{4.25}$$

取表 4.3 所示的初始参考稳态设定点，初始罚系数 $\rho^{(0)}$ 取为 $\rho^{(0)}=0.001$ 。表 4.3 给出了本章算法迭代 3 次时的优化结果。从表 4.3 中可以看出，本章方法得到了基本一致的 S-系统解与 IOM 解。表 4.4 给出了本章算法与 IOM 方法(Voit，1992；Torres et al.，1996，1997)的结果比较。从表 4.4 中可以看出，IOM 方法所获得的 S-系统解 X_1 和 IOM 解 X_1 是基本一致的，但是对于代谢物浓度 X_i（$i=2,3,4$）和目标函数 J，则两者间的偏差较大。因此，从是否能够获得一致的 S-系统解与 IOM 解的角度来看，本章所提出的二次规划算法比 IOM 方法(Voit，1992；Torres et al.，1996，1997)更加有效。

表 4.3 例 4.2 中二次规划算法的优化结果

变量	基本稳态	最优解(3 次迭代)	
		S-系统	IOM
X_1	0.1428	0.1430	0.1430
X_2	0.2425	0.2910	0.2902
X_3	0.0393	0.0460	0.0458
X_4	0.4000	0.4000	0.3960
Y_1	1	50.0000	50.0000
Y_2	1	49.9729	49.9729
Y_3	1	50.0000	50.0000
Y_4	1	40.7443	40.7443
Y_5	1	50.0000	50.0000
Y_6	1	46.4320	46.4320
J	1.0830	61.5752	61.3499

表 4.4 例 4.2 中本章算法与 IOM 方法的结果比较

变量	本章算法		IOM 方法	
	S-系统解	IOM 解	S-系统解	IOM 解
X_1	0.1430	0.1430	0.1714	0.1723
X_2	0.2910	0.2902	0.2910	0.0528
X_3	0.0460	0.0458	0.0460	0.0096
X_4	0.4000	0.3960	0.3899	0.0538
Y_1	50.0000	50.0000	5.2818	5.2818
Y_2	49.9729	49.9729	4.6493	4.6493
Y_3	50.0000	50.0000	50.0000	50.0000
Y_4	40.7443	40.7443	1.2086	1.2086
Y_5	50.0000	50.0000	50.0000	50.0000
Y_6	46.4320	46.4320	1.3958	1.3958
J	61.5752	61.3499	61.5931	15.1630

4.3 本章小结

本章提出了一种可用于求解生化系统稳态优化问题的二次规划算法。与 IOM 方法(Voit，1992；Torres et al.，1996，1997)相比，二次规划算法可以得到一致的 S-系统解与 IOM 解。最后，将该算法应用于生化系统的稳态优化中，结果表明，本章所提出的优化算法是有效的。

第 5 章 生化系统稳态优化的几何规划方法与应用

目前对生化系统的优化已成为新兴代谢工程领域中一个重要的组成部分。为了有效求解由此产生的大量优化问题，针对所研究生化系统或优化问题的特点，国内外学者提出了多种优化方法对其进行求解(Voit，1992，2013；Hatzimanikatis et al.，1996a，1996b；Torres et al.，1996，1997；Petkov and Maranas，1997；Dean and Dervakos，1998；Marín-Sanguino and Torres，2000，2003；Torres and Voit，2002；Vera et al.，2003a，2003b；Chang and Sahinidis，2005；徐恭贤等，2007；Marín-Sanguino et al.，2007；Polisetty et al.，2008；Xu et al.，2008；Pozo et al.，2010，2011；Sorribas et al.，2010；Vera et al.，2010；Xu，2012；刘婧等，2013)。例如，Marín-Sanguino 等(2007)基于广义质量作用(generalized mass action，GMA)系统并应用罚函数法和可控误差法求解生化系统的稳态优化问题。但是由对色氨酸生物合成系统的优化结果可知，罚函数法和可控误差法并非对所有生化系统的稳态优化问题都有效。基于此，本章提出了一种可用于求解生化系统稳态优化问题的序列几何规划方法。为了进一步提高该方法的收敛速度，随后又给出了一种改进的序列几何规划算法。优化研究结果表明，本章提出的优化算法可以收敛到真正的系统最优解。

5.1 生化系统的稳态优化问题

5.1.1 生化系统的 GMA 系统形式

GMA 系统形式是一种基于生化系统理论并用幂函数来描述生化过程非线性本质特性的建模方法(Voit，2000)。如果将“积累”和“消耗”代谢物浓度 X_i ($i=1,2,\cdots,n$)的通量分别记为 V_{ij}^+ ($j=1,2,\cdots,p_i^+$)和 V_{ik}^- ($k=1,2,\cdots,p_i^-$)，则生化系统可表示为如下化学计量系统形式：

$$\frac{\mathrm{d}X_i}{\mathrm{d}t}=\sum_{j=1}^{p_i^+}\mu_{ij}^+V_{ij}^+(\boldsymbol{X})-\sum_{k=1}^{p_i^-}\mu_{ik}^-V_{ik}^-(\boldsymbol{X}),\quad i=1,2,\cdots,n \tag{5.1}$$

式中，$\mu_{ij}^+>0$ 表示在第 j 个反应 V_{ij}^+ 中第 i 个代谢物 X_i 的化学计量系数；$\mu_{ik}^->0$ 表示在第 k 个反应 V_{ik}^- 中第 i 个代谢物 X_i 的化学计量系数。

如果将V_{ij}^{+}和V_{ik}^{-}分别表示成如下幂函数形式：

$$V_{ij}^{+}(\boldsymbol{X})=\alpha_{ij}^{+}\prod_{e=1}^{n+m}X_e^{g_{ije}^{+}},\quad j=1,2,\cdots,p_i^{+} \tag{5.2}$$

$$V_{ik}^{-}(\boldsymbol{X})=\alpha_{ik}^{-}\prod_{e=1}^{n+m}X_e^{g_{ike}^{-}},\quad k=1,2,\cdots,p_i^{-} \tag{5.3}$$

式中，X_e（$e=n+1,n+2,\cdots,n+m$）为模型参数，一般为酶活性；参数$g_{ije}^{+}\in\mathbf{R}$和$g_{ike}^{-}\in\mathbf{R}$为动力阶；$\alpha_{ij}^{+}>0$和$\alpha_{ik}^{-}>0$是速率常数，分别定义如下：

$$g_{ije}^{+}=\left(\frac{\partial V_{ij}^{+}}{\partial X_e}\frac{X_e}{V_{ij}^{+}}\right)_0 \tag{5.4}$$

$$g_{ike}^{-}=\left(\frac{\partial V_{ik}^{-}}{\partial X_e}\frac{X_e}{V_{ik}^{-}}\right)_0 \tag{5.5}$$

$$\alpha_{ij}^{+}=\left(V_{ij}^{+}\right)_0\prod_{e=1}^{n+m}\left(X_e\right)_0^{-g_{ije}^{+}} \tag{5.6}$$

$$\alpha_{ik}^{-}=\left(V_{ik}^{-}\right)_0\prod_{e=1}^{n+m}\left(X_e\right)_0^{-g_{ike}^{-}} \tag{5.7}$$

下标 0 表示上述参数是在代谢物浓度的稳态下计算的，本章以下部分类同。则生化系统(5.1)的 GMA 系统模型可写为

$$\frac{\mathrm{d}X_i}{\mathrm{d}t}=\sum_{j=1}^{p_i^{+}}\left(\mu_{ij}^{+}\alpha_{ij}^{+}\prod_{e=1}^{n+m}X_e^{g_{ije}^{+}}\right)-\sum_{k=1}^{p_i^{-}}\left(\mu_{ik}^{-}\alpha_{ik}^{-}\prod_{e=1}^{n+m}X_e^{g_{ike}^{-}}\right),\quad i=1,2,\cdots,n \tag{5.8}$$

5.1.2　优化问题描述

生化系统(5.1)的稳态优化问题可描述为

$$\max\quad F(\boldsymbol{X}) \tag{5.9}$$

$$\text{s.t.}\quad \sum_{j=1}^{p_i^{+}}\left(\mu_{ij}^{+}\alpha_{ij}^{+}\prod_{e=1}^{n+m}X_e^{g_{ije}^{+}}\right)-\sum_{k=1}^{p_i^{-}}\left(\mu_{ik}^{-}\alpha_{ik}^{-}\prod_{e=1}^{n+m}X_e^{g_{ike}^{-}}\right)=0,\quad i=1,2,\cdots,n \tag{5.10}$$

$$G_l(\boldsymbol{X})\leqslant K,\quad l=1,2,\cdots,d \tag{5.11}$$

$$X_e^{L}\leqslant X_e\leqslant X_e^{U},\quad e=1,2,\cdots,n+m \tag{5.12}$$

式中，$\boldsymbol{X}=(X_1,X_2,\cdots,X_{n+m})^{\mathrm{T}}\in\mathbf{R}^{n+m}$；目标函数$F(\boldsymbol{X})$通常为某一通量或代谢物浓度；式(5.10)为稳态约束；式(5.11)是对某一通量、某两个通量之比、代谢物浓度之和或酶活性之和的约束，$K>0$；式(5.12)是对代谢物浓度X_e（$e=1,2,\cdots,n$，$X_e^{L}>0$）和酶活性X_e（$e=n+1,n+2,\cdots,n+m$，$X_e^{L}>0$）的约束。

5.2　几何规划方法

5.2.1　几何规划的标准形式

本节给出几何规划问题的标准形式。

定义 5.1（**Boyd et al.，2007**）　称形如式(5.13)的函数为单项式函数：

$$f(\boldsymbol{x}) = c x_1^{a_1} x_2^{a_2} \cdots x_N^{a_N} \tag{5.13}$$

式中，$c>0$；$a_i \in \mathbf{R}$（$i=1,2,\cdots,N$）；$x_i>0$；$\boldsymbol{x}=(x_1,x_2,\cdots,x_N)^{\mathrm{T}} \in \mathbf{R}^N$。由单项式函数的定义易知，式(5.2)和式(5.3)是单项式函数。

定义 5.2（**Boyd et al.，2007**）　称形如式(5.14)的函数为正项式函数：

$$f(\boldsymbol{x}) = \sum_{Q=1}^{T} c_Q x_1^{a_{Q1}} x_2^{a_{Q2}} \cdots x_N^{a_{QN}} \tag{5.14}$$

式中，$c_Q>0$；$a_{Qi} \in \mathbf{R}$（$i=1,2,\cdots,N$）；$x_i>0$；$\boldsymbol{x}=(x_1,x_2,\cdots,x_N)^{\mathrm{T}} \in \mathbf{R}^N$。

由正项式函数的定义易知，式(5.10)中的

$$\sum_{j=1}^{p_i^+}\left(\mu_{ij}^+ \alpha_{ij}^+ \prod_{e=1}^{n+m} X_e^{g_{ije}^+}\right)$$

和

$$\sum_{k=1}^{p_i^-}\left(\mu_{ik}^- \alpha_{ik}^- \prod_{e=1}^{n+m} X_e^{g_{ike}^-}\right)$$

是正项式函数。

定义 5.3（**Boyd et al.，2007**）　称形如式(5.15)的函数为符号函数：

$$f(\boldsymbol{x}) = \sum_{Q=1}^{T} c_Q x_1^{a_{Q1}} x_2^{a_{Q2}} \cdots x_N^{a_{QN}} \tag{5.15}$$

式中，$c_Q \in \mathbf{R}$；$a_{Qi} \in \mathbf{R}$（$i=1,2,\cdots,N$）；$x_i>0$；$\boldsymbol{x}=(x_1,x_2,\cdots,x_N)^{\mathrm{T}} \in \mathbf{R}^N$。

由符号函数的定义易知，式(5.10)中的

$$\sum_{j=1}^{p_i^+}\left(\mu_{ij}^+ \alpha_{ij}^+ \prod_{e=1}^{n+m} X_e^{g_{ije}^+}\right) - \sum_{k=1}^{p_i^-}\left(\mu_{ik}^- \alpha_{ik}^- \prod_{e=1}^{n+m} X_e^{g_{ike}^-}\right)$$

是符号函数。

定义 5.4（**Boyd et al.，2007**）　称形如式(5.16)的优化问题为几何规划的标准形式：

$$\begin{aligned} \min \quad & f_0(\boldsymbol{x}) \\ \text{s.t.} \quad & f_j(\boldsymbol{x}) \leqslant 1, \quad j=1,2,\cdots,\bar{M} \end{aligned} \tag{5.16}$$

$$h_k(\boldsymbol{x})=1,\quad k=1,2,\cdots,\bar{P}$$

式中，$f_0(\boldsymbol{x})$ 和 $f_j(\boldsymbol{x})$ 是正项式函数；$h_k(\boldsymbol{x})$ 是单项式函数；$\boldsymbol{x}\in\mathbf{R}^N$（$\boldsymbol{x}>0$）是优化变量。

一般情况下，几何规划的标准形式(5.16)不是凸规划问题，但是通过简单的对数变换可将其转化为与之等价的凸规划问题(Boyd and Vandenberghe，2004；Boyd et al.，2007)，这是标准几何规划问题的一个重要特征。

5.2.2 序列几何规划方法

针对生化系统稳态优化问题(5.9)～(5.12)的特点，本节应用变换和凸化技术，提出一种可以有效求其最优解的序列几何规划方法。

首先将优化问题(5.9)～(5.12)的目标函数 $F(\boldsymbol{X})$ 和约束 $G_l(\boldsymbol{X})\leqslant K$（$l=1,2,\cdots,d$）分别写成如下形式：

$$F(\boldsymbol{X})=\gamma\prod_{e=1}^{n+m}X_e^{f_e} \tag{5.17}$$

$$\sum_{u=1}^{q_l^+}\left(\lambda_{lu}^+\beta_{lu}^+\prod_{e=1}^{n+m}X_e^{h_{lue}^+}\right)-\sum_{v=1}^{q_l^-}\left(\lambda_{lv}^-\beta_{lv}^-\prod_{e=1}^{n+m}X_e^{h_{lve}^-}\right)\leqslant 0,\quad l=1,2,\cdots,d \tag{5.18}$$

式中，$f_e\in\mathbf{R}$，$h_{lue}^+\in\mathbf{R}$ 和 $h_{lve}^-\in\mathbf{R}$ 是动力阶；$\gamma>0$，$\beta_{lu}^+>0$ 和 $\beta_{lv}^->0$ 是相应的速率常数。

则优化问题(5.9)～(5.12)可重写为

$$\max\quad F(\boldsymbol{X})=\gamma\prod_{e=1}^{n+m}X_e^{f_e} \tag{5.19}$$

$$\text{s.t.}\quad \sum_{j=1}^{p_i^+}\left(\mu_{ij}^+\alpha_{ij}^+\prod_{e=1}^{n+m}X_e^{g_{ije}^+}\right)-\sum_{k=1}^{p_i^-}\left(\mu_{ik}^-\alpha_{ik}^-\prod_{e=1}^{n+m}X_e^{g_{ike}^-}\right)=0,\quad i=1,2,\cdots,n \tag{5.20}$$

$$\sum_{u=1}^{q_l^+}\left(\lambda_{lu}^+\beta_{lu}^+\prod_{e=1}^{n+m}X_e^{h_{lue}^+}\right)-\sum_{v=1}^{q_l^-}\left(\lambda_{lv}^-\beta_{lv}^-\prod_{e=1}^{n+m}X_e^{h_{lve}^-}\right)\leqslant 0,\quad l=1,2,\cdots,d \tag{5.21}$$

$$X_e^L\leqslant X_e\leqslant X_e^U,\quad e=1,2,\cdots,n+m \tag{5.22}$$

该问题的约束(5.20)和(5.21)中含有符号函数，因此属于非凸的符号几何规划问题(Chiang，2005；Boyd et al.，2007)，一般很难求其全局最优解。

为叙述方便起见，设

$$H_i^+(\boldsymbol{X})=\sum_{j=1}^{p_i^+}\left(\mu_{ij}^+\alpha_{ij}^+\prod_{e=1}^{n+m}X_e^{g_{ije}^+}\right),\quad i=1,2,\cdots,n$$

$$H_i^-(\boldsymbol{X})=\sum_{k=1}^{p_i^-}\left(\mu_{ik}^-\alpha_{ik}^-\prod_{e=1}^{n+m}X_e^{g_{ike}^-}\right),\quad i=1,2,\cdots,n$$

$$G_l^+(\boldsymbol{X})=\sum_{u=1}^{q_l^+}\left(\lambda_{lu}^+\beta_{lu}^+\prod_{e=1}^{n+m}X_e^{h_{lue}^+}\right),\quad l=1,2,\cdots,d$$

$$G_l^-(\boldsymbol{X})=\sum_{v=1}^{q_l^-}\left(\lambda_{lv}^-\beta_{lv}^-\prod_{e=1}^{n+m}X_e^{h_{lve}^-}\right),\quad l=1,2,\cdots,d$$

显然，$H_i^+(\boldsymbol{X})$、$H_i^-(\boldsymbol{X})$、$G_l^+(\boldsymbol{X})$ 和 $G_l^-(\boldsymbol{X})$ 均为正项式函数。则符号几何规划问题(5.19)～(5.22)可表示为

$$\max\quad F(\boldsymbol{X})=\gamma\prod_{e=1}^{n+m}X_e^{f_e} \tag{5.23}$$

$$\text{s.t.}\quad \frac{H_i^+(\boldsymbol{X})}{H_i^-(\boldsymbol{X})}=1,\quad i=1,2,\cdots,n \tag{5.24}$$

$$\frac{G_l^+(\boldsymbol{X})}{G_l^-(\boldsymbol{X})}\leqslant 1,\quad l=1,2,\cdots,d \tag{5.25}$$

$$X_e^L\leqslant X_e\leqslant X_e^U,\quad e=1,2,\cdots,n+m \tag{5.26}$$

该问题的约束(5.24)含有两个正项式之比的形式，这类等式约束会给几何规划问题的全局优化研究带来很多困难。为此，我们改用不等式约束重新表示等式约束(5.24)，则有如下非线性优化问题：

$$\begin{aligned}
\min\quad & \frac{1}{\gamma}\prod_{e=1}^{n+m}X_e^{-f_e}+\sum_{i\in I_2\cup I_3\cup I_4}w_it_i\\
\text{s.t.}\quad & \frac{H_i^+(\boldsymbol{X})}{H_i^-(\boldsymbol{X})}=1,\quad i\in I_1\\
& \frac{H_i^+(\boldsymbol{X})}{H_i^-(\boldsymbol{X})}\leqslant 1,\quad i\in I_2\\
& \frac{H_i^+(\boldsymbol{X})}{H_i^-(\boldsymbol{X})}\geqslant 1-t_i,\quad i\in I_2\\
& \frac{H_i^-(\boldsymbol{X})}{H_i^+(\boldsymbol{X})}\leqslant 1,\quad i\in I_3\\
& \frac{H_i^-(\boldsymbol{X})}{H_i^+(\boldsymbol{X})}\geqslant 1-t_i,\quad i\in I_3\\
& \frac{H_i^+(\boldsymbol{X})}{H_i^-(\boldsymbol{X})}\leqslant 1,\quad i\in I_4\\
& \frac{H_i^+(\boldsymbol{X})}{H_i^-(\boldsymbol{X})}\geqslant 1-t_i,\quad i\in I_4\\
& \frac{G_l^+(\boldsymbol{X})}{G_l^-(\boldsymbol{X})}\leqslant 1,\quad l\in L_1
\end{aligned} \tag{5.27}$$

$$\frac{G_l^+(\boldsymbol{X})}{G_l^-(\boldsymbol{X})} \leqslant 1, \quad l \in L_2$$

$$X_e^L \leqslant X_e \leqslant X_e^U, \quad e = 1,2,\cdots,n+m$$

$$0 < t_i \leqslant 1, \quad i \in I_2 \cup I_3 \cup I_4$$

式中，t_i 为辅助变量；$w_i > 0$ 为加权系数；I_1、I_2、I_3、I_4、L_1 和 L_2 是指标集，其定义式为

$$I_1 = \left\{ i \mid i \in I, p_i^+ = 1, p_i^- = 1 \right\}$$

$$I_2 = \left\{ i \mid i \in I, p_i^+ \geqslant 2, p_i^- = 1 \right\}$$

$$I_3 = \left\{ i \mid i \in I, p_i^+ = 1, p_i^- \geqslant 2 \right\}$$

$$I_4 = \left\{ i \mid i \in I, p_i^+ \geqslant 2, p_i^- \geqslant 2 \right\}$$

$$L_1 = \left\{ l \mid l \in L, q_l^- = 1 \right\}$$

$$L_2 = \left\{ l \mid l \in L, q_l^- \geqslant 2 \right\}$$

式中，$I = \{1,2,\cdots,n\}$；$L = \{1,2,\cdots,d\}$。

当辅助变量 t_i 从 1 变化到 0 时，优化问题(5.27)的可行域将逐渐变小，且越来越接近于优化问题(5.23)～(5.26)的可行域，最终将近似等价于原问题的可行域。与优化问题(5.23)～(5.26)的目标函数不同，优化问题(5.27)的目标函数多了第二项。引入该项的目的是为了保证当优化问题(5.27)达到最优解时，辅助变量 t_i 满足 $t_i \approx 0$。

优化问题(5.27)可进一步转化为如下形式：

$$\min \quad \frac{1}{\gamma}\prod_{e=1}^{n+m} X_e^{-f_e} + \sum_{i \in I_2 \cup I_3 \cup I_4} w_i t_i \tag{5.28}$$

$$\text{s.t.} \quad \frac{H_i^+(\boldsymbol{X})}{H_i^-(\boldsymbol{X})} = 1, \quad i \in I_1 \tag{5.29}$$

$$\frac{H_i^+(\boldsymbol{X})}{H_i^-(\boldsymbol{X})} \leqslant 1, \quad i \in I_2 \tag{5.30}$$

$$\frac{H_i^-(\boldsymbol{X})}{H_i^+(\boldsymbol{X}) + t_i H_i^-(\boldsymbol{X})} \leqslant 1, \quad i \in I_2 \tag{5.31}$$

$$\frac{H_i^-(\boldsymbol{X})}{H_i^+(\boldsymbol{X})} \leqslant 1, \quad i \in I_3 \tag{5.32}$$

$$\frac{H_i^+(\boldsymbol{X})}{H_i^-(\boldsymbol{X}) + t_i H_i^+(\boldsymbol{X})} \leqslant 1, \quad i \in I_3 \tag{5.33}$$

$$\frac{H_i^+(\boldsymbol{X})}{H_i^-(\boldsymbol{X})} \leqslant 1, \quad i \in I_4 \tag{5.34}$$

$$\frac{H_i^-(\boldsymbol{X})}{H_i^+(\boldsymbol{X})+t_iH_i^-(\boldsymbol{X})}\leqslant 1,\quad i\in I_4 \tag{5.35}$$

$$\frac{G_l^+(\boldsymbol{X})}{G_l^-(\boldsymbol{X})}\leqslant 1,\quad l\in L_1 \tag{5.36}$$

$$\frac{G_l^+(\boldsymbol{X})}{G_l^-(\boldsymbol{X})}\leqslant 1,\quad l\in L_2 \tag{5.37}$$

$$X_e^L\leqslant X_e\leqslant X_e^U,\quad e=1,2,\cdots,n+m \tag{5.38}$$

$$0<t_i\leqslant 1,\quad i\in I_2\cup I_3\cup I_4 \tag{5.39}$$

式(5.28)～式(5.39)中，目标函数是正项式，式(5.29)是单项式等式约束，式(5.30)、式(5.32)和式(5.36)是正项式不等式约束，式(5.38)和式(5.39)是单项式不等式约束，这些都是标准几何规划问题(5.16)所要求的合法形式，但是式(5.28)～式(5.39)中的其他约束则不具备这个性质。为此，本书用单项式近似表示约束(5.31)、(5.33)～(5.35)、(5.37)的分母部分，从而将这些约束变为标准几何规划问题所要求的正项式不等式约束形式。

基于算术几何均值不等式，有如下关系式：

$$\begin{aligned}H_i^+(\boldsymbol{X})+t_iH_i^-(\boldsymbol{X})&=\sum_{j=1}^{p_i^+}\left(\mu_{ij}^+\alpha_{ij}^+\prod_{e=1}^{n+m}X_e^{g_{ije}^+}\right)+\mu_{i1}^-\alpha_{i1}^-t_i\prod_{e=1}^{n+m}X_e^{g_{i1e}^-}\\&\geqslant\prod_{j=1}^{p_i^+}\left(\frac{\mu_{ij}^+\alpha_{ij}^+\prod_{e=1}^{n+m}X_e^{g_{ije}^+}}{\rho_{ij}^+}\right)^{\rho_{ij}^+}\left(\frac{\mu_{i1}^-\alpha_{i1}^-t_i\prod_{e=1}^{n+m}X_e^{g_{i1e}^-}}{\rho_{i1}^-}\right)^{\rho_{i1}^-}\\&=\hat{H}_{2i}^+(\boldsymbol{X},t_i),\quad i\in I_2\end{aligned} \tag{5.40}$$

$$\begin{aligned}H_i^-(\boldsymbol{X})+t_iH_i^+(\boldsymbol{X})&=\sum_{k=1}^{p_i^-}\left(\mu_{ik}^-\alpha_{ik}^-\prod_{e=1}^{n+m}X_e^{g_{ike}^-}\right)+\mu_{i1}^+\alpha_{i1}^+t_i\prod_{e=1}^{n+m}X_e^{g_{i1e}^+}\\&\geqslant\prod_{k=1}^{p_i^-}\left(\frac{\mu_{ik}^-\alpha_{ik}^-\prod_{e=1}^{n+m}X_e^{g_{ike}^-}}{\rho_{ik}^-}\right)^{\rho_{ik}^-}\left(\frac{\mu_{i1}^+\alpha_{i1}^+t_i\prod_{e=1}^{n+m}X_e^{g_{i1e}^+}}{\rho_{i1}^+}\right)^{\rho_{i1}^+}\\&=\hat{H}_{3i}^-(\boldsymbol{X},t_i),\quad i\in I_3\end{aligned} \tag{5.41}$$

$$H_i^-(\boldsymbol{X})=\sum_{k=1}^{p_i^-}\left(\mu_{ik}^-\alpha_{ik}^-\prod_{e=1}^{n+m}X_e^{g_{ike}^-}\right)$$

$$
\geqslant \prod_{k=1}^{p_i^-}\left(\frac{\mu_{ik}^-\alpha_{ik}^-\prod_{e=1}^{n+m}X_e^{g_{ike}^-}}{\rho_{ik}^-}\right)^{\rho_{ik}^-}
$$

$$
=\hat{H}_{4i}^-(\boldsymbol{X}),\quad i\in I_4 \tag{5.42}
$$

$$
H_i^+(\boldsymbol{X})+t_iH_i^-(\boldsymbol{X})=\sum_{j=1}^{p_i^+}\left(\mu_{ij}^+\alpha_{ij}^+\prod_{e=1}^{n+m}X_e^{g_{ije}^+}\right)+t_i\sum_{k=1}^{p_i^-}\left(\mu_{ik}^-\alpha_{ik}^-\prod_{e=1}^{n+m}X_e^{g_{ike}^-}\right)
$$

$$
\geqslant \prod_{j=1}^{p_i^+}\left(\frac{\mu_{ij}^+\alpha_{ij}^+\prod_{e=1}^{n+m}X_e^{g_{ije}^+}}{\rho_{ij}^+}\right)^{\rho_{ij}^+}\prod_{k=1}^{p_i^-}\left(\frac{\mu_{ik}^-\alpha_{ik}^-t_i\prod_{e=1}^{n+m}X_e^{g_{ike}^-}}{\rho_{iks}^-}\right)^{\rho_{iks}^-}
$$

$$
=\hat{H}_{4i}^+(\boldsymbol{X},t_i),\quad i\in I_4 \tag{5.43}
$$

$$
G_l^-(\boldsymbol{X})=\sum_{v=1}^{q_l^-}\left(\lambda_{lv}^-\beta_{lv}^-\prod_{e=1}^{n+m}X_e^{h_{lve}^-}\right)
$$

$$
\geqslant \prod_{v=1}^{q_l^-}\left(\frac{\lambda_{lv}^-\beta_{lv}^-\prod_{e=1}^{n+m}X_e^{h_{lve}^-}}{\rho_{lv}^-}\right)^{\rho_{lv}^-}
$$

$$
=\hat{G}_l^-(\boldsymbol{X}),\quad l\in L_2 \tag{5.44}
$$

式中，ρ_{ij}^+（$i\in I_2$）、ρ_{i1}^-（$i\in I_2$）、ρ_{ik}^-（$i\in I_3$）、ρ_{i1}^+（$i\in I_3$）、ρ_{ik}^-（$i\in I_4$）、ρ_{ij}^+（$i\in I_4$）、ρ_{iks}^-（$i\in I_4$）、ρ_{lv}^-（$l\in L_2$）可由式(5.45)～式(5.52)求得

$$
\rho_{ij}^+=\frac{\mu_{ij}^+\alpha_{ij}^+\prod_{e=1}^{n+m}\bar{X}_e^{g_{ije}^+}}{H_i^+(\bar{\boldsymbol{X}})+\bar{t}_iH_i^-(\bar{\boldsymbol{X}})},\quad i\in I_2 \tag{5.45}
$$

$$
\rho_{i1}^-=\frac{\mu_{i1}^-\alpha_{i1}^-\bar{t}_i\prod_{e=1}^{n+m}\bar{X}_e^{g_{i1e}^-}}{H_i^+(\bar{\boldsymbol{X}})+\bar{t}_iH_i^-(\bar{\boldsymbol{X}})},\quad i\in I_2 \tag{5.46}
$$

$$
\rho_{ik}^-=\frac{\mu_{ik}^-\alpha_{ik}^-\prod_{e=1}^{n+m}\bar{X}_e^{g_{ike}^-}}{H_i^-(\bar{\boldsymbol{X}})+\bar{t}_iH_i^+(\bar{\boldsymbol{X}})},\quad i\in I_3 \tag{5.47}
$$

$$
\rho_{i1}^+=\frac{\mu_{i1}^+\alpha_{i1}^+\bar{t}_i\prod_{e=1}^{n+m}\bar{X}_e^{g_{i1e}^+}}{H_i^-(\bar{\boldsymbol{X}})+\bar{t}_iH_i^+(\bar{\boldsymbol{X}})},\quad i\in I_3 \tag{5.48}
$$

$$\rho_{ik}^{-}=\frac{\mu_{ik}^{-}\alpha_{ik}^{-}\prod_{e=1}^{n+m}\bar{X}_e^{g_{ike}^{-}}}{H_i^{-}(\bar{\boldsymbol{X}})},\quad i\in I_4 \tag{5.49}$$

$$\rho_{ij}^{+}=\frac{\mu_{ij}^{+}\alpha_{ij}^{+}\prod_{e=1}^{n+m}\bar{X}_e^{g_{ije}^{+}}}{H_i^{+}(\bar{\boldsymbol{X}})+\bar{t}_i H_i^{-}(\bar{\boldsymbol{X}})},\quad i\in I_4 \tag{5.50}$$

$$\rho_{iks}^{-}=\frac{\mu_{ik}^{-}\alpha_{ik}^{-}\bar{t}_i\prod_{e=1}^{n+m}\bar{X}_e^{g_{ike}^{-}}}{H_i^{+}(\bar{\boldsymbol{X}})+\bar{t}_i H_i^{-}(\bar{\boldsymbol{X}})},\quad i\in I_4 \tag{5.51}$$

$$\rho_{lv}^{-}=\frac{\lambda_{lv}^{-}\beta_{lv}^{-}\prod_{e=1}^{n+m}\bar{X}_e^{h_{lve}^{-}}}{G_l^{-}(\bar{\boldsymbol{X}})},\quad l\in L_2 \tag{5.52}$$

式中，$\bar{\boldsymbol{X}}$ 和 $\bar{t}_i$（$i\in I_2\cup I_3\cup I_4$）为给定值。

对约束(5.31)、(5.33)～(5.35)、(5.37)的分母正项式分别应用上述单项式近似方法，可得如下优化问题：

$$\begin{aligned}
\min\quad & \frac{1}{\gamma}\prod_{e=1}^{n+m}X_e^{-f_e}+\sum_{i\in I_2\cup I_3\cup I_4}w_i t_i\\
\text{s.t.}\quad & \frac{H_i^{+}(\boldsymbol{X})}{H_i^{-}(\boldsymbol{X})}=1,\quad i\in I_1\\
& \frac{H_i^{+}(\boldsymbol{X})}{H_i^{-}(\boldsymbol{X})}\leqslant 1,\quad i\in I_2\\
& \frac{H_i^{-}(\boldsymbol{X})}{\hat{H}_{2i}^{+}(\boldsymbol{X},t_i)}\leqslant 1,\quad i\in I_2\\
& \frac{H_i^{-}(\boldsymbol{X})}{H_i^{+}(\boldsymbol{X})}\leqslant 1,\quad i\in I_3\\
& \frac{H_i^{+}(\boldsymbol{X})}{\hat{H}_{3i}^{-}(\boldsymbol{X},t_i)}\leqslant 1,\quad i\in I_3\\
& \frac{H_i^{+}(\boldsymbol{X})}{\hat{H}_{4i}^{-}(\boldsymbol{X})}\leqslant 1,\quad i\in I_4\\
& \frac{H_i^{-}(\boldsymbol{X})}{\hat{H}_{4i}^{+}(\boldsymbol{X},t_i)}\leqslant 1,\quad i\in I_4\\
& \frac{G_l^{+}(\boldsymbol{X})}{G_l^{-}(\boldsymbol{X})}\leqslant 1,\quad l\in L_1
\end{aligned} \tag{5.53}$$

$$\frac{G_l^+(\boldsymbol{X})}{\hat{G}_l^-(\boldsymbol{X})}\leqslant 1,\quad l\in L_2$$

$$X_e^L\leqslant X_e\leqslant X_e^U,\quad e=1,2,\cdots,n+m$$

$$0<t_i\leqslant 1,\quad i\in I_2\cup I_3\cup I_4$$

容易验证，优化问题(5.53)是一个标准几何规划问题。

综合前面所述，本章提出的序列几何规划算法可描述如下。

(1)选择初始参考稳态设定点 $\boldsymbol{X}^{(0)}$，辅助变量的初始值 $t_i^{(0)}$ ($i\in I_2\cup I_3\cup I_4$)，$0<t_i^{(0)}\leqslant 1$，初始权系数 $w_i^{(0)}$，以及解精度 $\varepsilon>0$。令 $r=0$。

(2)在算法的第 r ($r\geqslant 1$)次迭代，对给定的 $\bar{\boldsymbol{X}}=\boldsymbol{X}^{(r-1)}$，$\bar{t}=t_i^{(r-1)}$ ($i\in I_2\cup I_3\cup I_4$)和 $w_i=w_i^{(r-1)}$ ($i\in I_2\cup I_3\cup I_4$)，求解标准几何规划问题(5.53)，设其最优解为 $\boldsymbol{X}^{(r)}$ 和 $t_i^{(r)}$。

(3) 如果 $\left\|\boldsymbol{X}^{(r)}-\boldsymbol{X}^{(r-1)}\right\|\leqslant\varepsilon$ 和 $\left\|\boldsymbol{t}^{(r)}-\boldsymbol{t}^{(r-1)}\right\|\leqslant\varepsilon$ ($\boldsymbol{t}$ 是分量为 t_i 的向量)同时成立，则停止迭代；否则转到步骤(4)。

(4)更新加权系数：

$$w_i^{(r)}=W(w_i^{(r-1)}),\quad i\in I_2\cup I_3\cup I_4 \tag{5.54}$$

式中，W 是关于 $w_i^{(r-1)}$ 的单调递增函数。令 $r=r+1$，返回步骤(2)继续计算。

注 5.1　为了提高序列几何规划算法的收敛速度，实际应用中可以选择较大的辅助变量初始值 $t_i^{(0)}$ ($i\in I_2\cup I_3\cup I_4$)。

关于序列几何规划算法的收敛性，有如下结论。

定理 5.1　序列几何规划算法生成的点列收敛于优化问题(5.23)～(5.26)的 KKT 点。

证明　一方面，对优化问题(5.28)～(5.39)和优化问题(5.53)，容易验证如下关系式成立：

$$\frac{H_i^-(\boldsymbol{X})}{H_i^+(\boldsymbol{X})+t_iH_i^-(\boldsymbol{X})}\leqslant\frac{H_i^-(\boldsymbol{X})}{\hat{H}_{2i}^+(\boldsymbol{X},t_i)},\quad i\in I_2$$

$$\frac{H_i^+(\boldsymbol{X})}{H_i^-(\boldsymbol{X})+t_iH_i^+(\boldsymbol{X})}\leqslant\frac{H_i^+(\boldsymbol{X})}{\hat{H}_{3i}^-(\boldsymbol{X},t_i)},\quad i\in I_3$$

$$\frac{H_i^+(\boldsymbol{X})}{H_i^-(\boldsymbol{X})}\leqslant\frac{H_i^+(\boldsymbol{X})}{\hat{H}_{4i}^-(\boldsymbol{X})},\quad i\in I_4$$

$$\frac{H_i^-(\boldsymbol{X})}{H_i^+(\boldsymbol{X})+t_iH_i^-(\boldsymbol{X})}\leqslant\frac{H_i^-(\boldsymbol{X})}{\hat{H}_{4i}^+(\boldsymbol{X},t_i)},\quad i\in I_4$$

$$\frac{G_l^+(\boldsymbol{X})}{G_l^-(\boldsymbol{X})}\leqslant\frac{G_l^+(\boldsymbol{X})}{\hat{G}_l^-(\boldsymbol{X})},\quad l\in L_2$$

$$\frac{H_i^-(\boldsymbol{X}^{(r)})}{H_i^+(\boldsymbol{X}^{(r)})+t_i^{(r)}H_i^-(\boldsymbol{X}^{(r)})}=\frac{H_i^-(\boldsymbol{X}^{(r)})}{\hat{H}_{2i}^+(\boldsymbol{X}^{(r)},t_i^{(r)})},\quad i\in I_2$$

$$\frac{H_i^+(\boldsymbol{X}^{(r)})}{H_i^-(\boldsymbol{X}^{(r)})+t_i^{(r)}H_i^+(\boldsymbol{X}^{(r)})}=\frac{H_i^+(\boldsymbol{X}^{(r)})}{\hat{H}_{3i}^-(\boldsymbol{X}^{(r)},t_i^{(r)})},\quad i\in I_3$$

$$\frac{H_i^+(\boldsymbol{X}^{(r)})}{H_i^-(\boldsymbol{X}^{(r)})}=\frac{H_i^+(\boldsymbol{X}^{(r)})}{\hat{H}_{4i}^-(\boldsymbol{X}^{(r)})},\quad i\in I_4$$

$$\frac{H_i^-(\boldsymbol{X}^{(r)})}{H_i^+(\boldsymbol{X}^{(r)})+t_i^{(r)}H_i^-(\boldsymbol{X}^{(r)})}=\frac{H_i^-(\boldsymbol{X}^{(r)})}{\hat{H}_{4i}^+(\boldsymbol{X}^{(r)},t_i^{(r)})},\quad i\in I_4$$

$$\frac{G_l^+(\boldsymbol{X}^{(r)})}{G_l^-(\boldsymbol{X}^{(r)})}=\frac{G_l^+(\boldsymbol{X}^{(r)})}{\hat{G}_l^-(\boldsymbol{X}^{(r)})},\quad l\in L_2$$

$$\nabla\left(\frac{H_i^-(\boldsymbol{X}^{(r)})}{H_i^+(\boldsymbol{X}^{(r)})+t_i^{(r)}H_i^-(\boldsymbol{X}^{(r)})}\right)=\nabla\left(\frac{H_i^-(\boldsymbol{X}^{(r)})}{\hat{H}_{2i}^+(\boldsymbol{X}^{(r)},t_i^{(r)})}\right),\quad i\in I_2$$

$$\nabla\left(\frac{H_i^+(\boldsymbol{X}^{(r)})}{H_i^-(\boldsymbol{X}^{(r)})+t_i^{(r)}H_i^+(\boldsymbol{X}^{(r)})}\right)=\nabla\left(\frac{H_i^+(\boldsymbol{X}^{(r)})}{\hat{H}_{3i}^-(\boldsymbol{X}^{(r)},t_i^{(r)})}\right),\quad i\in I_3$$

$$\nabla\left(\frac{H_i^+(\boldsymbol{X}^{(r)})}{H_i^-(\boldsymbol{X}^{(r)})}\right)=\nabla\left(\frac{H_i^+(\boldsymbol{X}^{(r)})}{\hat{H}_{4i}^-(\boldsymbol{X}^{(r)})}\right),\quad i\in I_4$$

$$\nabla\left(\frac{H_i^-(\boldsymbol{X}^{(r)})}{H_i^+(\boldsymbol{X}^{(r)})+t_i^{(r)}H_i^-(\boldsymbol{X}^{(r)})}\right)=\nabla\left(\frac{H_i^-(\boldsymbol{X}^{(r)})}{\hat{H}_{4i}^+(\boldsymbol{X}^{(r)},t_i^{(r)})}\right),\quad i\in I_4$$

$$\nabla\left(\frac{G_l^+(\boldsymbol{X}^{(r)})}{G_l^-(\boldsymbol{X}^{(r)})}\right)=\nabla\left(\frac{G_l^+(\boldsymbol{X}^{(r)})}{\hat{G}_l^-(\boldsymbol{X}^{(r)})}\right),\quad l\in L_2$$

式中，∇ 表示函数的梯度。

另一方面，随着序列几何规划算法的迭代运行，权系数 $w_i^{(r)}$ 会迫使辅助变量 $t_i\to 0$。

综上所述，优化问题(5.53)生成的点列收敛于优化问题(5.23)～(5.26)的 KKT 点(Marks and Wright，1978)。

5.3　序列几何规划方法在生化系统稳态优化中的应用

为了说明序列几何规划算法的可行性和有效性，应用 GGPLAB(Mutapcic et al.，2006)软件对三个生化系统进行了优化研究。

5.3.1　一个简单例子

首先考虑如下简单问题(Marín-Sanguino et al.，2007)：

$$\begin{aligned}&\min \quad X_1\\&\text{s.t.}\quad \frac{1}{4}X_1+\frac{1}{2}X_2-\frac{1}{16}X_1^2-\frac{1}{16}X_2^2-1=0\\&\qquad \frac{1}{14}X_1^2+\frac{1}{14}X_2^2+1-\frac{3}{7}X_1-\frac{3}{7}X_2=0\\&\qquad 1\leqslant X_1\leqslant 5.5\\&\qquad 1\leqslant X_2\leqslant 5.5\end{aligned}\tag{5.55}$$

该问题的可行域只包含两个点：(1.177，2.177)和(3.823，4.823)。容易验证，第一个点是优化问题(5.55)的全局最优解。

本例中，$X_1^{(0)}=3.823$，$X_2^{(0)}=4.823$，$w_1^{(0)}=w_2^{(0)}=1$，$w_i^{(r)}=1+r\,(r\geqslant 1)$，$\varepsilon=0.001$。图 5.1 给出了本章算法迭代过程中优化变量 $\boldsymbol{X}$ 的进化情况。其中，辅助变量的初始值 $t_i^{(0)}$（$i=1,2$）取为 $t_i^{(0)}=0.3$。从图 5.1 中可以看出，本章算法经过 13 次迭代获得了优化问题(5.55)的全局最优解(1.177, 2.177)。表 5.1 给出了本章算法与 Marín-Sanguino 等(2007)方法的结果比较。从表 5.1 中可以看出，本章的序列几何规划算法与 Marín-Sanguino 等(2007)的罚函数法都能得到优化问题(5.55)的全局最优解，但 Marín-Sanguino 等(2007)的 IOM 方法与可控误差法则不能实现这一任务。表 5.2 给出了七个不同的辅助变量初始值 $t_i^{(0)}$ 对本章算法性能的影响情况。从表 5.2 中可以看出，当辅助变量初始值 $t_i^{(0)}$ 从 0.0001 变化到 1 时，本章算法的迭

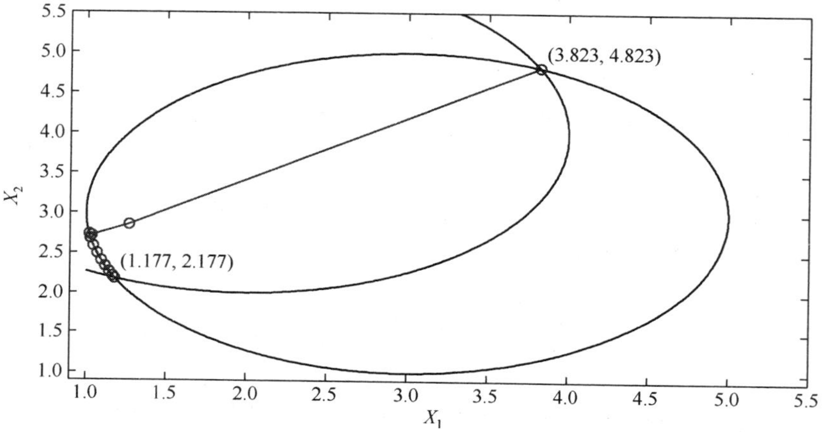

图 5.1　问题(5.55)中优化变量 $\boldsymbol{X}$ 的进化情况

代次数在逐渐减少，这说明要想提高序列几何规划算法的收敛速度，我们可以选取较大的辅助变量初始值 $t_i^{(0)}$。

表 5.1　问题(5.55)中序列几何规划算法与 Marín-Sanguino 等(2007)方法的结果比较

方法	初始点	最优解	是否是全局最优解
序列几何规划方法	(3.823，4.823)	(1.177，2.177)	全局最优
罚函数法(Marín-Sanguino et al.，2007)	(3.823，4.823)	(1.177，2.177)	全局最优
可控误差法(Marín-Sanguino et al.，2007)	(3.823，4.823)	(3.823，4.823)	不是全局最优
IOM 方法(Marín-Sanguino et al.，2007)	(3.823，4.823)	(3.823，4.823)	不是全局最优

表 5.2　问题(5.55)中辅助变量的初始值对序列几何规划算法性能的影响情况

辅助变量的初始值		迭代次数	最优解
$t_1^{(0)}$	$t_2^{(0)}$		
0.0001	0.0001	21	(1.177，2.177)
0.001	0.001	18	(1.177，2.177)
0.01	0.01	15	(1.177，2.177)
0.1	0.1	14	(1.177，2.177)
0.4	0.4	13	(1.177，2.177)
0.7	0.7	13	(1.177，2.177)
1.0	1.0	13	(1.177，2.177)

5.3.2　序列几何规划方法在色氨酸生物合成系统中的应用

为方便起见，本节将第 2 章的色氨酸生物合成系统(2.28)～(2.30)重写为如下形式：

$$\frac{\mathrm{d}X_1}{\mathrm{d}t}=V_{11}-V_{12} \tag{5.56}$$

$$\frac{\mathrm{d}X_2}{\mathrm{d}t}=V_{21}-V_{22} \tag{5.57}$$

$$\frac{\mathrm{d}X_3}{\mathrm{d}t}=V_{31}-V_{32}-V_{33}-V_{34} \tag{5.58}$$

式中，各通量的表达式为

$$V_{11}=\frac{X_3+1}{1+(1+X_5)X_3}$$

$$V_{12}=(X_{11}+X_4)X_1$$

$$V_{21}=X_1$$

$$V_{22}=(X_{12}+X_4)X_2$$
$$V_{31}=\frac{X_2X_6^2}{X_6^2+X_3^2}$$
$$V_{32}=(X_{13}+X_4)X_3$$
$$V_{33}=\frac{X_3X_7}{1+X_3}$$
$$V_{34}=\frac{X_8(1-X_9X_4)X_4X_3}{X_3+X_{10}}$$

取表 5.3 所示的初始稳态，则上述通量的幂函数形式可表示为

$$V_{11}=0.6403X_3^{-5.87\times10^{-4}}X_5^{-0.8332}$$
$$V_{12}=1.0233X_1X_4^{0.0035}X_{11}^{0.9965}$$
$$V_{21}=X_1$$
$$V_{22}=1.4854X_2X_4^{0.1349}X_{12}^{0.8651}$$
$$V_{31}=0.5534X_2X_3^{-0.5573}X_6^{0.5573}$$
$$V_{32}=X_3X_4$$
$$V_{33}=0.9942X_3^{7.0426\times10^{-4}}X_7$$
$$V_{34}=0.8925X_3^{3.5\times10^{-6}}X_4^{0.9760}X_8X_9^{-0.0240}X_{10}^{-3.5\times10^{-6}}$$

考虑如下稳态优化问题：

$$\begin{aligned}
\max\quad & F=V_{34}\\
\text{s.t.}\quad & V_{11}-V_{12}=0\\
& V_{21}-V_{22}=0\\
& V_{31}-V_{32}-V_{33}-V_{34}=0\\
& 0.8X_e^{(0)}\leqslant X_e\leqslant 1.2X_e^{(0)},\quad e=1,2,3\\
& 0<X_4\leqslant 0.00624\\
& 4\leqslant X_5\leqslant 10\\
& 500\leqslant X_6\leqslant 5000\\
& X_7=0.0022X_5\\
& 0<X_8\leqslant 1000\\
& (X_9,X_{10},X_{11},X_{12},X_{13})=(7.5,0.005,0.9,0.02,0)
\end{aligned}\tag{5.59}$$

取表 5.3 所示的初始参考稳态设定点，设 $w_3^{(0)}=1$，$w_3^{(r)}=1+r$（$r\geqslant 1$），则由本章序列几何规划算法求得的目标函数值随迭代次数的变化曲线如图 5.2 所示。从图 5.2 中可以看出，本章算法不仅表现出很快的收敛特性，而且使色氨酸产率提高为初始稳态的 3.946 倍。从图 5.2 中还可以看到，当辅助变量初始值 $t_i^{(0)}=0.3$ 时，本章算法只需 1 次迭代就得到了优化问题的最优解，这说明较大的辅助变量

初始值 $t_i^{(0)}$ 对提高序列几何规划算法的收敛速度很有帮助。表 5.3 给出了本章序列几何规划算法在辅助变量初始值 $t_3^{(0)}=0.3$ 时的优化结果。其中 $F^{(0)}$ 为初始稳态下的目标函数值（$F^{(0)}=1.310202$）。表 5.3 也给出了本章算法与 Marín-Sanguino 等(2007)方法的结果比较。从表 5.3 中可以看出，与 Marín-Sanguino 等(2007)应用罚函数法和可控误差法得到的结果相比，本章方法获得了比其高得多的色氨酸产率，这说明本章算法能够有效求解色氨酸生物合成的稳态优化问题(5.59)。

表 5.3　问题(5.59)中序列几何规划算法与 Marín-Sanguino 等(2007)方法的结果比较

变量	初始稳态	序列几何规划算法	罚函数法 (Marín-Sanguino et al.，2007)	可控误差法 (Marín-Sanguino et al.，2007)
X_1	0.184 654	1.2 $X_1^{(0)}$	1.199 $X_1^{(0)}$	1.199 $X_1^{(0)}$
X_2	7.986 756	1.115 $X_2^{(0)}$	1.148 $X_2^{(0)}$	1.148 $X_2^{(0)}$
X_3	1418.931 944	0.8 $X_3^{(0)}$	0.8 $X_3^{(0)}$	0.8 $X_3^{(0)}$
X_4	0.003 12	0.005 36	0.004 14	0.004 14
X_5	5	4.011	4	4
X_6	2283	5000	5000	5000
X_8	430	1000	1000	1000
F	1.310 202	3.946$F^{(0)}$	3.062$F^{(0)}$	3.062$F^{(0)}$

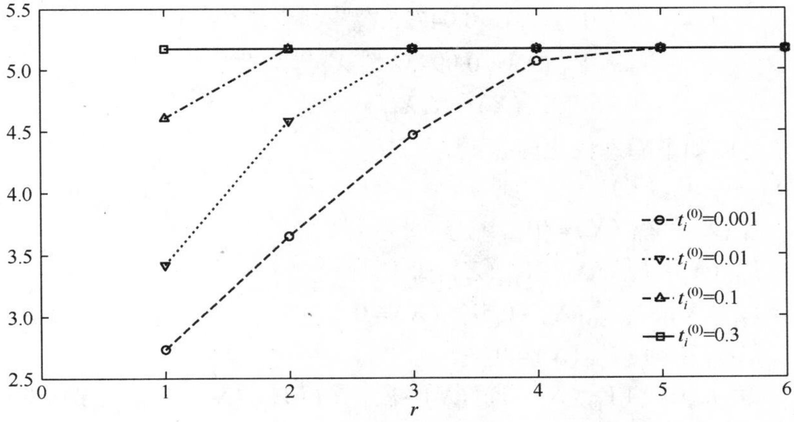

图 5.2　问题(5.59)中序列几何规划方法求得的目标函数值随迭代次数的变化曲线

5.3.3　序列几何规划方法在酿酒酵母厌氧发酵系统中的应用

第 3 章在 S-系统建模框架下研究了酿酒酵母厌氧发酵系统的稳态优化问题，相关系统的详细描述可以参见 3.2.2 节，这里不再赘述，只给出酿酒酵母的厌氧发酵系统表示式(式(5.60)～式(5.64))：

$$\frac{dX_1}{dt} = V_{in}(\boldsymbol{X}) - V_{HK}(\boldsymbol{X}) \tag{5.60}$$

$$\frac{dX_2}{dt} = V_{HK}(\boldsymbol{X}) - V_{PFK}(\boldsymbol{X}) - V_{Pol}(\boldsymbol{X}) \tag{5.61}$$

$$\frac{dX_3}{dt} = V_{PFK}(\boldsymbol{X}) - V_{GAPD}(\boldsymbol{X}) - 0.5V_{Gol}(\boldsymbol{X}) \tag{5.62}$$

$$\frac{dX_4}{dt} = 2V_{GAPD}(\boldsymbol{X}) - V_{PK}(\boldsymbol{X}) \tag{5.63}$$

$$\frac{dX_5}{dt} = 2V_{GAPD}(\boldsymbol{X}) + V_{PK}(\boldsymbol{X}) - V_{HK}(\boldsymbol{X}) - V_{Pol}(\boldsymbol{X}) - V_{PFK}(\boldsymbol{X}) - V_{ATPase}(\boldsymbol{X}) \tag{5.64}$$

式中， $\boldsymbol{X} \in \mathbf{R}^{14}$ 。

取表 5.4 所示的初始稳态，则式(5.60)～式(5.64)中各通量的幂函数形式可表示为(Curto et al.，1995)

$$\begin{aligned}
V_{in}(\boldsymbol{X}) &= 0.8122X_2^{-0.2344}X_6 \\
V_{HK}(\boldsymbol{X}) &= 2.8632X_1^{0.7464}X_5^{0.0243}X_7 \\
V_{PFK}(\boldsymbol{X}) &= 0.5232X_2^{0.7318}X_5^{-0.3941}X_8 \\
V_{Pol}(\boldsymbol{X}) &= 0.0009X_2^{8.6107}X_{11} \\
V_{GAPD}(\boldsymbol{X}) &= 0.011X_3^{0.6159}X_5^{0.1308}X_9X_{14}^{-0.6088} \\
V_{Gol}(\boldsymbol{X}) &= 0.04725X_3^{0.05}X_4^{0.533}X_5^{-0.0822}X_{12} \\
V_{PK}(\boldsymbol{X}) &= 0.0945X_3^{0.05}X_4^{0.533}X_5^{-0.0822}X_{10} \\
V_{ATPase}(\boldsymbol{X}) &= X_5X_{13}
\end{aligned}$$

本章考虑如下稳态优化问题：

$$\begin{aligned}
\max\quad & F = V_{PK}(\boldsymbol{X}) \\
\text{s.t.}\quad & V_{in}(\boldsymbol{X}) - V_{HK}(\boldsymbol{X}) = 0 \\
& V_{HK}(\boldsymbol{X}) - V_{PFK}(\boldsymbol{X}) - V_{Pol}(\boldsymbol{X}) = 0 \\
& V_{PFK}(\boldsymbol{X}) - V_{GAPD}(\boldsymbol{X}) - 0.5V_{Gol}(\boldsymbol{X}) = 0 \\
& 2V_{GAPD}(\boldsymbol{X}) - V_{PK}(\boldsymbol{X}) = 0 \\
& 2V_{GAPD}(\boldsymbol{X}) + V_{PK}(\boldsymbol{X}) - V_{HK}(\boldsymbol{X}) - V_{Pol}(\boldsymbol{X}) - V_{PFK}(\boldsymbol{X}) - V_{ATPase}(\boldsymbol{X}) = 0 \\
& 0.8X_e^{(0)} \leqslant X_e \leqslant 1.2X_e^{(0)}, \quad e = 1,2,3,4,5 \\
& X_e^{(0)} \leqslant X_e \leqslant 50X_e^{(0)}, \quad e = 6,7,8,9,10,13 \\
& V_{PK}(\boldsymbol{X}) \leqslant 2V_{in}(\boldsymbol{X}) \\
& (X_{11}, X_{12}, X_{14}) = (14.31, 203, 0.042)
\end{aligned} \tag{5.65}$$

显然，式(5.65)是一个具有复杂约束的非线性非凸优化问题。

取表 5.4 所示的初始参考稳态设定点，设 $w_i^{(0)} = 1$ ($i = 2,3,5$)， $w_i^{(r)} = 1$ ($r \geqslant 1$)，

则由本章序列几何规划算法求得的目标函数值随迭代次数的变化曲线如图 5.3 所示。从图中可以看出，本章算法不仅表现出很快的收敛特性，而且使乙醇产率提高为初始稳态的 52.383 倍。表 5.4 给出了本章序列几何规划算法在辅助变量初始值 $t_i^{(0)}=1$ 时的优化结果。其中，$F^{(0)}$ 为初始稳态下的目标函数值（$F^{(0)}=30.1124$）。从图 5.3 中还可以看到，当辅助变量初始值 $t_i^{(0)}=1$ 时，本章算法所需的迭代次数最少，这与 5.3.1 节和 5.3.2 节的结论是一致的。这说明选取较大的辅助变量初始值 $t_i^{(0)}$ 确实可以提高本章算法的收敛速度。以上分析说明，序列几何规划算法能够有效求解具有非线性不等式约束的大规模生化系统的稳态优化问题。

表 5.4　问题(5.65)中序列几何规划方法的优化结果

变量	初始稳态	最优解
X_1	0.0345	1.102 $X_1^{(0)}$
X_2	1.0111	1.046 $X_2^{(0)}$
X_3	9.1437	1.141 $X_3^{(0)}$
X_4	0.0095	1.171 $X_4^{(0)}$
X_5	1.1278	1.113 $X_5^{(0)}$
X_6	19.7	985
X_7	68.5	3147.7805
X_8	31.7	1585
X_9	49.9	2383.8228
X_{10}	3440	166 379.04
X_{13}	25.1	1255
F	30.1124	52.383$F^{(0)}$

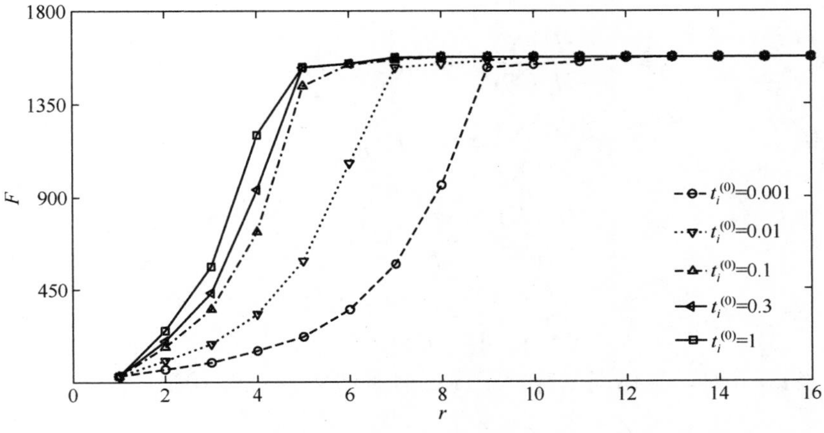

图 5.3　问题(5.65)中序列几何规划方法求得的目标函数值随迭代次数的变化曲线

5.4　改进的序列几何规划方法与应用

本节对 5.2 节的序列几何规划方法进行修正，给出一种改进的序列几何规划方法，用于求解生化系统的稳态优化问题，该方法可以提高原算法的收敛速度。

5.4.1　改进的序列几何规划方法

首先将优化问题(5.23)～(5.26)表示成如下形式：

$$
\begin{aligned}
\min\quad & \frac{1}{\gamma}\prod_{e=1}^{n+m} X_e^{-f_e} + \sum_{i\in I_2\cup I_3\cup I_4} w_i t_i \\
\text{s.t.}\quad & \frac{H_i^+(\boldsymbol{X})}{H_i^-(\boldsymbol{X})} = 1, \quad i\in I_1 \\
& \frac{H_i^+(\boldsymbol{X})}{H_i^-(\boldsymbol{X})} \leqslant 1, \quad i\in I_2 \\
& \frac{H_i^+(\boldsymbol{X})}{H_i^-(\boldsymbol{X})} \geqslant 1-t_i, \quad i\in I_2 \\
& \frac{H_i^-(\boldsymbol{X})}{H_i^+(\boldsymbol{X})} \leqslant 1, \quad i\in I_3 \\
& \frac{H_i^-(\boldsymbol{X})}{H_i^+(\boldsymbol{X})} \geqslant 1-t_i, \quad i\in I_3 \\
& \frac{H_i^+(\boldsymbol{X})}{H_i^-(\boldsymbol{X})} \leqslant 1, \quad i\in I_4 \\
& \frac{H_i^+(\boldsymbol{X})}{H_i^-(\boldsymbol{X})} \geqslant 1-t_i, \quad i\in I_4 \\
& \frac{G_l^+(\boldsymbol{X})}{G_l^-(\boldsymbol{X})} \leqslant 1, \quad l\in L_1 \\
& \frac{G_l^+(\boldsymbol{X})}{G_l^-(\boldsymbol{X})} \leqslant 1, \quad l\in L_2 \\
& X_e^L \leqslant X_e \leqslant X_e^U, \quad e=1,2,\cdots,n+m \\
& 0\leqslant t_i < 1, \quad i\in I_2\cup I_3\cup I_4
\end{aligned}
\tag{5.66}
$$

显然，当 $t_i=0$ 时，上述问题等价于优化问题(5.23)～(5.26)。

令

$$s_i = t_i + \theta, \quad i\in I_2\cup I_3\cup I_4 \tag{5.67}$$

式中，$\theta>0$，$\theta\leqslant s_i<1+\theta$，则优化问题(5.66)可转化为

$$
\begin{aligned}
\min\quad & \frac{1}{\gamma}\prod_{e=1}^{n+m}X_e^{-f_e}+\sum_{i\in I_2\cup I_3\cup I_4}w_is_i\\
\text{s.t.}\quad & \frac{H_i^+(\boldsymbol{X})}{H_i^-(\boldsymbol{X})}=1,\quad i\in I_1\\
& \frac{H_i^+(\boldsymbol{X})}{H_i^-(\boldsymbol{X})}\leqslant 1,\quad i\in I_2\\
& \frac{(1+\theta)H_i^-(\boldsymbol{X})}{H_i^+(\boldsymbol{X})+s_iH_i^-(\boldsymbol{X})}\leqslant 1,\quad i\in I_2\\
& \frac{H_i^-(\boldsymbol{X})}{H_i^+(\boldsymbol{X})}\leqslant 1,\quad i\in I_3\\
& \frac{(1+\theta)H_i^+(\boldsymbol{X})}{H_i^-(\boldsymbol{X})+s_iH_i^+(\boldsymbol{X})}\leqslant 1,\quad i\in I_3\\
& \frac{H_i^+(\boldsymbol{X})}{H_i^-(\boldsymbol{X})}\leqslant 1,\quad i\in I_4\\
& \frac{(1+\theta)H_i^-(\boldsymbol{X})}{H_i^+(\boldsymbol{X})+s_iH_i^-(\boldsymbol{X})}\leqslant 1,\quad i\in I_4\\
& \frac{G_l^+(\boldsymbol{X})}{G_l^-(\boldsymbol{X})}\leqslant 1,\quad l\in L_1\\
& \frac{G_l^+(\boldsymbol{X})}{G_l^-(\boldsymbol{X})}\leqslant 1,\quad l\in L_2\\
& X_e^L\leqslant X_e\leqslant X_e^U,\quad e=1,2,\cdots,n+m\\
& \theta\leqslant s_i<1+\theta,\quad i\in I_2\cup I_3\cup I_4
\end{aligned}
\tag{5.68}
$$

类似于 5.2 节对优化问题(5.28)～(5.39)的处理方法，可得如下标准几何规划问题：

$$
\begin{aligned}
\min\quad & \frac{1}{\gamma}\prod_{e=1}^{n+m}X_e^{-f_e}+\sum_{i\in I_2\cup I_3\cup I_4}w_is_i\\
\text{s.t.}\quad & \frac{H_i^+(\boldsymbol{X})}{H_i^-(\boldsymbol{X})}=1,\quad i\in I_1\\
& \frac{H_i^+(\boldsymbol{X})}{H_i^-(\boldsymbol{X})}\leqslant 1,\quad i\in I_2\\
& \frac{(1+\theta)H_i^-(\boldsymbol{X})}{\hat{H}_{2i}^+(\boldsymbol{X},s_i)}\leqslant 1,\quad i\in I_2
\end{aligned}
$$

$$
\begin{aligned}
&\frac{H_i^-(\boldsymbol{X})}{H_i^+(\boldsymbol{X})}\leqslant 1, \quad i\in I_3\\
&\frac{(1+\theta)H_i^+(\boldsymbol{X})}{\hat{H}_{3i}^-(\boldsymbol{X},s_i)}\leqslant 1, \quad i\in I_3\\
&\frac{H_i^+(\boldsymbol{X})}{\hat{H}_{4i}^-(\boldsymbol{X})}\leqslant 1, \quad i\in I_4\\
&\frac{(1+\theta)H_i^-(\boldsymbol{X})}{\hat{H}_{4i}^+(\boldsymbol{X},s_i)}\leqslant 1, \quad i\in I_4\\
&\frac{G_l^+(\boldsymbol{X})}{G_l^-(\boldsymbol{X})}\leqslant 1, \quad l\in L_1\\
&\frac{G_l^+(\boldsymbol{X})}{\hat{G}_l^-(\boldsymbol{X})}\leqslant 1, \quad l\in L_2\\
&X_e^L\leqslant X_e\leqslant X_e^U, \quad e=1,2,\cdots,n+m\\
&\theta\leqslant s_i<1+\theta, \quad i\in I_2\cup I_3\cup I_4
\end{aligned}
\tag{5.69}
$$

式中，$\hat{H}_{2i}^+(\boldsymbol{X},s_i)$（$i\in I_2$）、$\hat{H}_{3i}^-(\boldsymbol{X},s_i)$（$i\in I_3$）、$\hat{H}_{4i}^+(\boldsymbol{X},s_i)$（$i\in I_4$）、$\hat{H}_{4i}^-(\boldsymbol{X})$（$i\in I_4$）和$\hat{G}_l^-(\boldsymbol{X})$（$l\in L_2$）分别是正项式函数$H_i^+(\boldsymbol{X})+s_iH_i^-(\boldsymbol{X})$（$i\in I_2$），$H_i^-(\boldsymbol{X})+s_iH_i^+(\boldsymbol{X})$（$i\in I_3$），$H_i^+(\boldsymbol{X})+s_iH_i^-(\boldsymbol{X})$（$i\in I_4$），$H_i^-(\boldsymbol{X})$（$i\in I_4$）和$G_l^-(\boldsymbol{X})$（$l\in L_2$）的近似单项式。

下面给出改进的序列几何规划算法的计算步骤。

(1) 选择初始参考稳态设定点$\boldsymbol{X}^{(0)}$，$\theta>0$，辅助变量的初始值$s_i^{(0)}$（$i\in I_2\cup I_3\cup I_4$），$\theta\leqslant s_i^{(0)}<1+\theta$，初始权系数$w_i^{(0)}$，以及解精度$\varepsilon>0$。令$r=0$。

(2) 在算法的第r（$r\geqslant 1$）次迭代，对给定的$\bar{\boldsymbol{X}}=\boldsymbol{X}^{(r-1)}$，$\overline{s}_i=s_i^{(r-1)}$（$i\in I_2\cup I_3\cup I_4$）和$w_i=w_i^{(r-1)}$（$i\in I_2\cup I_3\cup I_4$），求解标准几何规划问题(5.69)，设其最优解为$\boldsymbol{X}^{(r)}$和$s_i^{(r)}$。

(3) 如果$\left\|\boldsymbol{X}^{(r)}-\boldsymbol{X}^{(r-1)}\right\|\leqslant\varepsilon$和$\left\|\boldsymbol{s}^{(r)}-\boldsymbol{s}^{(r-1)}\right\|\leqslant\varepsilon$（$\boldsymbol{s}$是分量为$s_i$的向量）同时成立，则停止迭代；否则转到步骤(4)。

(4) 更新加权系数：

$$
w_i^{(r)}=W(w_i^{(r-1)}), \quad i\in I_2\cup I_3\cup I_4 \tag{5.70}
$$

式中，W是关于$w_i^{(r-1)}$的单调递增函数。令$r=r+1$，返回步骤(2)继续计算。

注 5.2 类似于定理 5.1 的证明过程，可以证明改进的序列几何规划算法生成的点列收敛于优化问题(5.23)～(5.26)的 KKT 点。

注 5.3　为了提高改进的序列几何规划算法的收敛速度，实际应用中可以选择较大的辅助变量初始值 $s_i^{(0)}$（$i \in I_2 \cup I_3 \cup I_4$）。

5.4.2　改进的序列几何规划方法在生化系统稳态优化中的应用

为了说明改进的序列几何规划算法的可行性和有效性，我们应用 GGPLAB(Mutapcic et al.，2006) 软件对色氨酸生物合成系统的稳态优化问题(5.59)和酿酒酵母厌氧发酵系统的稳态优化问题(5.65)进行了优化研究。GGPLAB 软件的默认求解器为 MOSEK。

例 5.1　色氨酸生物合成系统的稳态优化问题(5.59)。

取表 5.5 所示的初始参考稳态设定点，设 $w_3^{(0)}=1$，$w_3^{(r)}=1+r$（$r \geqslant 1$），$\theta=1$，$\varepsilon=10^{-6}$。表 5.5 给出了改进的序列几何规划算法在辅助变量初始值 $s_3^{(0)}=1.95$ 时的优化结果。其中，$F^{(0)}$ 为初始稳态下的目标函数值（$F^{(0)}=1.310202$）。表 5.6 给出了改进的序列几何规划算法与序列几何规划方法的结果比较。从表 5.6 中可以看出，两种几何规划方法获得了相同的色氨酸产率，但是改进后的方法收敛到最优稳态解所需的迭代次数要远少于原方法，这说明改进的序列几何规划算法比原方法具有更快的收敛特性。从表 5.6 中还可以看出，当辅助变量初始值 $s_3^{(0)}$ 从 1 变化到 1.99 时，改进的序列几何规划算法所需的迭代次数在逐渐减少，这说明要想提高算法的收敛速度，我们可以选取较大的辅助变量初始值 $s_3^{(0)}$。这个结论与序列几何规划算法对辅助变量初始值 $t_3^{(0)}$ 的要求是一致的。

表 5.5　问题(5.59)中改进的序列几何规划方法的优化结果

变量	初始稳态	最优解
X_1	0.184 654	1.2 $X_1^{(0)}$
X_2	7.986 756	1.115 $X_2^{(0)}$
X_3	1418.931 944	0.8 $X_3^{(0)}$
X_4	0.003 12	0.005 361
X_5	5	4.010 578
X_6	2283	5000
X_8	430	1000
F	1.310 202	3.946$F^{(0)}$

表 5.6　问题(5.59)中改进的序列几何规划方法与序列几何规划方法的结果比较

改进的序列几何规划方法			序列几何规划方法		
辅助变量的初始值 $s_3^{(0)}$	迭代次数	目标函数值	辅助变量的初始值 $t_3^{(0)}$	迭代次数	目标函数值
1.0	9	$3.946F^{(0)}$	0*	—	—
1.1	9	$3.946F^{(0)}$	0.1	14	$3.946F^{(0)}$
1.2	5	$3.946F^{(0)}$	0.2	14	$3.946F^{(0)}$
1.3	5	$3.946F^{(0)}$	0.3	14	$3.946F^{(0)}$
1.4	5	$3.946F^{(0)}$	0.4	14	$3.946F^{(0)}$
1.5	5	$3.946F^{(0)}$	0.5	14	$3.946F^{(0)}$
1.6	5	$3.946F^{(0)}$	0.6	14	$3.946F^{(0)}$
1.7	5	$3.946F^{(0)}$	0.7	14	$3.946F^{(0)}$
1.8	5	$3.946F^{(0)}$	0.8	14	$3.946F^{(0)}$
1.9	5	$3.946F^{(0)}$	0.9	14	$3.946F^{(0)}$
1.99	5	$3.946F^{(0)}$	0.99	14	$3.946F^{(0)}$

*序列几何规划方法不允许 $t_3^{(0)}=0$。

例 5.2　酿酒酵母厌氧发酵系统的稳态优化问题(5.65)。

取表 5.7 所示的初始参考稳态设定点，设 $w_i^{(r)}=0.0006$（$r\geqslant 0$，$i=2,3,5$），$\theta=1$，$\varepsilon=10^{-6}$。表 5.7 给出了改进的序列几何规划算法在辅助变量初始值 $s_i^{(0)}=1.99$ 时的优化结果。其中，$F^{(0)}$ 为初始稳态下的目标函数值（$F^{(0)}=30.1124$）。表 5.8 给出了改进的序列几何规划算法与序列几何规划方法的结果比较。从表 5.8 中可以得到与例 5.1 类似的结论，即改进的序列几何规划算法比原方法具有更快的收敛特性。

表 5.7　问题(5.65)中改进的序列几何规划方法的优化结果

变量	初始稳态	最优解
X_1	0.0345	$1.102\ X_1^{(0)}$
X_2	1.0111	$1.046\ X_2^{(0)}$
X_3	9.1437	$1.137\ X_3^{(0)}$
X_4	0.0095	$1.1\ X_4^{(0)}$
X_5	1.1278	$1.113\ X_5^{(0)}$
X_6	19.7	985
X_7	68.5	3147.9175
X_8	31.7	1585
X_9	49.9	2389.0124
X_{10}	3440	172000
X_{13}	25.1	1255
F	30.1124	$52.384F^{(0)}$

表 5.8　问题(5.65)中改进的序列几何规划方法与序列几何规划方法的结果比较

改进的序列几何规划方法			序列几何规划方法		
辅助变量的初始值 $s_i^{(0)}$	迭代次数	目标函数值	辅助变量的初始值 $t_i^{(0)}$	迭代次数	目标函数值
1	5	$52.384F^{(0)}$	0^*	—	—
1.1	5	$52.384F^{(0)}$	0.1	15	$52.384F^{(0)}$
1.2	5	$52.384F^{(0)}$	0.2	15	$52.384F^{(0)}$
1.3	5	$52.384F^{(0)}$	0.3	15	$52.384F^{(0)}$
1.4	5	$52.384F^{(0)}$	0.4	15	$52.384F^{(0)}$
1.5	5	$52.384F^{(0)}$	0.5	15	$52.384F^{(0)}$
1.6	5	$52.384F^{(0)}$	0.6	15	$52.384F^{(0)}$
1.7	5	$52.384F^{(0)}$	0.7	15	$52.384F^{(0)}$
1.8	5	$52.384F^{(0)}$	0.8	15	$52.384F^{(0)}$
1.9	5	$52.384F^{(0)}$	0.9	15	$52.384F^{(0)}$
1.99	5	$52.384F^{(0)}$	0.99	15	$52.384F^{(0)}$

*序列几何规划方法不允许 $t_i^{(0)}=0$（$i=2,3,5$）。

5.5　本 章 小 结

本章在 GMA 系统框架下研究了生化系统的稳态优化问题。该类问题属于一类符号几何规划问题，通常具有高度的非线性和非凸等特点，一般很难求其全局最优解。针对这类问题的结构特点，本章应用简单的等价变换和凸化方法，提出了一种可用于求解生化系统稳态优化问题的序列几何规划算法。该算法每次迭代只需求解一个标准几何规划问题。与已有的罚函数法和可控误差法等几何规划方法相比，本章的序列几何规划方法具有快速获得生化系统全局最优解的优点。本章还对序列几何规划方法进行了修正，给出了一种改进的序列几何规划算法，该算法可以进一步提高序列几何规划方法的收敛速度。另外，通过应用研究可以看到，要想提高本章算法的收敛速度，我们应该选取较大的辅助变量初始值 $t_i^{(0)}$ 或 $s_i^{(0)}$（$i\in I_2\cup I_3\cup I_4$）。事实上，除了应用式(5.67)对优化问题(5.66)进行修正以外，我们还可以应用其他的变换，如 $s_i=1/(1-t_i)$（$i\in I_2\cup I_3\cup I_4$）。相关内容可以参见文献(Xu，2014)中的研究工作，这里不再赘述。

第 6 章　生化系统的多目标优化

在设计生化系统的最优操作时，常需考虑同时优化多个目标，如产率最高、经济成本最低等，各目标间常会相互制约，因此形成了一类复杂的多目标非线性优化问题。这类问题往往具有高度的非线性，一般很难求其全局最优解，因此需要研究人员发展和建立与生化过程特点相适应的高效优化方法。

本章内容安排如下：首先给出生化系统的多目标优化模型；然后将描述生化系统多目标优化的非线性问题转化为多目标线性规划问题，并应用加权和、极小极大和多目标方法等对其进行求解；最后研究色氨酸生物合成系统、酿酒酵母厌氧发酵系统和污水处理过程的多目标优化。

6.1　生化系统的多目标线性规划方法

6.1.1　生化系统的多目标非线性优化问题

考虑如下生化系统：

$$\frac{\mathrm{d}X_i}{\mathrm{d}t}=F_i(\boldsymbol{X},\boldsymbol{Y}),\quad i=1,2,\cdots,n \tag{6.1}$$

式中，$\boldsymbol{X}=(X_1,X_2,\cdots,X_n)^{\mathrm{T}}\in\mathbf{R}^n$，$X_i(i=1,2,\cdots,n)$为代谢物浓度；$\boldsymbol{Y}=(Y_1,Y_2,\cdots,Y_m)^{\mathrm{T}}\in\mathbf{R}^m$，$Y_k(k=1,2,\cdots,m)$为模型参数。

生化系统(6.1)的多目标优化问题可描述为

$$\min\quad \boldsymbol{J}(\boldsymbol{X},\boldsymbol{Y})=(J_1(\boldsymbol{X},\boldsymbol{Y}),J_2(\boldsymbol{X},\boldsymbol{Y}),\cdots,J_E(\boldsymbol{X},\boldsymbol{Y}))^{\mathrm{T}} \tag{6.2}$$

$$\text{s.t.}\quad F_i(\boldsymbol{X},\boldsymbol{Y})=0,\quad i=1,2,\cdots,n \tag{6.3}$$

$$X_i^L\leqslant X_i\leqslant X_i^U \tag{6.4}$$

$$Y_k^L\leqslant Y_k\leqslant Y_k^U,\quad k=1,2,\cdots,m \tag{6.5}$$

$$G_l(\boldsymbol{X},\boldsymbol{Y})\leqslant 0,\quad l=1,2,\cdots,p \tag{6.6}$$

式中，$J_e(\boldsymbol{X},\boldsymbol{Y})$（$e=1,2,\cdots,E$）为第$e$个优化目标，通常表示产率指标、经济成本指标等；式(6.3)为稳态约束(即$\mathrm{d}X_i/\mathrm{d}t=0$)；式(6.4)和式(6.5)分别是对代谢物浓度$X_i$和模型参数$Y_k$的约束。为以下叙述问题方便起见，这里假定$X_i>0$，$Y_k>0$，$J_e(\boldsymbol{X},\boldsymbol{Y})>0$，目的是可对其作对数变换。事实上，如果其中一个是非正变量，如某个$X_i\leqslant 0$，则可取一个充分大的正数M使得$X_i+M>0$。多目标优化问题

(6.2)～(6.6)通常是一个复杂的大规模非线性规划问题。

6.1.2　多目标线性规划形式

如果将“积累”和“消耗” X_i 的所有通量之和分别记为 V_i^+ 和 V_i^-，则生化系统(6.1)可近似表示为如下 S-系统(Savageau，1976)形式：

$$\begin{aligned}\frac{\mathrm{d}X_i}{\mathrm{d}t} &= F_i(\boldsymbol{X},\boldsymbol{Y}) \\ &= V_i^+ - V_i^- \\ &= \alpha_i \prod_{j=1}^{n} X_j^{g_{ij}} \prod_{k=1}^{m} Y_k^{g'_{ik}} - \beta_i \prod_{j=1}^{n} X_j^{h_{ij}} \prod_{k=1}^{m} Y_k^{h'_{ik}}, \quad i=1,2,\cdots,n \end{aligned} \tag{6.7}$$

式中，参数 g_{ij}、g'_{ik}、h_{ij} 和 h'_{ik} 为动力阶；α_i 和 β_i 是速率常数，分别定义如下：

$$g_{ij} = \left(\frac{\partial V_i^+}{\partial X_j}\frac{X_j}{V_i^+}\right)_0$$

$$g'_{ik} = \left(\frac{\partial V_i^+}{\partial Y_k}\frac{Y_k}{V_i^+}\right)_0$$

$$h_{ij} = \left(\frac{\partial V_i^-}{\partial X_j}\frac{X_j}{V_i^-}\right)_0$$

$$h'_{ik} = \left(\frac{\partial V_i^-}{\partial Y_k}\frac{Y_k}{V_i^-}\right)_0$$

$$\alpha_i = \left(V_i^+\right)_0 \prod_{j=1}^{n}\left(X_j\right)_0^{-g_{ij}} \prod_{k=1}^{m}\left(Y_k\right)_0^{-g'_{ik}}$$

$$\beta_i = \left(V_i^-\right)_0 \prod_{j=1}^{n}\left(X_j\right)_0^{-h_{ij}} \prod_{k=1}^{m}\left(Y_k\right)_0^{-h'_{ik}}$$

下标 0 表示上述参数是在代谢物浓度的稳态下计算的，下同。

根据式(6.7)，将目标函数 $J_e(\boldsymbol{X},\boldsymbol{Y})$ 和约束函数 $G_l(\boldsymbol{X},\boldsymbol{Y})$ 分别表示为如下 S-系统形式：

$$J_e(\boldsymbol{X},\boldsymbol{Y}) = \gamma_e \prod_{i=1}^{n} X_i^{f_{ei}} \prod_{k=1}^{m} Y_k^{f'_{ek}}, \quad e=1,2,\cdots,E \tag{6.8}$$

$$\begin{aligned} G_l(\boldsymbol{X},\boldsymbol{Y}) &= G_l^+(\boldsymbol{X},\boldsymbol{Y}) - G_l^-(\boldsymbol{X},\boldsymbol{Y}) \\ &= \bar{\alpha}_l \prod_{j=1}^{n} X_j^{\bar{g}_{lj}} \prod_{k=1}^{m} Y_k^{\bar{g}'_{lk}} - \bar{\beta}_l \prod_{j=1}^{n} X_j^{\bar{h}_{lj}} \prod_{k=1}^{m} Y_k^{\bar{h}'_{lk}}, \quad l=1,2,\cdots,p \end{aligned} \tag{6.9}$$

式中，$G_l^+(\boldsymbol{X},\boldsymbol{Y})>0$，$G_l^-(\boldsymbol{X},\boldsymbol{Y})>0$；$f_{ei}$、$f'_{ek}$、$\bar{g}_{lj}$、$\bar{g}'_{lk}$、$\bar{h}_{lj}$ 和 $\bar{h}'_{lk}$ 是动力阶；γ_e、

$\bar{\alpha}_l$ 和 $\bar{\beta}_l$ 是速率常数，其表达式同式(6.7)。则优化问题(6.2)～(6.6)可以化为如下形式：

$$\begin{aligned}
\min\quad & \boldsymbol{J}(\boldsymbol{X},\boldsymbol{Y})=(J_1(\boldsymbol{X},\boldsymbol{Y}),J_2(\boldsymbol{X},\boldsymbol{Y}),\cdots,J_E(\boldsymbol{X},\boldsymbol{Y}))^{\mathrm{T}}\\
& J_e(\boldsymbol{X},\boldsymbol{Y})=\gamma_e\prod_{i=1}^{n}X_i^{f_{ei}}\prod_{k=1}^{m}Y_k^{f'_{ek}},\quad e=1,2,\cdots,E\\
\text{s.t.}\quad & \alpha_i\prod_{j=1}^{n}X_j^{g_{ij}}\prod_{k=1}^{m}Y_k^{g'_{ik}}=\beta_i\prod_{j=1}^{n}X_j^{h_{ij}}\prod_{k=1}^{m}Y_k^{h'_{ik}},\quad i=1,2,\cdots,n\\
& X_i^L\leqslant X_i\leqslant X_i^U\\
& Y_k^L\leqslant Y_k\leqslant Y_k^U,\quad k=1,2,\cdots,m\\
& \bar{\alpha}_l\prod_{j=1}^{n}X_j^{\bar{g}_{lj}}\prod_{k=1}^{m}Y_k^{\bar{g}'_{lk}}\leqslant\bar{\beta}_l\prod_{j=1}^{n}X_j^{\bar{h}_{lj}}\prod_{k=1}^{m}Y_k^{\bar{h}'_{lk}},\quad l=1,2,\cdots,p
\end{aligned}\tag{6.10}$$

设 $x_j=\ln(X_j)\,(j=1,2,\cdots,n)$，$y_k=\ln(Y_k)\,(k=1,2,\cdots,m)$，则可将多目标非线性规划问题(6.10)化为如下多目标线性优化问题：

$$\begin{aligned}
\min\quad & \bar{\boldsymbol{J}}(\boldsymbol{x},\boldsymbol{y})=(\bar{J}_1(\boldsymbol{x},\boldsymbol{y}),\bar{J}_2(\boldsymbol{x},\boldsymbol{y}),\cdots,\bar{J}_E(\boldsymbol{x},\boldsymbol{y}))^{\mathrm{T}}\\
\text{s.t.}\quad & \bar{H}_i(\boldsymbol{x},\boldsymbol{y})=\sum_{j=1}^{n}(g_{ij}-h_{ij})x_j+\sum_{k=1}^{m}(g'_{ik}-h'_{ik})y_k-\ln\left(\frac{\beta_i}{\alpha_i}\right)=0,\ i=1,2,\cdots,n\\
& \ln(X_i^L)\leqslant x_i\leqslant\ln(X_i^U)\\
& \ln(Y_k^L)\leqslant y_k\leqslant\ln(Y_k^U),\quad k=1,2,\cdots,m\\
& \bar{G}_l(\boldsymbol{x},\boldsymbol{y})=\sum_{j=1}^{n}(\bar{g}_{lj}-\bar{h}_{lj})x_j+\sum_{k=1}^{m}(\bar{g}'_{lk}-\bar{h}'_{lk})y_k-\ln\left(\frac{\bar{\beta}_l}{\bar{\alpha}_l}\right)\leqslant 0,\quad l=1,2,\cdots,p
\end{aligned}\tag{6.11}$$

式中，$\boldsymbol{x}=(x_1,x_2,\cdots,x_n)^{\mathrm{T}}\in\mathbf{R}^n$；$\boldsymbol{y}=(y_1,y_2,\cdots,y_m)^{\mathrm{T}}\in\mathbf{R}^m$；目标函数 $\bar{J}_e(\boldsymbol{x},\boldsymbol{y})$ 可表示为

$$\begin{aligned}
\bar{J}_e(\boldsymbol{x},\boldsymbol{y})&=\ln(\gamma_e)+\sum_{i=1}^{n}f_{ei}\ln(X_i)+\sum_{k=1}^{m}f'_{ek}\ln(Y_k)\\
&=\ln(\gamma_e)+\sum_{i=1}^{n}f_{ei}x_i+\sum_{k=1}^{m}f'_{ek}y_k,\quad e=1,2,\cdots,E
\end{aligned}$$

与复杂的大规模多目标非线性规划问题(6.2)～(6.6)相比，多目标线性优化问题(6.11)具有操作简便、计算效率高等优点。

6.1.3　多目标线性规划问题的求解

目前有多种方法可以求解多目标优化问题(Marler and Arora，2004)。本章应用加权和、极小极大和多目标方法求解多目标线性优化问题(6.11)。

1. 加权和方法

首先对多目标线性优化问题(6.11)中的 E 个目标函数 $\bar{J}_e(\boldsymbol{x},\boldsymbol{y})$（$e=1,2,\cdots,E$）按其重要程度给以适当的权系数 $\bar{w}_e \geqslant 0$（$e=1,2,\cdots,E$），且 $\sum_{e=1}^{E}\bar{w}_e=1$，然后求解如下单目标优化问题：

$$
\begin{aligned}
\min \quad & \tilde{J}(\boldsymbol{x},\boldsymbol{y})=\sum_{e=1}^{E}\bar{w}_e\bar{J}_e(\boldsymbol{x},\boldsymbol{y}) \\
\text{s.t.} \quad & \bar{H}_i(\boldsymbol{x},\boldsymbol{y})=\sum_{j=1}^{n}(g_{ij}-h_{ij})x_j+\sum_{k=1}^{m}(g'_{ik}-h'_{ik})y_k-\ln\left(\frac{\beta_i}{\alpha_i}\right)=0, \quad i=1,2,\cdots,n \\
& \ln(X_i^L)\leqslant x_i\leqslant \ln(X_i^U) \\
& \ln(Y_k^L)\leqslant y_k\leqslant \ln(Y_k^U), \quad k=1,2,\cdots,m \\
& \bar{G}_l(\boldsymbol{x},\boldsymbol{y})=\sum_{j=1}^{n}(\bar{g}_{lj}-\bar{h}_{lj})x_j+\sum_{k=1}^{m}(\bar{g}'_{lk}-\bar{h}'_{lk})y_k-\ln\left(\frac{\bar{\beta}_l}{\bar{\alpha}_l}\right)\leqslant 0, \quad l=1,2,\cdots,p
\end{aligned} \tag{6.12}
$$

即可得到多目标线性优化问题(6.11)的最优解。

类似于第 3 章对问题(2.14)的处理过程，我们可以对优化问题(6.12)进行修正，从而可用修正的迭代 IOM 方法求解生化系统的多目标优化问题(6.2)～(6.6)。

2. 极小极大方法

如果决策者考虑问题总是从最坏的情况出发，然后从中找出一个最好的方案，那么可以构造评价函数：

$$\breve{J}(\boldsymbol{x},\boldsymbol{y})=\max_{1\leqslant e\leqslant E}\left\{\frac{\bar{J}_e(\boldsymbol{x},\boldsymbol{y})-\bar{J}_e^{\min}}{\bar{J}_e^{\max}-\bar{J}_e^{\min}}\right\} \tag{6.13}$$

式中，$\bar{J}_e^{\min}$ 和 $\bar{J}_e^{\max}$ 分别是目标函数 $\bar{J}_e(\boldsymbol{x},\boldsymbol{y})$ 的近似最小值和近似最大值，其值可由式(6.14)和式(6.15)求得：

$$\bar{J}_e^{\min}=\ln(\gamma_e)+\sum_{i\in I_{e1}}f_{ei}\ln(X_i^L)+\sum_{i\in I_{e2}}f_{ei}\ln(X_i^U)+\sum_{k\in K_{e1}}f'_{ek}\ln(Y_k^L)+\sum_{k\in K_{e2}}f'_{ek}\ln(Y_k^U) \tag{6.14}$$

$$\bar{J}_e^{\max}=\ln(\gamma_e)+\sum_{i\in I_{e1}}f_{ei}\ln(X_i^U)+\sum_{i\in I_{e2}}f_{ei}\ln(X_i^L)+\sum_{k\in K_{e1}}f'_{ek}\ln(Y_k^U)+\sum_{k\in K_{e2}}f'_{ek}\ln(Y_k^L) \tag{6.15}$$

式中，指标集 I_{e1}、I_{e2}、K_{e1} 和 K_{e2} 可表示为

$$I_{e1}=\{i\,|\,i\in I, f_{ei}\geqslant 0\}, \quad e=1,2,\cdots,E$$

$$I_{e2}=\{i\,|\,i\in I, f_{ei}<0\}, \quad e=1,2,\cdots,E$$

$$K_{e1}=\{k\mid k\in K, f'_{ek}\geqslant 0\},\quad e=1,2,\cdots,E$$
$$K_{e2}=\{k\mid k\in K, f'_{ek}<0\},\quad e=1,2,\cdots,E$$

这里，$I=\{1,2,\cdots,n\}$；$K=\{1,2,\cdots,m\}$。

然后求解如下优化问题：

$$\begin{aligned}
\min\quad & \breve{J}(\boldsymbol{x},\boldsymbol{y})=\max_{1\leqslant e\leqslant E}\left\{\frac{\bar{J}_e(\boldsymbol{x},\boldsymbol{y})-\bar{J}_e^{\min}}{\bar{J}_e^{\max}-\bar{J}_e^{\min}}\right\}\\
\text{s.t.}\quad & \bar{H}_i(\boldsymbol{x},\boldsymbol{y})=\sum_{j=1}^{n}(g_{ij}-h_{ij})x_j+\sum_{k=1}^{m}(g'_{ik}-h'_{ik})y_k-\ln\left(\frac{\beta_i}{\alpha_i}\right)=0,\quad i=1,2,\cdots,n\\
& \ln(X_i^L)\leqslant x_i\leqslant \ln(X_i^U)\\
& \ln(Y_k^L)\leqslant y_k\leqslant \ln(Y_k^U),\quad k=1,2,\cdots,m\\
& \bar{G}_l(\boldsymbol{x},\boldsymbol{y})=\sum_{j=1}^{n}(\bar{g}_{lj}-\bar{h}_{lj})x_j+\sum_{k=1}^{m}(\bar{g}'_{lk}-\bar{h}'_{lk})y_k-\ln\left(\frac{\bar{\beta}_l}{\bar{\alpha}_l}\right)\leqslant 0,\quad l=1,2,\cdots,p
\end{aligned}\tag{6.16}$$

即可得到多目标线性优化问题(6.11)的最优解。

问题(6.16)是一个极小极大规划问题，为了有效求解这一问题，引入辅助变量$\bar{t}$，并令

$$\bar{t}=\max_{1\leqslant e\leqslant E}\left\{\frac{\bar{J}_e(\boldsymbol{x},\boldsymbol{y})-\bar{J}_e^{\min}}{\bar{J}_e^{\max}-\bar{J}_e^{\min}}\right\}\tag{6.17}$$

则优化问题(6.16)可转化为

$$\min\quad \bar{t}\tag{6.18}$$

$$\text{s.t.}\quad \frac{\bar{J}_e(\boldsymbol{x},\boldsymbol{y})-\bar{J}_e^{\min}}{\bar{J}_e^{\max}-\bar{J}_e^{\min}}\leqslant \bar{t},\quad e=1,2,\cdots,E\tag{6.19}$$

$$\bar{J}_e(\boldsymbol{x},\boldsymbol{y})\leqslant \bar{J}_{e0}\tag{6.20}$$

$$\bar{H}_i(\boldsymbol{x},\boldsymbol{y})=\sum_{j=1}^{n}(g_{ij}-h_{ij})x_j+\sum_{k=1}^{m}(g'_{ik}-h'_{ik})y_k-\ln\left(\frac{\beta_i}{\alpha_i}\right)=0,\quad i=1,2,\cdots,n\tag{6.21}$$

$$\ln(X_i^L)\leqslant x_i\leqslant \ln(X_i^U)\tag{6.22}$$

$$\ln(Y_k^L)\leqslant y_k\leqslant \ln(Y_k^U),\quad k=1,2,\cdots,m\tag{6.23}$$

$$\bar{G}_l(\boldsymbol{x},\boldsymbol{y})=\sum_{j=1}^{n}(\bar{g}_{lj}-\bar{h}_{lj})x_j+\sum_{k=1}^{m}(\bar{g}'_{lk}-\bar{h}'_{lk})y_k-\ln\left(\frac{\bar{\beta}_l}{\bar{\alpha}_l}\right)\leqslant 0,\quad l=1,2,\cdots,p\tag{6.24}$$

式中，$\bar{J}_{e0}$表示$\bar{J}_e(\boldsymbol{x},\boldsymbol{y})$在参考稳态下的函数值。在优化问题(6.18)～(6.24)中引入不等式约束(6.20)的目的是保证目标函数$\bar{J}_e(\boldsymbol{x},\boldsymbol{y})$的最优值不大于$\bar{J}_{e0}$。

类似于第3章对问题(2.14)的处理过程，我们可以对优化问题(6.18)～(6.24)进行修正，从而可用修正的迭代IOM方法求解生化系统的多目标优化问题(6.2)～(6.6)。极小极大方法的详细推导和计算步骤与修正的迭代IOM方法相似，这里

从略，读者可以参见本书第 3 章和文献(Xu，2012)中的研究工作。

3. 多目标方法

考虑到多目标线性优化问题(6.11)含有等式约束和不等式约束，本节将其化为如下只包含变量上下界约束的形式：

$$\begin{aligned}&\min\quad \hat{\boldsymbol{J}}(\boldsymbol{x},\boldsymbol{y})=(\hat{J}_1(\boldsymbol{x},\boldsymbol{y}),\hat{J}_2(\boldsymbol{x},\boldsymbol{y}),\cdots,\hat{J}_E(\boldsymbol{x},\boldsymbol{y}))^{\mathrm{T}}\\&\text{s.t.}\quad \ln(X_i^L)\leqslant x_i\leqslant \ln(X_i^U),\quad i=1,2,\cdots,n\\&\qquad\ \ln(Y_k^L)\leqslant y_k\leqslant \ln(Y_k^U),\quad k=1,2,\cdots,m\end{aligned}\tag{6.25}$$

式中，目标函数 $\hat{J}_e(\boldsymbol{x},\boldsymbol{y})$ 具有如下形式：

$$\hat{J}_e(\boldsymbol{x},\boldsymbol{y})=\sum_{i=1}^{n}f_{ei}x_i+\sum_{k=1}^{m}f'_{ek}y_k+\rho\sum_{i=1}^{n}(\bar{H}_i(\boldsymbol{x},\boldsymbol{y}))^2+\rho\sum_{l=1}^{p}(\max\{0,\bar{G}_l(\boldsymbol{x},\boldsymbol{y})\})^2,\quad e=1,2,\cdots,E\tag{6.26}$$

式中，$\rho>0$ 是常数。

6.2　多目标线性规划方法在生化系统多目标优化中的应用

本节研究色氨酸生物合成系统、酿酒酵母厌氧发酵系统和污水处理过程的多目标优化。

6.2.1　色氨酸生物合成的多目标优化

针对色氨酸生物合成系统(2.28)～(2.30)，本节同时考虑色氨酸产率和代谢物浓度之和这两个目标，构建了如下多目标优化模型：

$$\begin{aligned}&\max\quad J_1=\frac{Y_5(1-Y_6Y_1)Y_1X_3}{X_3+Y_7}\\&\min\quad J_2=X_1+X_2+X_3\\&\text{s.t.}\quad \frac{X_3+1}{1+(1+Y_2)X_3}=(Y_8+Y_1)X_1\\&\qquad X_1=(Y_9+Y_1)X_2\\&\qquad \frac{X_2Y_3^2}{Y_3^2+X_3^2}=(Y_{10}+Y_1)X_3+\frac{X_3Y_4}{1+X_3}+\frac{Y_5(1-Y_6Y_1)Y_1X_3}{X_3+Y_7}\\&\qquad 0.8(X_i)_0\leqslant X_i\leqslant 1.2(X_i)_0,\quad i=1,2,3\\&\qquad 0<Y_1\leqslant 0.00624\end{aligned}\tag{6.27}$$

$$4 \leqslant Y_2 \leqslant 10$$
$$500 \leqslant Y_3 \leqslant 5000$$
$$Y_4 = 0.0022Y_2$$
$$0 < Y_5 \leqslant 1000$$
$$(Y_6, Y_7, Y_8, Y_9, Y_{10}) = (7.5, 0.005, 0.9, 0.02, 0)$$

这里应用 6.1 节的加权和方法求解多目标优化问题(6.27)。取表 6.1 所示的初始参考稳态设定点，设增益系数 κ_1、κ_2 和 κ_3 分别为 1.0、0.8 和 0.8，权系数 $\bar{w}_1$ 和 $\bar{w}_2$ 分别为 0.8 和 0.2，乘子 $\boldsymbol{\eta}_1^{(0)}$ 和 $\boldsymbol{\eta}_2^{(0)}$ 取为 $\boldsymbol{\eta}_1^{(0)} = \boldsymbol{\eta}_2^{(0)} = (0.1, 0.1, 0.1)^{\mathrm{T}}$。表 6.1 给出了优化结果($Y_4$ 未列出)。表 6.1 也给出了本章加权和方法与 Xu 等(2008)单目标优化方法的结果比较。从表中可以看出，加权和方法获得了与单目标方法基本一致的目标通量 J_1 和生长速率 Y_1，但是加权和方法求解的代谢物浓度之和 J_2 却降低到单目标方法的 1/52，因此从提高色氨酸产率和降低代谢成本的角度来看，这里得到的优化结果更具实际意义。

表 6.1　加权和方法与已有方法的结果比较

变量	初始稳态	双目标优化(J_1，J_2)	单目标优化(J_1)
X_1	0.184 654	0.156 173	0.221 144
X_2	7.986 756	5.951 705	8.427 738
X_3	1418.932	1.541 710	390.6245
Y_1	0.003 12	0.006 24	0.006 24
Y_2	5	10	4
Y_3	2283	5000	5000
Y_5	430	1000	1000
J_1	1.310 202	5.928 99	5.947 89
J_2	1427.103 41	7.643 002	399.273 382

6.2.2　酿酒酵母厌氧发酵系统的多目标优化

针对酿酒酵母厌氧发酵系统(3.20)～(3.24)，本节同时考虑乙醇产率和代谢物浓度之和这两个目标，构建了如下多目标优化模型：

$$\max \quad J_1 = V_{\mathrm{PK}}$$
$$\min \quad J_2 = \sum_{i=1}^{5} X_i$$

$$
\begin{aligned}
\text{s.t.}\quad & V_{\text{in}} - V_{\text{HK}} = 0 \\
& V_{\text{HK}} - V_{\text{PFK}} - V_{\text{Pol}} = 0 \\
& V_{\text{PFK}} - V_{\text{GAPD}} - 0.5V_{\text{Gol}} = 0 \\
& 2V_{\text{GAPD}} - V_{\text{PK}} = 0 \\
& 2V_{\text{GAPD}} + V_{\text{PK}} - V_{\text{HK}} - V_{\text{Pol}} - V_{\text{PFK}} - V_{\text{ATPase}} = 0 \\
& 0.8(X_i)_0 \leqslant X_i \leqslant 1.2(X_i)_0, \quad i = 1,2,3,4,5 \\
& (Y_k)_0 \leqslant Y_k \leqslant 50(Y_k)_0, \quad k = 1,2,3,4,5,8 \\
& V_{\text{PK}} \leqslant 2V_{\text{in}} \\
& (Y_6, Y_7, Y_9) = (14.31, 203, 0.042)
\end{aligned}
\tag{6.28}
$$

这里应用 6.1 节的极小极大方法求解多目标优化问题(6.28)。取表 6.2 所示的初始参考稳态设定点，参数 κ_1、κ_2、κ_3 和 κ_4 的取值分别为 0.9、0.8、0.8 和 0.8，初始乘子 $\eta_{1i}^{(0)}$ 和 $\eta_{2i}^{(0)}$ 取为 $\eta_{1i}^{(0)} = \eta_{2i}^{(0)} = 0.1$（$i = 1,2,3,4,5$），$\eta_3^{(0)} = 0.1$。表 6.2 给出了优化结果。表 6.3 给出了本章极小极大方法与 Xu 等(2008)单目标优化方法的结果比较。其中，$\tau = J_2/J_1$ 表示过渡时间(Torres et al.，1994)，$\psi = J_1^2/J_2$ 是进化有效性准则(Cascante et al.，1996)。具有较短过渡时间的代谢系统一方面能够快速达到稳态，另一方面也可以快速地将底物转化为最终产物。而具有较高 ψ 值的系统往往具有较强的适应性。因此，缩短过渡时间 τ 和提高进化有效性 ψ 是生物技术领域需要考虑的两个重要指标。从表 6.3 中可以看出，本章极小极大方法获得的过渡时间 τ 和代谢性能指标 ψ 都得到了极大的改善，其中，τ 从 0.3761 降至 0.0084，为初始值的 2.23%；ψ 从 80.0555 提高到 225247.3128，为初始值的 2813.6394 倍。从表 6.3 中还可以看出，本章方法获得的乙醇产率 J_1(1900.9228)虽然稍低于 Xu 等(2008)的结果(1952.1568)，但是却大大改善了生化系统的代谢成本 J_2、过渡时间 τ 和代谢性能 ψ 等三个指标，分别使其降低了 43.25%、42.07%和 67.07%。综上所述，本章得到的优化结果更具实际意义。

表 6.2 多目标优化问题(6.28)的最优解

变量	初始稳态	最优解
X_1	0.0345	0.0436
X_2	1.0111	1.9109
X_3	9.1437	12.3613
X_4	0.0095	0.0228
X_5	1.1278	1.7038
Y_1	19.7	960.6243
Y_2	68.5	3425

续表

变量	初始稳态	最优解
Y_3	31.7	1585
Y_4	49.9	2495
Y_5	3440	172 000
Y_8	25.1	1112.0548
J_1	30.1124	1900.9228
J_2	11.3266	16.0424

表 6.3　问题(6.28)中本章方法与 Xu 等(2008)单目标优化方法的结果比较

指标	初始值	双目标优化(J_1, J_2)	单目标优化(J_1)
J_1(max)	30.1124	1900.9228	1952.1568
J_2(min)	11.3266	16.0424	28.2663
$\tau = J_2/J_1$ (min)	0.3761	0.0084	0.0145
$\psi = J_1^2/J_2$ (max)	80.0555	225 247.3128	134 821.8965

6.2.3　污水处理过程的多目标优化

随着工业经济的迅速发展，随着全社会对环境保护的日益重视，人们迫切需要对污水处理过程进行优化操作和控制。因此，开展对污水处理过程的最优操作研究是一项具有重要实际意义的课题，这对于实现节能减排总体目标、实现污水处理过程的平稳运行至关重要。由于污水处理过程是一个具有高度非线性的复杂工业系统(Rosen，2001；赵立杰等，2012)，所以要想实现该过程的最优操作，首要的一个任务就是如何求解由复杂污水处理机制产生的大规模非线性优化问题。这就需要研究人员发展和建立与污水处理过程特点相适应的高效优化方法。

近年来，国内外一些专家学者将非线性规划(Moles et al.，2003；Egea et al.，2007；Alvarez-Vázquez et al.，2008；Rivas et al.，2008；Murphy et al.，2009)、遗传算法(Iqbal and Guria，2009; Fang et al.，2011)、蚁群优化(Verdaguer et al.，2012)、模拟退火(Zeferino et al.，2009)、非线性整数规划(Tokos and Pintarič，2012)、随机动态规划(Tsai et al.，2004)、粒子群算法(史雄伟等，2011)以及禁忌搜索(Exler et al.，2008)等方法应用于污水处理过程，在改善系统性能方面取得了一定的成果。但由于这些方法在应用过程中往往要求解复杂的非线性优化问题，所以在实际使用时，它们经常会遇到一些困难，如传统的非线性规划方法容易陷入局部最优，一般很难获得问题的全局最优解；遗传算法等智能优化方法虽然在理论上可以保证其收敛到问题的全局最优解，但实际应用时需反复调整各种参数，以使算法能得到较好的优化结果；另外，随着问题规模的扩大，计算成本也会随之剧增，如动态规划的“维数灾”问题。考虑到全局非线性规划方法存在计算成本高的问题，Vera 等(2003b)应用 IOM 方法(Voit，1992；Torres et al.，1996；Torres et al.，1997)研究了污水处理过程的优化问题。该方法的基本思想是用 S-系统(Savageau，1976)去逼近污水处理系统的非线性模型，当模型的所有变量用对数坐标表达时，稳态方程是线性的，所以，可用线性优化算法来求解污水处理系统的优化问题。

在设计污水处理过程的最优操作时，常需考虑同时优化多个目标，如经济成本最低、可控性最好等，各目标间常会相互制约，因此形成了一类复杂的多目标非线性优化问题。求解此类问题的方法大致可分为两类：单目标方法和多目标方法。单目标方法通过引入特定的评价函数将多目标问题转化为单目标，如加权和方法(Moles et al.，2003；Vera et al.，2003b；Egea et al.，2007)，缺点是事先需为每个目标设定合适的权系数，由于带有随意性，所求得的单个最优解不能很好地反映多个目标间的关系，造成决策者不能按需求对污水处理过程的最优操作进行合理的评价和灵活的决策。而多目标方法则可以很好地解决这一问题，因为它能够求出原多目标问题的一组 Pareto 最优解。当前，将多目标方法用于污水处理过程的多目标优化已引起了学者的广泛关注(Iqbal and Guria，2009)。鉴于污水处理过程的复杂性，尚未见有关应用多目标线性规划方法求解污水处理过程多目标优化问题的报道。本节拟构建适于污水处理过程多目标优化问题的多目标线性方法框架，为实现污水处理过程的最优操作提供指导。

考虑图 6.1 所示的污水处理过程，其非线性动力学模型由式(6.29)～式(6.61)给出(Moles et al.，2003)。

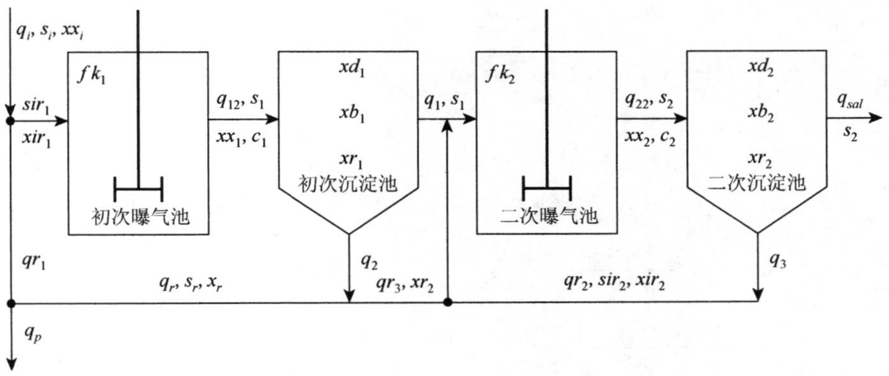

图 6.1　污水处理过程的示意图

$$\frac{\mathrm{d}xx_1}{\mathrm{d}t}=\frac{yy\cdot\mu\cdot s_1\cdot xx_1}{ks+s_1}-kc\cdot xx_1-\frac{kd\cdot xx_1^2}{s_1}+\frac{q_{12}\cdot(xir_1-xx_1)}{v_1} \tag{6.29}$$

$$\frac{\mathrm{d}xx_2}{\mathrm{d}t}=\frac{yy\cdot\mu\cdot s_2\cdot xx_2}{ks+s_2}-kc\cdot xx_2-\frac{kd\cdot xx_2^2}{s_2}+\frac{q_{22}\cdot(xir_2-xx_2)}{v_2} \tag{6.30}$$

$$\frac{\mathrm{d}s_1}{\mathrm{d}t}=-\frac{\mu\cdot s_1\cdot xx_1}{ks+s_1}+fkd\cdot\left(\frac{kd\cdot xx_1^2}{s_1}+kc\cdot xx_1\right)+\frac{q_{12}\cdot(sir_1-s_1)}{v_1} \tag{6.31}$$

$$\frac{\mathrm{d}s_2}{\mathrm{d}t}=-\frac{\mu\cdot s_2\cdot xx_2}{ks+s_2}+fkd\cdot\left(\frac{kd\cdot xx_2^2}{s_2}+kc\cdot xx_2\right)+\frac{q_{22}\cdot(sir_2-s_2)}{v_2} \tag{6.32}$$

$$\frac{\mathrm{d}c_1}{\mathrm{d}t}=kla\cdot fk_1\cdot(c_s-c_1)-\frac{k_{01}\cdot\mu\cdot xx_1\cdot s_1}{ks+s_1}-\frac{q_{12}\cdot c_1}{v_1} \tag{6.33}$$

$$\frac{\mathrm{d}c_2}{\mathrm{d}t}=kla\cdot fk_2\cdot(c_s-c_2)-\frac{k_{01}\cdot\mu\cdot xx_2\cdot s_2}{ks+s_2}+\frac{q_1\cdot c_1}{v_2}-\frac{q_{22}\cdot c_2}{v_2} \tag{6.34}$$

$$\frac{\mathrm{d}xd_1}{\mathrm{d}t}=\frac{(q_{12}-q_2)\cdot xb_1-q_1\cdot xd_1}{ad_1\cdot ld_1}-\frac{vsd_1}{ld_1} \tag{6.35}$$

$$\frac{\mathrm{d}xb_1}{\mathrm{d}t}=\frac{q_{12}\cdot xx_1-q_1\cdot xb_1-q_2\cdot xb_1}{ad_1\cdot lb_1}+\frac{vsd_1-vsb_1}{lb_1} \tag{6.36}$$

$$\frac{\mathrm{d}xr_1}{\mathrm{d}t}=\frac{q_2\cdot(xb_1-xr_1)}{ad_1\cdot lr_1}+\frac{vsb_1}{lr_1} \tag{6.37}$$

$$\frac{\mathrm{d}xd_2}{\mathrm{d}t}=\frac{(q_{22}-q_3)\cdot xb_2-q_{sal}\cdot xd_2}{ad_2\cdot ld_2}-\frac{vsd_2}{ld_2} \tag{6.38}$$

$$\frac{\mathrm{d}xb_2}{\mathrm{d}t}=\frac{q_{22}\cdot xx_2-q_{sal}\cdot xb_2-q_3\cdot xb_2}{ad_2\cdot lb_2}+\frac{vsd_2-vsb_2}{lb_2} \tag{6.39}$$

$$\frac{\mathrm{d}xr_2}{\mathrm{d}t}=\frac{q_3\cdot(xb_2-xr_2)}{ad_2\cdot lr_2}+\frac{vsb_2}{lr_2} \tag{6.40}$$

$$\frac{\mathrm{d}\overline{I}}{\mathrm{d}t}=\frac{k_p}{\tau_i}\cdot(s_{2s}-s_2) \tag{6.41}$$

$$\frac{\mathrm{dISE}}{\mathrm{d}t}=(s_{2s}-s_2)\cdot(s_{2s}-s_2) \tag{6.42}$$

$$qr_1=qr_{1s}+k_p\cdot(s_{2s}-s_2)+\overline{I} \tag{6.43}$$

$$sr_1=\frac{s_1\cdot q_2+qr_3\cdot s_2}{q_r} \tag{6.44}$$

$$x_r=\frac{xr_1\cdot q_2+xr_2\cdot qr_3}{q_r} \tag{6.45}$$

$$vsd_1=nnr\cdot xd_1\cdot\exp(aar\cdot xd_1) \tag{6.46}$$

$$vsb_1 = nnr \cdot xb_1 \cdot \exp(aar \cdot xb_1) \tag{6.47}$$

$$vsd_2 = nnr \cdot xd_2 \cdot \exp(aar \cdot xd_2) \tag{6.48}$$

$$vsb_2 = nnr \cdot xb_2 \cdot \exp(aar \cdot xb_2) \tag{6.49}$$

$$q_2 = qr_1 + q_p - qr_3 \tag{6.50}$$

$$q_3 = qr_3 + qr_2 \tag{6.51}$$

$$q_{12} = q_i + qr_1 \tag{6.52}$$

$$q_{22} = q_1 + qr_2 \tag{6.53}$$

$$q_{sal} = q_i - q_p \tag{6.54}$$

$$q_1 = q_{12} - q_2 \tag{6.55}$$

$$q_r = q_2 + qr_3 \tag{6.56}$$

$$xir_1 = \frac{q_i \cdot xx_i + qr_1 \cdot x_r}{q_{12}} \tag{6.57}$$

$$sir_1 = \frac{q_i \cdot s_i + qr_1 \cdot sr_1}{q_{12}} \tag{6.58}$$

$$xir_2 = \frac{q_1 \cdot xd_1 + xr_2 \cdot qr_2}{q_{22}} \tag{6.59}$$

$$sir_2 = \frac{q_1 \cdot s_1 + s_2 \cdot qr_2}{q_{22}} \tag{6.60}$$

$$s_i = \begin{cases} s_{i,s}, & t < 25\text{h} \\ s_{i,s} + (10 - 10\exp(-2.5t)), & t \geqslant 25\text{h} \end{cases} \tag{6.61}$$

式中，xx_1、s_1和c_1分别为初次曝气池中的细胞、有机基质和氧气的质量浓度，mg/L；xx_2、s_2和c_2分别为二次曝气池中的细胞、有机基质和氧气的质量浓度，mg/L；xd_1、xb_1和xr_1分别为初次沉淀池中的悬浮有机物、沉降有机物和沉淀有机物的质量浓度，mg/L；xd_2、xb_2和xr_2分别为二次沉淀池中的悬浮有机物、沉降有机物和沉淀有机物的质量浓度，mg/L；v_1和v_2分别为初次曝气池和二次曝气池的体积，m^3；ad_1和ad_2分别为初次沉淀池和二次沉淀池的表面积，m^2；fk_1和fk_2分别为初次曝气池和二次曝气池的曝气系数；τ_i和k_p分别为比例积分控制器的积分时间和增益，h和$m^3 \cdot L/(mg \cdot h)$；q_1、q_2、q_3、q_{12}、q_{22}、qr_1、qr_2、qr_3、q_r、q_i、q_p和q_{sal}为相应的流速，m^3/h，相互间关系由式(6.50)～式(6.56)给出；qr_{1s}为流速qr_1的稳态值；式(6.41)描述的是比例积分控制器的积分项；ISE为平方可积误差；μ为比生长速率，h^{-1}；yy为对基质的细胞得率系数；ks、kc和kd为速率常数，h^{-1}；fkd为死亡细胞转化为基质的转化系数；nnr为沉淀池的质量速率常数；kla、k_{01}和c_s为式(6.33)和式(6.34)的动力学参数；lr_1、

lr_2、ld_1、ld_2、lb_1和lb_2分别为沉淀池中每一层的高度，m；xx_i和s_i为输入浓度，mg/L；$s_{i,s}$为受干扰前s_i的稳态值，mg/L。式(6.29)～式(6.61)中的模型参数取值如表 6.4 所示。

表 6.4　式(6.29)～式(6.61)中的参数取值

参数	取值
μ	0.1824
yy	0.5948
kd	5×10^{-5}
kc	1.3333×10^{-4}
ks	300.0
fkd	0.2
nnr	3.1563
aar	−0.000 785 67
kla	0.7
k_{01}	0.0001
c_s	8.0
lr_1	0.5
lr_2	0.5
ld_1	2.0
ld_2	2.0
lb_1	3.5
lb_2	3.5
xx_i	80.0
q_i	1300.0
q_1	1313.5
qr_2	212.85
qr_3	50.942
$s_{i,s}$	366.7

本节同时考虑污水处理过程的经济运行成本和描述实际输出与期望输出偏差的平方可积误差这两个目标，构建了式(6.62)所示的多目标优化模型：

$$\min \quad \text{ISE}$$

$$\min \quad \varphi_{econ} = 2\times10^{-5}\cdot v_1^2 + 2\times10^{-5}\cdot v_2^2 + 10^{-5}\cdot ad_1^2$$

$$+10^{-5}\cdot ad_2^2+12\cdot fk_1^2+12\cdot fk_2^2$$

$$\text{s.t.}\quad \frac{dxx_1}{dt}=0$$

$$\frac{dxx_2}{dt}=0$$

$$\frac{ds_1}{dt}=0$$

$$\frac{ds_2}{dt}=0$$

$$\frac{dc_1}{dt}=0$$

$$\frac{dc_2}{dt}=0$$

$$\frac{dxd_1}{dt}=0$$

$$\frac{dxb_1}{dt}=0$$

$$\frac{dxr_1}{dt}=0$$

$$\frac{dxd_2}{dt}=0$$

$$\frac{dxb_2}{dt}=0$$

$$\frac{dxr_2}{dt}=0$$

$$\frac{dqr_1}{dt}=0$$

$$2.5\leqslant\frac{v_1}{q_{12}}\leqslant 8.0$$

$$0.001\leqslant\frac{q_i\cdot s_i+qr_1\cdot sr_1}{v_1\cdot xx_1}\leqslant 0.6$$

$$0.001\leqslant\frac{(q_i+qr_3-q_p)\cdot s_1+qr_2\cdot s_2}{v_2\cdot xx_2}\leqslant 0.06$$

$$\frac{q_{12}}{ad_1}\leqslant 1.5$$

$$\frac{q_{22}}{ad_2}\leqslant 1.5$$

$$
\begin{aligned}
&3.0 \leqslant \frac{v_1 \cdot xx_1 + ad_1 \cdot lr_1 \cdot xr_1}{q_p \cdot xr_1 \cdot 24} \leqslant 10.0 \\
&3.0 \leqslant \frac{v_2 \cdot xx_2 + ad_2 \cdot lr_2 \cdot xr_2}{q_p \cdot xr_2 \cdot 24} \leqslant 10.0 \\
&0.5 \leqslant \frac{q_2 + q_3}{q_i} \leqslant 0.9 \\
&0.03 \leqslant \frac{q_p}{q_2 + q_3} \leqslant 0.07 \\
&50 \leqslant qr_1 \leqslant 3000 \\
&200 \leqslant q_2 \leqslant 3000 \\
&200 \leqslant q_3 \leqslant 3000 \\
&50 \leqslant q_{12} \leqslant 3500 \\
&50 \leqslant q_{22} \leqslant 3500 \\
&100 \leqslant q_{sal} \leqslant 3000 \\
&50 \leqslant q_r \leqslant 2000 \\
&400 \leqslant xir_1 \leqslant 2500 \\
&50 \leqslant sir_1 \leqslant 500 \\
&200 \leqslant xir_2 \leqslant 2000 \\
&30 \leqslant sir_2 \leqslant 500 \\
&2000 \leqslant x_r \leqslant 8750 \\
&500 \leqslant xx_1 \leqslant 3000 \\
&200 \leqslant xx_2 \leqslant 3000 \\
&25 \leqslant s_1 \leqslant 300 \\
&1 \leqslant c_1 \leqslant 8 \\
&1 \leqslant c_2 \leqslant 8 \\
&10 \leqslant xd_1 \leqslant 300 \\
&50 \leqslant xb_1 \leqslant 3000 \\
&3000 \leqslant xr_1 \leqslant 10000 \\
&3 \leqslant xd_2 \leqslant 300 \\
&30 \leqslant xb_2 \leqslant 3000 \\
&1000 \leqslant xr_2 \leqslant 10000 \\
&1500 \leqslant v_1 \leqslant 10000 \\
&1500 \leqslant v_2 \leqslant 10000 \\
&1000 \leqslant ad_1 \leqslant 4000
\end{aligned}
\tag{6.62}
$$

$$1000 \leqslant ad_2 \leqslant 4000$$
$$0 \leqslant fk_1 \leqslant 1$$
$$0 \leqslant fk_2 \leqslant 1$$
$$0.5 \leqslant \tau_i \leqslant 100$$
$$-100 \leqslant k_p \leqslant -0.005$$
$$(s_2, q_1, qr_2, qr_3) = (20.4016, 1313.5, 212.85, 50.942)$$

式中，φ_{econ} 为经济成本；ISE 为度量过程实际输出与期望输出偏差的平方可积误差函数。待优化变量有 21 个，其基本稳态值及在 S-系统中的等价表示如表 6.5 所示。

表 6.5　待优化变量的基本稳态值及在 S-系统中的等价表示

变量	S-系统等价表示	基本稳态值
xx_1	X_1	2516.7
xx_2	X_2	250.21
s_1	X_3	36.826
s_2	X_4	20.4016
c_1	X_5	5.7791
c_2	X_6	7.1666
xd_1	X_7	50.134
xd_2	X_8	3.6248
xb_1	X_9	512.79
xb_2	X_{10}	34.774
xr_1	X_{11}	8518.6
xr_2	X_{12}	1430.4
qr_1	X_{13}	553.3
v_1	X_{14}	8843.95
v_2	X_{15}	7520.32
ad_1	X_{16}	3994.72
ad_2	X_{17}	3447.27
fk_1	X_{18}	0.7822
fk_2	X_{19}	0.7636
τ_i	X_{20}	10.76
k_p	$-X_{21}$	−9.51

下面应用本章所提出的多目标线性规划方法(式(6.25))求解污水处理过程的多目标非线性优化问题(6.62)。考虑到目标函数ISE不便于写成 S-系统形式，所以将最小化 ISE 转化为如式(6.63)所示的等价形式(Vera et al.，2003b)：

$$\max \frac{\mathrm{d}\dot{X}_{13}}{\mathrm{d}s_i} \tag{6.63}$$

采用与 Vera 等(2003b)类似的推导方法，可以得到式(6.63)的线性等价表达式为

$$\begin{aligned}&\max \ln(X_2^{0.1159})+\ln(X_4^{0.9926})+\ln(X_{15}^{-0.1651})+\ln(X_{20}^{-0.7189})+\ln(X_{21}^{0.7189})\\&=0.1159x_2+0.9926x_4-0.1651x_{15}-0.7189x_{20}+0.7189x_{21}\end{aligned} \tag{6.64}$$

根据 6.1.2 节所述的变换方法，可以求得多目标非线性优化问题(6.62)中其余部分的 S-系统及相应的线性表示形式，如经济成本函数 φ_{econ} 的线性等价表达式可写为

$$\begin{aligned}&\ln(X_{14}^{1.047})+\ln(X_{15}^{0.7571})+\ln(X_{16}^{0.1068})+\ln(X_{17}^{0.0795})+\ln(X_{18}^{0.0049})+\ln(X_{19}^{0.0047})\\&=1.047x_{14}+0.7571x_{15}+0.1068x_{16}+0.0795x_{17}+0.0049x_{18}+0.0047x_{19}\end{aligned} \tag{6.65}$$

应用本章方法解决复杂污水处理过程多目标优化问题的一个重要步骤是求解前面所得的多目标线性规划问题(6.25)。本书采用 MATLAB 2010a 版本提供的基于遗传算法的多目标优化函数 gamultiobj 求解多目标线性规划问题(6.25)，各种参数设置如下：种群大小为 400，最大进化代数为 500，交叉概率为 0.9，变异概率为 0.1，$\rho=1000$。图 6.2 所示为本章方法所得的 Pareto 最优前沿。其横、纵坐标分别为平方可积误差 ISE 和经济成本指标 φ_{econ}。从图 6.2 可见，Pareto 最优前沿各点分布均匀，反映了各 Pareto 最优解下两个目标的取值情况，随着平方可积误差指标 ISE 从 0.3625 增到 0.4091，经济成本指标 φ_{econ} 从 1767.3 降至 1181.3，据此可对污水处理过程的最优操作进行分析和决策。

Moles 等(2003)以单目标全局非线性方法只得到了污水处理过程多目标优化问题的一个Pareto最优解，其对应的平方可积误差指标ISE和经济成本指标 φ_{econ} 的最优值分别为 0.3986 和 1145.87。本章多目标线性规划方法可以求出污水处理过程多目标优化问题的全部 Pareto 最优解。为了考察本章线性方法的全局寻优能力，我们在图 6.2 的 Pareto 最优前沿中选取一个点，其对应的 Pareto 最优解由表 6.6 给出。由表 6.6 可知，平方可积误差指标 ISE 和经济成本指标 φ_{econ} 的最优目标值分别为 0.4091 和 1181.3，较接近于 Moles 等(2003)的解，这表明本章的多目标线性规划方法搜到的解集不仅能均匀地逼近 Pareto 最优前沿，而且全局优化性能良好。此外，本章算法在配置为 AMD Athlon(tm) II X4 610e Processor 2.40GHz CPU 的计算机上应用 MATLAB 平台只运行了 43.85s 就得到了多目标问题的 Pareto 最优前沿，这表明本章的多目标线性规划方法在计算时间上还是很少的。

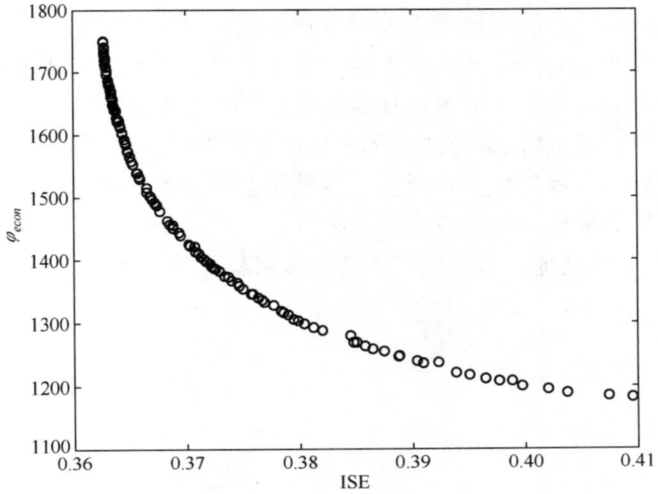

图 6.2　多目标优化问题(6.62)的 Pareto 最优前沿

表 6.6　Pareto 最优解集中的一个解

变量	基本稳态值	Pareto 最优解集中的一个解
$X_{14}(v_1)$	8843.95	6065.56
$X_{15}(v_2)$	7520.32	3991.79
$X_{16}(ad_1)$	3994.72	2966.21
$X_{17}(ad_2)$	3447.27	1966.85
$X_{18}(fk_1)$	0.7822	0.0783
$X_{19}(fk_2)$	0.7636	0.0764
$X_{20}(\tau_i)$	10.76	1.0995
$-X_{21}(k_p)$	−9.51	−94.1034
φ_{econ}	2988.2	1181.3
ISE	10.75	0.4091

6.3　本 章 小 结

针对非线性生化系统的多目标优化问题，本章提出了一类将原多目标非线性优化问题转化为多目标线性优化问题来求解的新方法。该类方法具有如下特点：

(1) 复杂生化过程的 S-系统表示形式能够很好地表征原系统的非线性本质特性；

(2) 采用 S-系统形式表示的多目标优化问题仍是一个多目标非线性规划问题，但由于 S-系统所具有的特殊结构，简单的对数变换可将用 S-系统表示的多目标非线性优化问题转化为与其等价的多目标线性优化问题来求解；

(3) 采用多目标线性规划方法求解多目标非线性优化问题，具有操作简单、计算成本低、计算效率高等优点，避免了由使用多目标非线性方法所带来的操作困难、容易陷入局部最优、计算成本高的缺点；

(4) 可用于求解其他大规模化工系统的多目标优化问题。

第 7 章　生化过程的 H_∞ 控制

由于生化过程固有的复杂性，很难确定其精确的过程模型，即使建立了数学模型，模型参数也会随着工作条件的变化而改变。另外在发酵过程中，系统还会受到外界干扰信号的作用。这些不确定性因素会影响系统的性能，甚至导致过程的不稳定。解决这类问题的一个有效途径是通过 H_∞ 控制理论设计一个鲁棒控制器（黄曼磊，2007；钱伟懿等，2010；Doyle et al.，1989；Chiang and Safonov，1992；Li et al.，1992；Skogestad and Postlethwaite，1996）。H_∞ 控制结合系统模型参数不确定性和外部扰动不确定性的考虑，基于有关不确定性的不完整信息，设计不依赖于不确定性的控制器，使得实际系统满足期望性能指标。

本章针对连续生化过程，根据其物料平衡方程，给出了一个统一的建模框架，并提出了一个可用于这一过程控制的鲁棒控制策略。为使系统在产物产率最大的最优稳态下工作，又使系统具有良好的跟踪性能，并保证过程对模型参数不确定性的鲁棒稳定性，应用双线性变换和 H_∞ 混合灵敏度方法设计了一个 H_∞ 控制器。首先利用双线性变换将标称模型的虚轴极点平移到右半平面；然后对变换后的模型解 H_∞ 混合灵敏度问题，求反馈控制器；最后对求得的控制器作逆双线性变换，得到最终的 H_∞ 控制器。整个设计过程是通过调整变换参数和性能加权函数的增益来实现的，前者决定了闭环系统主导极点的位置，而后者则决定了系统的稳态跟踪误差。仿真结果表明所设计的控制器是有效的。

7.1　连续生化过程的建模

7.1.1　连续生化过程概述

生化反应器是利用生物催化剂（酶和细胞）进行生化反应的设备，根据反应器的操作方式，可将其分为间歇操作、连续操作和流加操作三类（王树青和元英进，1999；史仲平和潘丰，2005）。连续操作是在接种开始培养并达到期望的状态之后，不断地向反应器中添加底物或营养成分，同时从反应器中抽取出等体积的底物、反应产物和细胞，而反应器中的各种物质的浓度均处于恒定不变状态的操作方式。在连续培养中，由于比生长速率是菌体的特性，因此，只要改变加料速率，就很容易改变稳态下的菌体比生长速率，从而达到控制菌体生长的目的，这是连续培养的一个重要特性。与间歇式和流加操作相比，连续式操作具有生产效率高、产品品质稳定、易于控制和在线优化以及节省劳力等诸多优点。

7.1.2　连续生化过程的物料平衡模型

考虑图 7.1 所示的连续搅拌釜式生化反应器。其中，图 7.1(a)所示为菌体为目的产物的情形；图 7.1(b)所示为菌体不为代谢产物的情形。图中，F_B 是流入反应器中不含生物量的培养液的体积流量，V_B 是发酵液的体积，C_{SF} 是流入培养液中的初始底物浓度，X_B、C_S 和 C_{P_i}（$i=1,2,\cdots,n$）分别表示菌体、底物和第 i 个代谢产物的浓度。

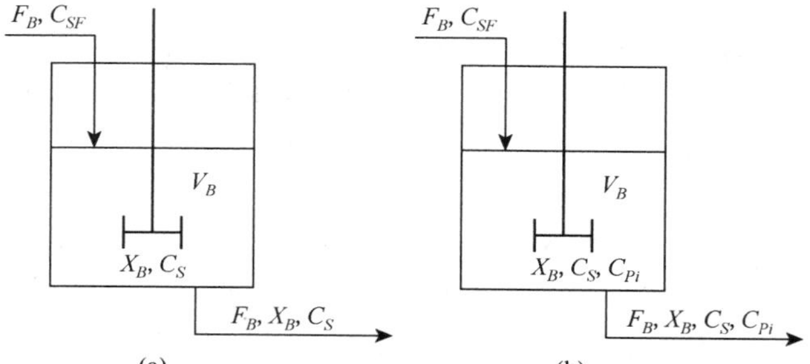

图 7.1　连续搅拌釜式生化反应器的示意图

对于图 7.1(a)的生化反应器，由基本守恒方程：

系统内物料累积速率=物料输入速率−物料输出速率−物料消耗速率

可得其物料平衡方程为

$$\frac{\mathrm{d}(V_B X_B)}{\mathrm{d}t}=\mu(C_S)V_B X_B - F_B X_B \tag{7.1}$$

$$\frac{\mathrm{d}(V_B C_S)}{\mathrm{d}t}=F_B C_{SF} - F_B C_S - q_S(C_S)V_B X_B \tag{7.2}$$

同理，根据基本守恒方程，可以对图 7.1(b)中的生化反应过程进行物料衡算，其物料平衡方程可写为

$$\frac{\mathrm{d}(V_B X_B)}{\mathrm{d}t}=\mu(C_S,C_{P_1},C_{P_2},\cdots,C_{P_n})V_B X_B - F_B X_B \tag{7.3}$$

$$\frac{\mathrm{d}(V_B C_S)}{\mathrm{d}t}=F_B C_{SF} - F_B C_S - q_S(C_S,C_{P_1},C_{P_2},\cdots,C_{P_n})V_B X_B \tag{7.4}$$

$$\frac{\mathrm{d}(V_B C_{P_i})}{\mathrm{d}t}=q_{P_i}(C_S,C_{P_1},C_{P_2},\cdots,C_{P_n},D)V_B X_B - F_B C_{P_i},\quad i=1,2,\cdots,n \tag{7.5}$$

式中，$D=F_B/V_B$（称为稀释速率）；μ、q_S 和 q_{P_i} 分别表示菌体、底物和第 i 个代

谢产物的比生长速率、比消耗速率和比生成速率。通常情况下，比生长速率 μ 和比消耗速率 q_S 可以看做底物浓度 C_S 和所有代谢产物浓度（$C_{P_1}, C_{P_2}, \cdots, C_{P_n}$）的函数。但是对于比生成速率 q_{P_i}，其表达除了与底物和代谢产物的浓度有关外，还可能与稀释速率 D 的大小有关系，例如，甘油生物歧化为 1, 3-丙二醇过程中乙醇比生成速率的表达(修志龙等，2000a)。

在式(7.1)、式(7.2)和式(7.3)～式(7.5)的等号两边同除以 V_B，则式(7.1)、式(7.2)和式(7.3)～式(7.5)可以分别改写为

$$\frac{\mathrm{d}X_B}{\mathrm{d}t} = \mu(C_S)X_B - DX_B \tag{7.6}$$

$$\frac{\mathrm{d}C_S}{\mathrm{d}t} = D(C_{SF} - C_S) - q_S(C_S)X_B \tag{7.7}$$

和

$$\frac{\mathrm{d}X_B}{\mathrm{d}t} = \mu(C_S, C_{P_1}, C_{P_2}, \cdots, C_{P_n})X_B - DX_B \tag{7.8}$$

$$\frac{\mathrm{d}C_S}{\mathrm{d}t} = D(C_{SF} - C_S) - q_S(C_S, C_{P_1}, C_{P_2}, \cdots, C_{P_n})X_B \tag{7.9}$$

$$\frac{\mathrm{d}C_{P_i}}{\mathrm{d}t} = q_{P_i}(C_S, C_{P_1}, C_{P_2}, \cdots, C_{P_n}, D)X_B - DC_{P_i}, \quad i = 1, 2, \cdots, n \tag{7.10}$$

7.1.3　生化过程最优稳态工作条件的确定

为使生化过程在产物体积产率最大的最优稳态条件下运行，我们考虑如下稳态优化问题。

对系统(7.6)和(7.7)有

$$\begin{aligned} \max \quad & DX_B \\ \text{s.t.} \quad & \mu(C_S)X_B - DX_B = 0 \\ & D(C_{SF} - C_S) - q_S(C_S)X_B = 0 \\ & 0 < D \leqslant D_{\max} \\ & 0 < C_{SF} \leqslant C_{SF\max} \end{aligned}$$

式中，$D_{\max}$ 和 $C_{SF\max}$ 分别为稀释速率和进料底物浓度的最大允许值。设上述优化问题的最优解为 $(D_0, C_{SF0}, X_{B0}, C_{S0})$，则生化过程(7.6)和(7.7)的最优操作条件为 $D = D_0$ 和 $C_S = C_{SF0}$，相应的最优稳态工作点为 (X_{B0}, C_{S0})。

对系统(7.8)～(7.10)有

$$\begin{aligned} \max \quad & DC_{P_1} \\ \text{s.t.} \quad & \mu(C_S, C_{P_1}, C_{P_2}, \cdots, C_{P_n})X_B - DX_B = 0 \end{aligned}$$

$$D(C_{SF}-C_S)-q_S(C_S,C_{P_1},C_{P_2},\cdots,C_{P_n})X_B=0$$
$$q_{P_i}(C_S,C_{P_1},C_{P_2},\cdots,C_{P_n},D)X_B-DC_{P_i}=0,\quad i=1,2,\cdots,n$$
$$0<D\leqslant D_{\max}$$
$$0<C_{SF}\leqslant C_{SF\max}$$

设其最优解为$(D_0,C_{SF0},X_{B0},C_{S0},C_{P_10},C_{P_20},\cdots,C_{P_n0})$，则生化过程(7.8)～(7.10)的最优操作条件为$D=D_0$和$C_S=C_{SF0}$，相应的最优稳态工作点为$(X_{B0},C_{S0},C_{P_10},C_{P_20},\cdots,C_{P_n0})$。

7.1.4　连续生化过程的控制模型

设$\boldsymbol{\theta}_a=(X_B,C_S)^{\mathrm{T}}$为描述不确定性参数$X_B$和$C_S$的向量，则可将生化过程(7.6)和(7.7)表示为如下线性参数可变系统形式：

$$\dot{\boldsymbol{x}}_a=\boldsymbol{A}_a(\boldsymbol{\theta}_a)\boldsymbol{x}_a+\boldsymbol{B}_a(\boldsymbol{\theta}_a)u_a \tag{7.11}$$

$$y_a=\boldsymbol{C}_a\boldsymbol{x}_a \tag{7.12}$$

式中，$\boldsymbol{x}_a=(X_B,C_S)^{\mathrm{T}}$为状态变量；$u_a=D$为控制输入；$y_a=C_S$为量测输出，且

$$\boldsymbol{A}_a(\boldsymbol{\theta}_a)=\begin{bmatrix}\mu(\theta_{a2}) & 0\\ -q_S(\theta_{a2}) & 0\end{bmatrix},\quad \boldsymbol{B}_a(\boldsymbol{\theta}_a)=\begin{bmatrix}-\theta_{a1}\\ C_{SF}-\theta_{a2}\end{bmatrix},\quad \boldsymbol{C}_a=\begin{bmatrix}0\\1\end{bmatrix}^{\mathrm{T}}$$

类似地，可以得到生化过程(7.8)～(7.10)的线性参数可变系统表示形式：

$$\dot{\boldsymbol{x}}_b=\boldsymbol{A}_b(\boldsymbol{\theta}_b)\boldsymbol{x}_b+\boldsymbol{B}_b(\boldsymbol{\theta}_b)u_b \tag{7.13}$$

$$y_b=\boldsymbol{C}_b\boldsymbol{x}_b \tag{7.14}$$

式中，$\boldsymbol{x}_b=(X_B,C_S,C_{P_1},C_{P_2},\cdots,C_{P_n})^{\mathrm{T}}$为状态变量；$u_b=D$为控制输入；$y_b=C_S$为量测输出；$\boldsymbol{\theta}_b=(X_B,C_S,C_{P_1},C_{P_2},\cdots,C_{P_n},D)^{\mathrm{T}}$为描述不确定性参数的向量：

$$\boldsymbol{A}_b(\boldsymbol{\theta}_b)=\begin{bmatrix}\mu(\theta_{b2},\theta_{b3},\cdots,\theta_{b(n+2)}) & 0 & 0 & \cdots & 0\\ -q_S(\theta_{b2},\theta_{b3},\cdots,\theta_{b(n+2)}) & 0 & 0 & \cdots & 0\\ q_{P_1}(\theta_{b2},\theta_{b3},\cdots,\theta_{b(n+3)}) & 0 & 0 & \cdots & 0\\ \vdots & \vdots & \vdots & & \vdots\\ q_{P_n}(\theta_{b2},\theta_{b3},\cdots,\theta_{b(n+3)}) & 0 & 0 & \cdots & 0\end{bmatrix}$$

$$\boldsymbol{B}_b(\boldsymbol{\theta}_b)=\begin{bmatrix}-\theta_{b1}\\ C_{SF}-\theta_{b2}\\ -\theta_{b3}\\ \vdots\\ -\theta_{b(n+2)}\end{bmatrix},\quad \boldsymbol{C}_b=\begin{bmatrix}0\\1\\0\\ \vdots\\0\end{bmatrix}^{\mathrm{T}}$$

随着生化反应过程中工作条件的变化，菌体的比生长速率 μ 、底物的比消耗速率 q_S 和代谢产物的比生成速率 q_{P_i}（$i=1,2,\cdots,n$）也会随之在一定的有界范围内变动。换句话说，系统(7.11)和(7.12)中的矩阵 $\boldsymbol{A}_a(\boldsymbol{\theta}_a)$ 和 $\boldsymbol{B}_a(\boldsymbol{\theta}_a)$ 以及系统(7.13)和(7.14)中的矩阵 $\boldsymbol{A}_b(\boldsymbol{\theta}_b)$ 和 $\boldsymbol{B}_b(\boldsymbol{\theta}_b)$ 都是有界矩阵。

设 $\boldsymbol{\theta}_a$ 中各不确定性参数的摄动幅度为 H_{aj_a} %（$0<H_{aj_a}<100$， $j_a=1,2$），取最优稳态工作点时的各参数值为各不确定性参数的标称值，则 $\boldsymbol{\theta}_a$ 可表示为

$$\boldsymbol{\theta}_a=(\boldsymbol{I}_a+\boldsymbol{H}_a\boldsymbol{\varDelta}_a)\boldsymbol{\theta}_{a0} \tag{7.15}$$

式中，$\boldsymbol{I}_a$ 为2阶单位矩阵；$\boldsymbol{\theta}_{a0}=(X_{B0},C_{S0})^{\mathrm{T}}$ ；$\boldsymbol{H}_a$ 和 $\boldsymbol{\varDelta}_a$ 为对角矩阵，其表达式分别为

$$\boldsymbol{H}_a=\begin{bmatrix} H_{a1} & 0 \\ 0 & H_{a2} \end{bmatrix}$$

和

$$\boldsymbol{\varDelta}_a=\begin{bmatrix} \varDelta_{a1} & 0 \\ 0 & \varDelta_{a2} \end{bmatrix}$$

式中，$\left|\varDelta_{aj_a}\right|\leqslant 1$（$j_a=1,2$）。

类似地，可以将不确定性参数向量 $\boldsymbol{\theta}_b$ 表示为

$$\boldsymbol{\theta}_b=(\boldsymbol{I}_b+\boldsymbol{H}_b\boldsymbol{\varDelta}_b)\boldsymbol{\theta}_{b0} \tag{7.16}$$

式中，$\boldsymbol{I}_b$ 为 $n+3$ 阶单位矩阵；$\boldsymbol{\theta}_{b0}=(X_{B0},C_{S0},C_{P_1 0},C_{P_2 0},\cdots,C_{P_n 0},D_0)^{\mathrm{T}}$ 为最优稳态工作点时不确定性参数向量 $\boldsymbol{\theta}_b$ 的标称值；$\boldsymbol{H}_b$ 和 $\boldsymbol{\varDelta}_b$ 为对角矩阵，其表达式分别为

$$\boldsymbol{H}_b=\begin{bmatrix} H_{b1} & & & \\ & H_{b2} & & \\ & & \ddots & \\ & & & H_{b(n+3)} \end{bmatrix}$$

和

$$\boldsymbol{\varDelta}_b=\begin{bmatrix} \varDelta_{b1} & & & \\ & \varDelta_{b2} & & \\ & & \ddots & \\ & & & \varDelta_{b(n+3)} \end{bmatrix}$$

式中，$\left|\Delta_{bk}\right|\leqslant 1$ ；H_{bk} %（$0<H_{bk}<100$）表示参数 θ_{bk} 的摄动幅度（$k=1,2,\cdots,n+3$）。

关于生化过程(7.11)、(7.12)和生化过程(7.13)、(7.14)在频域中的传递函数形式，我们有如下结论。

定理 7.1　生化过程(7.11)、(7.12)和生化过程(7.13)、(7.14)在频域中的传递

函数模型可用如下统一的形式来描述：

$$G_P(s)=\frac{q_S X_B+(C_{SF}-C_S)(s-\mu)}{s(s-\mu)} \tag{7.17}$$

证明 对生化过程(7.11)和(7.12)，由 $G_{Pa}(s)=\boldsymbol{C}_a(s\boldsymbol{I}_a-\boldsymbol{A}_a(\boldsymbol{\theta}_a))^{-1}\boldsymbol{B}_a(\boldsymbol{\theta}_a)$ 可得其传递函数形式为

$$\begin{aligned}
G_{Pa}(s)&=\boldsymbol{C}_a(s\boldsymbol{I}_a-\boldsymbol{A}_a(\boldsymbol{\theta}_a))^{-1}\boldsymbol{B}_a(\boldsymbol{\theta}_a)\\
&=\begin{bmatrix}0\\1\end{bmatrix}^{\mathrm{T}}\left(\begin{bmatrix}s&0\\0&s\end{bmatrix}-\begin{bmatrix}\mu(\theta_{a2})&0\\-q_S(\theta_{a2})&0\end{bmatrix}\right)^{-1}\begin{bmatrix}-\theta_{a1}\\C_{SF}-\theta_{a2}\end{bmatrix}\\
&=\begin{bmatrix}0\\1\end{bmatrix}^{\mathrm{T}}\begin{bmatrix}s-\mu(\theta_{a2})&0\\q_S(\theta_{a2})&s\end{bmatrix}^{-1}\begin{bmatrix}-\theta_{a1}\\C_{SF}-\theta_{a2}\end{bmatrix}\\
&=\begin{bmatrix}0\\1\end{bmatrix}^{\mathrm{T}}\begin{bmatrix}\dfrac{1}{s-\mu(\theta_{a2})}&0\\\dfrac{-q_S(\theta_{a2})}{s(s-\mu(\theta_{a2}))}&\dfrac{1}{s}\end{bmatrix}\begin{bmatrix}-\theta_{a1}\\C_{SF}-\theta_{a2}\end{bmatrix}\\
&=\frac{q_S(\theta_{a2})\theta_{a1}+(C_{SF}-\theta_{a2})(s-\mu(\theta_{a2}))}{s(s-\mu((\theta_{a2}))}
\end{aligned}$$

令 $\theta_{a1}=X_B$， $\theta_{a2}=C_S$， 则可得

$$G_{Pa}(s)=\frac{q_S X_B+(C_{SF}-C_S)(s-\mu)}{s(s-\mu)} \tag{7.18}$$

类似地，可以求得生化过程(7.13)和(7.14)的传递函数为

$$\begin{aligned}
G_{Pb}(s)&=\boldsymbol{C}_b(s\boldsymbol{I}_b-\boldsymbol{A}_b(\boldsymbol{\theta}_b))^{-1}\boldsymbol{B}_b(\boldsymbol{\theta}_b)\\
&=\begin{bmatrix}0\\1\\0\\\vdots\\0\end{bmatrix}^{\mathrm{T}}\left(\begin{bmatrix}s&&&&\\&s&&&\\&&s&&\\&&&\ddots&\\&&&&s\end{bmatrix}\right.\\
&\quad\left.-\begin{bmatrix}\mu(\theta_{b2},\theta_{b3},\cdots,\theta_{b(n+2)})&0&0&\cdots&0\\-q_S(\theta_{b2},\theta_{b3},\cdots,\theta_{b(n+2)})&0&0&\cdots&0\\q_{P_1}(\theta_{b2},\theta_{b3},\cdots,\theta_{b(n+3)})&0&0&\cdots&0\\\vdots&\vdots&\vdots&&\vdots\\q_{P_n}(\theta_{b2},\theta_{b3},\cdots,\theta_{b(n+3)})&0&0&\cdots&0\end{bmatrix}\right)^{-1}\begin{bmatrix}-\theta_{b1}\\C_{SF}-\theta_{b2}\\-\theta_{b3}\\\vdots\\-\theta_{b(n+2)}\end{bmatrix}
\end{aligned}$$

$$
=\begin{bmatrix}0\\1\\0\\\vdots\\0\end{bmatrix}^{\mathrm T}\begin{bmatrix}s-\mu(\theta_{b2},\theta_{b3},\cdots,\theta_{b(n+2)}) & 0 & 0 & \cdots & 0\\ q_S(\theta_{b2},\theta_{b3},\cdots,\theta_{b(n+2)}) & s & 0 & \cdots & 0\\ -q_{P_1}(\theta_{b2},\theta_{b3},\cdots,\theta_{b(n+3)}) & 0 & s & \cdots & 0\\ \vdots & \vdots & \vdots & & \vdots\\ -q_{P_n}(\theta_{b2},\theta_{b3},\cdots,\theta_{b(n+3)}) & 0 & 0 & \cdots & s\end{bmatrix}^{-1}\begin{bmatrix}-\theta_{b1}\\ C_{SF}-\theta_{b2}\\ -\theta_{b3}\\ \vdots\\ -\theta_{b(n+2)}\end{bmatrix}
$$

$$
=\begin{bmatrix}0\\1\\0\\\vdots\\0\end{bmatrix}^{\mathrm T}\begin{bmatrix}\dfrac{1}{s-\mu(\theta_{b2},\theta_{b3},\cdots,\theta_{b(n+2)})} & 0 & 0 & \cdots & 0\\ \dfrac{-q_S(\theta_{b2},\theta_{b3},\cdots,\theta_{b(n+2)})}{s(s-\mu(\theta_{b2},\theta_{b3},\cdots,\theta_{b(n+2)}))} & \dfrac{1}{s} & 0 & \cdots & 0\\ \dfrac{q_{P_1}(\theta_{b2},\theta_{b3},\cdots,\theta_{b(n+3)})}{s(s-\mu(\theta_{b2},\theta_{b3},\cdots,\theta_{b(n+2)}))} & 0 & \dfrac{1}{s} & \cdots & 0\\ \vdots & \vdots & \vdots & & \vdots\\ \dfrac{q_{P_n}(\theta_{b2},\theta_{b3},\cdots,\theta_{b(n+3)})}{s(s-\mu(\theta_{b2},\theta_{b3},\cdots,\theta_{b(n+2)}))} & 0 & 0 & \cdots & \dfrac{1}{s}\end{bmatrix}\begin{bmatrix}-\theta_{b1}\\ C_{SF}-\theta_{b2}\\ -\theta_{b3}\\ \vdots\\ -\theta_{b(n+2)}\end{bmatrix}
$$

$$
=\frac{q_S(\theta_{b2},\theta_{b3},\cdots,\theta_{b(n+2)})\theta_{b1}+(C_{SF}-\theta_{b2})(s-\mu(\theta_{b2},\theta_{b3},\cdots,\theta_{b(n+2)}))}{s(s-\mu(\theta_{b2},\theta_{b3},\cdots,\theta_{b(n+2)}))}
$$

令 $\theta_{b1}=X_B$， $\theta_{b2}=C_S$， 则可得

$$
G_{Pb}(s)=\frac{q_S X_B+(C_{SF}-C_S)(s-\mu)}{s(s-\mu)} \tag{7.19}
$$

比较式(7.18)和式(7.19)可以看出，生化过程(7.11)和(7.12)的传递函数 $G_{Pa}(s)$ 和生化过程(7.13)和(7.14)的传递函数 $G_{Pb}(s)$ 具有相同的形式。定理得证。

为叙述方便起见，本章以下部分仅研究生化过程(7.13)和(7.14)的 H_∞ 控制。针对生化过程(7.13)和(7.14)的 H_∞ 控制策略也适用于生化过程(7.11)和(7.12)的 H_∞ 控制。

由式(7.17)可知，传递函数 $G_P(s)$ 有两个极点，一个是虚轴极点 $s=0$，另一个是右半平面极点 $s=\mu$。

在式(7.17)中，令 $C_{SF}=C_{SF0}$，则对象标称模型的传递函数形式为

$$
G_{P0}(s)=\frac{q_S X_B+(C_{SF0}-C_S)(s-\mu)}{s(s-\mu)}
$$

于是乘性不确定性可表示为

$$
\Delta_m=\frac{G_P(s)-G_{P0}(s)}{G_{P0}(s)} \tag{7.20}
$$

其系统模型如图 7.2 所示。

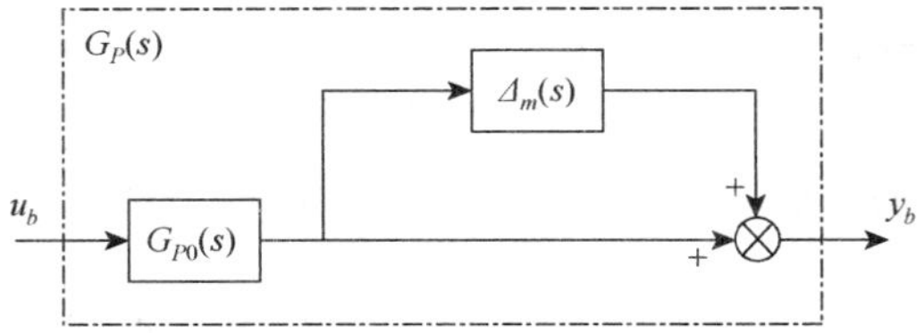

图 7.2　乘性不确定性的方框图

由式(7.20)给出的乘性不确定性描述虽然较粗略，但是它可以很方便地把不确定性纳入生化过程的模型中，既能体现参数的变化，又包括了未建模动态特性。与加性不确定性相比，乘性不确定性与系统标称模型的关系更加密切。

7.2　H_∞混合灵敏度方法

7.2.1　H_∞控制简介

实际工业控制中，一般很难获得被控对象的精确数学模型。另外，随着生产过程中工作条件和环境的变化以及控制系统中元器件的老化，被控对象本身的特性也会随之发生变化。因此，在工程实践中，采用基于精确数学模型的现代控制理论方法所设计的控制系统往往难以具有所期望的性能，为此在 20 世纪 80 年代产生了专门分析和处理具有不确定性系统的鲁棒控制理论。

H_∞控制理论是目前解决鲁棒控制问题比较成功且比较完善的理论体系。其基本出发点是在系统建模和控制器设计过程中考虑不确定性的影响，将实际控制对象看成一个系统族，其数学模型由标称系统(即精确已知部分)和一个不确定性判别模式所组成。在此基础上，利用解析方法设计控制器，这样有更大的可能性使系统族中的所有被控对象(包括实际被控对象)均能满足期望的性能指标。

H_∞控制具有如下几个特点：

(1)确定了系统在频域内进行回路成形的技术和手段，充分地克服了经典控制理论和现代控制理论各自的不足，使经典的频域概念与现代的状态空间方法融合在一起；

(2)可以把控制系统设计问题转换成 H_∞控制问题，它更加接近实际情况，并满足实际需要；

(3) 给出了鲁棒控制系统的设计方法，可以通过求解两个 Riccati 方程来获得 H_∞控制器，充分地考虑了系统不确定性带来的影响，不仅能保证控制系统的鲁棒稳定性，而且能优化一些性能指标；

(4) H_∞优化设计过程中只需变动少量参数，如性能加权函数的增益，而且参数的变化对系统性能的影响直接和明确，因此很容易获得最优解。

正因为如此，H_∞控制理论的应用研究得到了广泛的重视。

7.2.2　H_∞混合灵敏度问题

混合灵敏度问题是 H_∞控制中最典型的问题之一，H_∞控制的应用工作很多都集中于混合灵敏度的 H_∞优化设计问题上。

考虑图 7.3 所示的一般 SISO (single input and single output，单输入单输出) 反馈控制系统，为了抑制扰动 d 对输出 y_b 的影响，或减小输出 y_b 对参考输入 r_0 的跟踪误差 e，要求灵敏度函数越小越好；从保证控制对象具有模型不确定性的鲁棒稳定性出发，则要求补灵敏度函数越小越好，但由于灵敏度函数和补灵敏度函数之和是常数 1，所以它与要求抑制扰动信号 d 对输出 y_b 的影响相矛盾，这就需要在灵敏度函数和补灵敏度函数的选择上作折中处理。为此 Kwakernaak (1985) 提出了混合灵敏度问题，即寻找反馈控制器 $K(s)$，使得图 7.4 所示的闭环系统内部稳定，且从干扰输入 $\varpi(\varpi = r_0)$ 到评价输出 $\boldsymbol{z}(\boldsymbol{z} = (z_1, z_2)^{\mathrm{T}})$ 的闭环传递函数矩阵 $\boldsymbol{T}_{z\varpi}$ 的 H_∞范数最小，即

$$\gamma_{opt} = \min_K \left\|\boldsymbol{T}_{z\varpi}(s)\right\|_\infty \tag{7.21}$$

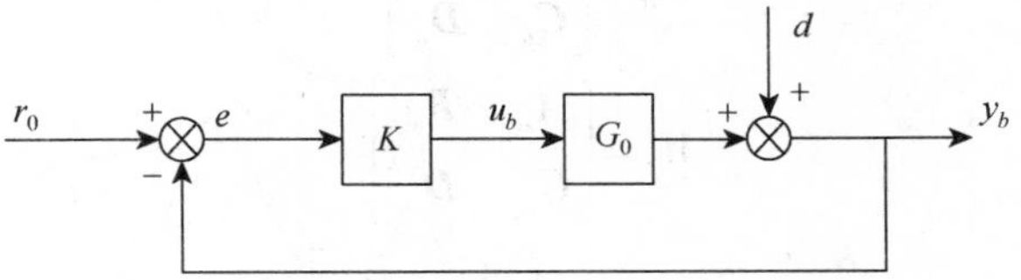

图 7.3　一般 SISO 反馈控制系统

式 (7.21) 称为 H_∞最优控制问题。其中

$$\boldsymbol{T}_{z\varpi}(s) = \begin{bmatrix} W_1(s)S(s) \\ W_2(s)T(s) \end{bmatrix} = \boldsymbol{P}_{11} + \boldsymbol{P}_{12}K(I - P_{22}K)^{-1}P_{21}$$

式中，$S(s) = (1 + G_0(s)K(s))^{-1}$，$T(s) = G_0(s)K(s)S(s)$，分别为灵敏度函数和补灵敏度函数，这里，$G_0(s)$ 是不含虚轴零点或极点的标称模型；$W_1(s)$ 为性能加权函数，$W_2(s)$ 为鲁棒加权函数，$\boldsymbol{P}$ 为增广对象：

$$\boldsymbol{P}=\begin{bmatrix}\boldsymbol{P}_{11} & \boldsymbol{P}_{12}\\ P_{21} & P_{22}\end{bmatrix}$$
$$=\begin{bmatrix}W_1 & -W_1G_0\\ 0 & W_2G_0\\ 1 & -G_0\end{bmatrix}$$

式中

$$\boldsymbol{P}_{11}=\begin{bmatrix}W_1\\ 0\end{bmatrix},\quad \boldsymbol{P}_{12}=\begin{bmatrix}-W_1G_0\\ W_2G_0\end{bmatrix}$$
$$P_{21}=1,\quad P_{22}=-G_0$$

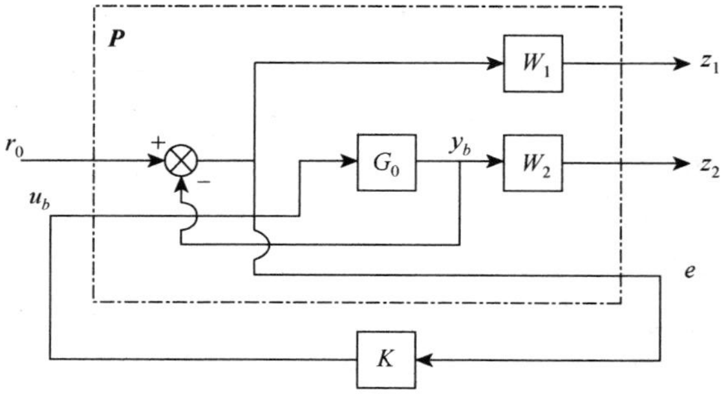

图 7.4　混合灵敏度问题框图

若 G_0、W_1、W_2G_0 的状态空间实现分别为

$$G_0=\begin{bmatrix}\boldsymbol{A}_g & \boldsymbol{B}_g\\ \boldsymbol{C}_g & \boldsymbol{D}_g\end{bmatrix}$$
$$W_1=\begin{bmatrix}\boldsymbol{A}_{w_1} & \boldsymbol{B}_{w_1}\\ \boldsymbol{C}_{w_1} & \boldsymbol{D}_{w_1}\end{bmatrix}$$
$$W_2G_0=\begin{bmatrix}\boldsymbol{A}_g & \boldsymbol{B}_g\\ \boldsymbol{C}_{w_2} & \boldsymbol{D}_{w_2}\end{bmatrix}$$

则增广对象 $\boldsymbol{P}$ 有如下状态空间实现形式：

$$\boldsymbol{P}(s)=\begin{bmatrix}\boldsymbol{A}_p & \boldsymbol{B}_1 & \boldsymbol{B}_2\\ \boldsymbol{C}_1 & \boldsymbol{D}_{11} & \boldsymbol{D}_{12}\\ \boldsymbol{C}_2 & D_{21} & \boldsymbol{D}_{22}\end{bmatrix}$$

式中

$$\boldsymbol{A}_p=\begin{bmatrix}\boldsymbol{A}_g & 0\\ \boldsymbol{B}_{w_1}\boldsymbol{C}_g & \boldsymbol{A}_{w_1}\end{bmatrix}$$

$$\boldsymbol{B}_1=\begin{bmatrix}0\\ \boldsymbol{B}_{w_1}\end{bmatrix},\quad \boldsymbol{B}_2=\begin{bmatrix}\boldsymbol{B}_g\\ \boldsymbol{B}_{w_1}\boldsymbol{D}_g\end{bmatrix}$$

$$\boldsymbol{C}_1=\begin{bmatrix}\boldsymbol{D}_{w_1}\boldsymbol{C}_g & \boldsymbol{C}_{w_1}\\ \boldsymbol{C}_{w_2} & 0\end{bmatrix},\quad \boldsymbol{C}_2=\begin{bmatrix}\boldsymbol{C}_g & 0\end{bmatrix}$$

$$\boldsymbol{D}_{11}=\begin{bmatrix}\boldsymbol{D}_{w_1}\\ 0\end{bmatrix},\quad \boldsymbol{D}_{12}=\begin{bmatrix}\boldsymbol{D}_{w_1}\boldsymbol{D}_g\\ \boldsymbol{D}_{w_2}\end{bmatrix}$$

$$D_{21}=1,\quad \boldsymbol{D}_{22}=\boldsymbol{D}_g$$

根据 Doyle 等(1989)、Skogestad 和 Postlethwaite(1996)，若下列假设条件成立，则 H_∞最优控制问题(7.21)存在解 $K(s)$：

(1) $(\boldsymbol{A}_p,\boldsymbol{B}_2)$ 是可稳定的，$(\boldsymbol{A}_p,\boldsymbol{C}_2)$ 是可检测的；

(2) $\mathrm{rank}(\boldsymbol{D}_{12})=\mathrm{rank}(u_b)=1$， $\mathrm{rank}(D_{21})=\mathrm{rank}(y_b)=1$；

(3) $\mathrm{rank}\begin{bmatrix}\boldsymbol{A}_p-\mathrm{j}\omega\boldsymbol{I} & \boldsymbol{B}_2\\ \boldsymbol{C}_1 & \boldsymbol{D}_{12}\end{bmatrix}=n_b+\dim u_b$， $\forall\omega\in\mathbf{R}$；

(4) $\mathrm{rank}\begin{bmatrix}\boldsymbol{A}_p-\mathrm{j}\omega\boldsymbol{I} & \boldsymbol{B}_1\\ \boldsymbol{C}_2 & D_{21}\end{bmatrix}=n_b+\dim y_b$， $\forall\omega\in\mathbf{R}$。

式中， n_b 为矩阵 $\boldsymbol{A}_p$ 的阶数。

假设(1)保证 H_∞控制器是稳定的；假设(2)保证控制器是真实有理函数；假设(3)和假设(4)是技术上的假设条件，要求 $\boldsymbol{P}_{12}(s)$ 和 $P_{21}(s)$ 无虚轴上的不变零点(Li et al.，1992)。

如果增广对象 $\boldsymbol{P}$ 满足上述假设条件，则可以基于 Riccati 方程来求 H_∞设计问题的解。这一解法是由 Doyle 等(1989)首先提出来的，其解是通过解两个 Riccati 方程而得出的。

7.3　双线性变换

H_∞混合灵敏度优化方法的一个重要特性是它不允许对象模型含有虚轴零点和极点，然而许多实际控制问题并不满足这一要求，例如，生化过程模型 G_{P0} 中就含有虚轴极点。为此在解 H_∞最优控制问题(7.21)之前，必须先对模型 G_{P0} 作一些技术上的处理，使之不含虚轴零极点。Chiang 和 Safonov(1992)给出了一种解决这一问题的有效方法。

首先利用双线性变换：

$$s=\frac{\hat{s}+r_1}{\hat{s}/r_2+1}\tag{7.22}$$

将 G_{P0} 虚轴上的极点平移到右半 $\hat{s}$ 平面的以 $-(r_1+r_2)/2$ 为圆心、以 $-(r_1+r_2)/2$ 为半径的圆上，其中 $r_1<0, r_2<0$ 。

其次，对变换后的对象 $\hat{\boldsymbol{T}}_{z\varpi}(\hat{s})$，求解 H_∞最优控制问题：

$$\hat{\gamma}_{opt}=\min_{\hat{K}}\left\|\hat{\boldsymbol{T}}_{z\varpi}(\hat{s})\right\|_\infty \tag{7.23}$$

最后，利用逆双线性变换：

$$\hat{s}=\frac{-s-r_1}{s/r_2-1} \tag{7.24}$$

将 $\hat{K}(\hat{s})$ 由 $\hat{s}$ 平面变换到 s 平面的 $K(s)$ 。

图 7.5 所示为双线性变换(7.22)的工作示意图：

(1) s 平面上的圆 $\varGamma_1$ 被映射到 $\hat{s}$ 平面的虚轴；

(2) s 平面的虚轴被映射到 $\hat{s}$ 平面上的圆 $\varGamma_2$；

(3) s 平面上的区域 R_1、R_2 和 R_3 被映射到 $\hat{s}$ 平面上的相应部分。

需要说明的是，r_1 和 r_2 的选取要保证 G_{P0} 的其他零极点经双线性变换后都不在 $\hat{s}$ 平面的虚轴上；r_1 的大小是决定闭环系统动态品质好坏的重要参数；另外，对于问题(7.21)而言，H_∞控制器 $K(s)$ 只是一个次优控制器。

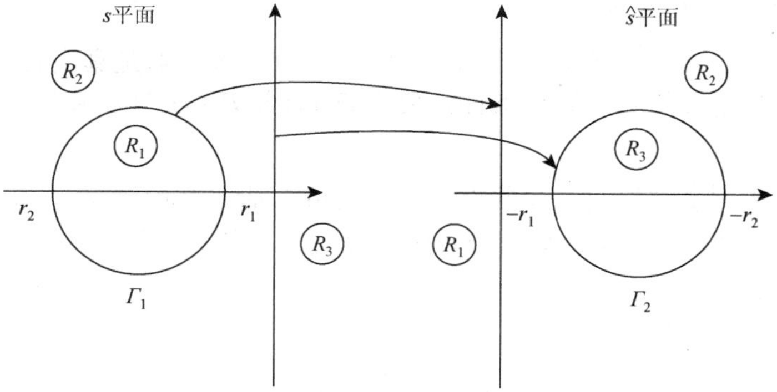

图 7.5　双线性变换示意图

7.4　加权函数的选择

在 H_∞优化设计中，加权函数的选择是至关重要的一步。加权函数直接反映了系统的各种性能指标要求，如系统的动态品质要求、鲁棒性要求以及抗干扰能力的要求等。设计方法是否有效，将取决于或主要取决于加权函数的选择是否合适，即是否真正反映了所设计系统的性能。

一般说来，对于 H_∞混合灵敏度问题，其加权函数 $W_1(s)$ 和 $W_2(s)$ 的选择主要遵循以下基本原则。

(1) 要尽可能选择低阶次的加权函数，否则会得到高阶次的 H_∞ 控制器。

(2) 性能加权函数 $W_1(s)$ 一般为稳定真实有理函数。此外，由于灵敏度函数 $S(s)$ 既是参考输入 r_0 到跟踪误差 e 的传递函数，也是干扰输入 d 到系统输出 y_b 的传递函数，而且干扰的频率特性基本上是在低频增益大，所以，为了有效地抑制干扰的影响或精确地跟踪输入信号，要求 $W_1(s)$ 在低频段的 DC 增益应该尽量大；而对于超出系统要求的高频范围，则无严格要求，即 $W_1(s)$ 应具有高增益低通特性。

(3) 鲁棒加权函数 $W_2(s)$ 是乘性不确定性 $\varDelta_m$ 的摄动界函数，反映了鲁棒稳定性要求，即高频特性要求。其选取还取决于标称模型 $G_0(s)$ 是否是严真实有理函数。由于现实中的系统多数为严真的，所以 $W_2(s)$ 一般为非真实有理函数。尽管 $W_2(s)$ 不可实现，但由于 $W_2(s)G_0(s)$ 是真的，因此 $W_2(s)G_0(s)$ 有状态空间实现形式，从而保证了 $\boldsymbol{D}_{12}$ 是列满秩矩阵。

(4) 性能加权函数 $W_1(s)$ 的交叉频率必须比鲁棒加权函数 $W_2(s)$ 的交叉频率小，即对任意 $\omega \in \mathbf{R}$ 有 $\bar{\sigma}(W_1^{-1}(\mathrm{j}\omega)) + \bar{\sigma}(W_2^{-1}(\mathrm{j}\omega)) > 1$，否则达不到指定的性能要求。值得一提的是，Ortega 和 Rubio (2004) 给出了一种通过调整交叉频率来确定 $W_1(s)$ 的方法，即定好 $W_2(s)$ 后，设其交叉频率为 ω_{c2}，则 $W_1(s)$ 的交叉频率 ω_{c1} 由式 $\omega_{c1} = 10^{\bar{k}-1}\omega_{c2}$ 给出，其中，$\bar{k}$ 值不应大于 1，这一点文中没有指明。

以上给出的只是加权函数选择的一般原则。在实际系统设计中，应根据具体控制对象的特点合理地选取加权函数。

从回路成形的观点来看，H_∞ 混合灵敏度优化设计中的加权函数在一定程度上确定了系统所要求传递函数的最大奇异值的一般形状，也可以说，给出了限定这一形状的“界”。图 7.6 所示为灵敏度函数 $S(s)$ 和补灵敏度函数 $T(s)$ 与其加权函数的关系简图。从图中可以看出，在对 $S(s)$ 和 $T(s)$ 进行频率整形时，在低频段以减小灵敏度函数的增益为主，而在高频段以减小补灵敏度函数的增益为主。即在低频段使 $S(\mathrm{j}\omega)$ 位于增益曲线 $W_1^{-1}(\mathrm{j}\omega)$ 以下，而在高频段则使 $T(\mathrm{j}\omega)$ 位于增益曲线 $W_2^{-1}(\mathrm{j}\omega)$ 以下。

7.5　生化过程 H_∞ 优化设计的一般步骤

综合前面所述，应用双线性变换和 H_∞ 混合灵敏度方法对生化过程进行优化设计的一般步骤可叙述如下：

(1) 建立生化过程的标称模型 $G_{P0}(s)$，并确定鲁棒加权函数 $W_2(s)$；

(2) 对标称模型 $G_{P0}(s)$ 作双线性变换 (7.22)，其中，$r_1 = r_{10}, r_2 = -\infty, r_{10}$ 的值可根

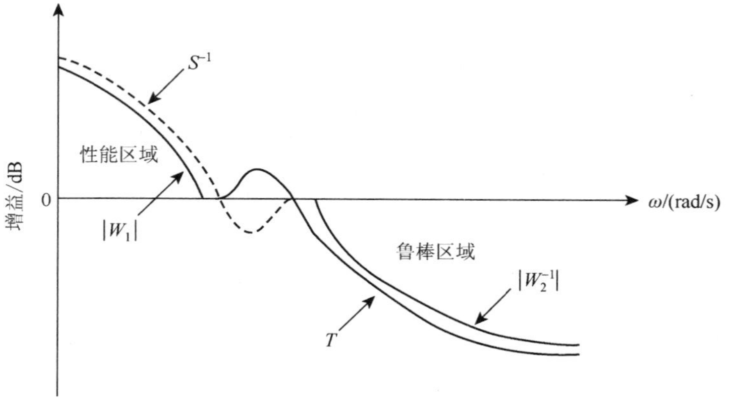

图 7.6　S 和 T 的奇异值规范

据实际问题来选取；

(3) 调整性能加权函数的增益值(设为 β_b)，设计性能加权函数 $\hat{W}_1(\hat{s})$，其中，$\beta_b \in [\beta_b^l, \beta_b^u]$；

(4) 建立增广对象 $\hat{\boldsymbol{P}}(\hat{s})$，若 H_∞最优控制问题(7.23)有解，则由 Riccati 方程法求出控制器 $\hat{K}(\hat{s})$；否则，转至步骤(3)；

(5) 对 $\hat{K}(\hat{s})$ 作逆双线性变换(7.24)，得 $K(s)$；

(6) 系统性能指标的评价，为检验所设计的控制器是否满足给定的性能指标要求(包括鲁棒稳定性和系统抗干扰能力)，需作出系统的奇异值 Bode 图和响应曲线，如果满足要求则完成设计，否则返回步骤(2)重设 r_1 值，并重新进行设计，其中，$r_1 \in [r_{10}, 0)$。

7.6　甘油生物歧化为 1, 3-丙二醇过程的 H_∞控制

7.6.1　数学模型

1. 非线性模型

甘油生物歧化为 1, 3-丙二醇过程的物料平衡可由下列方程计算(修志龙等，2000a)：

$$\frac{\mathrm{d}X_B}{\mathrm{d}t} = (\mu - D)X_B \tag{7.25}$$

$$\frac{\mathrm{d}C_S}{\mathrm{d}t} = D(C_{SF} - C_S) - q_S X_B \tag{7.26}$$

$$\frac{\mathrm{d}C_{\mathrm{PD}}}{\mathrm{d}t} = q_{\mathrm{PD}} X_B - DC_{\mathrm{PD}} \tag{7.27}$$

$$\frac{\mathrm{d}C_{\mathrm{HAc}}}{\mathrm{d}t} = q_{\mathrm{HAc}} X_B - DC_{\mathrm{HAc}} \tag{7.28}$$

$$\frac{\mathrm{d}C_{\mathrm{EtOH}}}{\mathrm{d}t} = q_{\mathrm{EtOH}} X_B - DC_{\mathrm{EtOH}} \tag{7.29}$$

式中，X_B 为生物量，g/L；D 为稀释速率，h^{-1}；C_{SF}、C_S 分别为进料和反应器中的底物(甘油)浓度，mmol/L；C_{PD}、C_{HAc}、C_{EtOH} 分别为产物 1, 3-丙二醇、乙酸和乙醇的浓度，mmol/L；t 为发酵时间，h；μ 为细胞比生长速率，h^{-1}；q_S、q_{PD}、q_{HAc}、q_{EtOH} 分别为底物比消耗速率、产物 1, 3-丙二醇、乙酸和乙醇的比生成速率，mmol/(g·h)，其动力学方程由式(7.30)～式(7.34)给出：

$$\mu = \mu_m \frac{C_S}{K_S + C_S}\left(1 - \frac{C_S}{C_S^*}\right)\left(1 - \frac{C_{\mathrm{PD}}}{C_{\mathrm{PD}}^*}\right)\left(1 - \frac{C_{\mathrm{HAc}}}{C_{\mathrm{HAc}}^*}\right)\left(1 - \frac{C_{\mathrm{EtOH}}}{C_{\mathrm{EtOH}}^*}\right) \tag{7.30}$$

$$q_S = m_S + \frac{\mu}{Y_S^m} + \Delta q_S^m \frac{C_S}{C_S + K_S^*} \tag{7.31}$$

$$q_{\mathrm{PD}} = m_{\mathrm{PD}} + \mu Y_{\mathrm{PD}}^m + \Delta q_{\mathrm{PD}}^m \frac{C_S}{C_S + K_{\mathrm{PD}}^*} \tag{7.32}$$

$$q_{\mathrm{HAc}} = m_{\mathrm{HAc}} + \mu Y_{\mathrm{HAc}}^m + \Delta q_{\mathrm{HAc}}^m \frac{C_S}{C_S + K_{\mathrm{HAc}}^*} \tag{7.33}$$

$$q_{\mathrm{EtOH}} = q_S\left(\frac{c_1}{c_3 + DC_S} + \frac{c_2}{c_4 + DC_S}\right) \tag{7.34}$$

对于肺炎杆菌在温度 37℃和 pH 为 7.0 的厌氧培养条件下发酵甘油来说，最大比生长速率 μ_m 和甘油浓度饱和常数 K_S 的值分别为 $0.67\mathrm{h}^{-1}$ 和 0.28mmol/L；底物甘油、PD、乙酸和乙醇的临界浓度分别为 2039mmol/L、939.5mmol/L、1026mmol/L 和 360.9mmol/L；式(7.34)中的参数 c_1、c_2、c_3、c_4 的值分别为 0.025mmol/(L·h)、5.18mmol/(L·h)、0.06mmol/(L·h)和 50.45mmol/(L·h)；其余参数意义见文献(修志龙等，2000a)，取值如表 7.1 所示。

表 7.1　式(7.30)～式(7.34)中参数取值

底物/产物	m/[mmol/(g·h)]	Y^m/(mmol/g)或(g/mmol)	Δq^m/[mmol/(g·h)]	K^*/(mmol/L)
甘油	2.20	0.0082	28.58	11.43
丙二醇	–2.69	67.69	26.59	15.50
乙酸	–0.97	33.07	5.74	85.71

2. 最优稳态工作点的计算

使发酵过程在稳态下进行，又使 1, 3-丙二醇体积产率 DC_{PD} 最大的稳态优化问题可表示为

$$
\begin{aligned}
\max\quad & DC_{\mathrm{PD}} \\
\text{s.t.}\quad & (\mu - D)X_B = 0 \\
& D(C_{SF} - C_S) - q_S X_B = 0 \\
& q_{\mathrm{PD}} X_B - DC_{\mathrm{PD}} = 0 \\
& q_{\mathrm{HAc}} X_B - DC_{\mathrm{HAc}} = 0 \\
& q_{\mathrm{EtOH}} X_B - DC_{\mathrm{EtOH}} = 0 \\
& 0 < D \leqslant 0.5 \\
& 0 < C_{SF} \leqslant 2000
\end{aligned}
\tag{7.35}
$$

当稀释速率 D 超过 $0.5\mathrm{h}^{-1}$ 时，容易发生“洗出”现象(Xiu et al.，2004)，所以对 D 的约束由 $0<D\leqslant 0.5$ 给出。

当 $D_0 = 0.29\,\mathrm{h}^{-1}$，$C_{SF0} = 730.8\,\mathrm{mmol/L}$ 时，1, 3-丙二醇的最大体积产率 DC_{PD} 为 114.3mmol/(L·h)，此时最优稳态工作点为

$$(X_{B0}, C_{S0}, C_{\mathrm{PD0}}, C_{\mathrm{HAc0}}, C_{\mathrm{EtOH0}}) = (2.89, 98.1, 400.1, 116.6, 42.33)$$

3. 线性模型

非线性方程(7.25)～(7.29)的线性模型为

$$
\begin{aligned}
\dot{\boldsymbol{x}}_b &= \boldsymbol{A}_b(\boldsymbol{\theta}_b)\boldsymbol{x}_b + \boldsymbol{B}_b(\boldsymbol{\theta}_b)u_b \\
y_b &= \boldsymbol{C}_b \boldsymbol{x}_b
\end{aligned}
$$

式中，$\boldsymbol{x}_b = (X_B, C_S, C_{\mathrm{PD}}, C_{\mathrm{HAc}}, C_{\mathrm{EtOH}})^{\mathrm{T}}$ 为状态变量；$u_b = D$ 为控制输入；$y_b = C_S$ 为量测输出：

$$
\boldsymbol{A}_b(\boldsymbol{\theta}_b) = \begin{bmatrix} \mu & 0 & 0 & 0 & 0 \\ -q_S & 0 & 0 & 0 & 0 \\ q_{\mathrm{PD}} & 0 & 0 & 0 & 0 \\ q_{\mathrm{HAc}} & 0 & 0 & 0 & 0 \\ q_{\mathrm{EtOH}} & 0 & 0 & 0 & 0 \end{bmatrix}
$$

$$\boldsymbol{B}_b(\boldsymbol{\theta}_b)=\begin{bmatrix}-X_B\\ C_{SF}-C_S\\ -C_{\mathrm{PD}}\\ -C_{\mathrm{HAc}}\\ -C_{\mathrm{EtOH}}\end{bmatrix},\quad \boldsymbol{C}_b=\begin{bmatrix}0\\1\\0\\0\\0\end{bmatrix}^{\mathrm{T}}$$

式中，$\boldsymbol{\theta}_b=(X_B,C_S,C_{\mathrm{PD}},C_{\mathrm{HAc}},C_{\mathrm{EtOH}},D)^{\mathrm{T}}$。

由定理 7.1 可得过程传递函数为

$$G_P(s)=\frac{(C_{SF}-C_S)s+q_S X_B-\mu(C_{SF}-C_S)}{s(s-\mu)}$$

令 $C_{SF}=C_{SF0}$，则对象标称模型的传递函数形式为

$$G_{P0}(s)=\frac{632.7s+0.2713}{s(s-0.2857)}$$

于是乘性不确定性可表示为

$$\varDelta_m=\frac{G_P(s)-G_{P0}(s)}{G_{P0}(s)}$$

7.6.2　H_∞控制器的设计

根据 7.4 节所述的加权函数选择原则，鲁棒加权函数 $W_2(s)$ 可取为 $W_2(s)=s$，其交叉频率为 $\omega_{c2}=1\,\mathrm{rad/s}$。性能加权函数 $W_1(s)$ 是一个二阶滤波器：

$$W_1(s)=\frac{\beta_b(\alpha_b s^2+2\zeta_1\omega_{c1}\sqrt{\alpha_b}s+\omega_{c1}^2)}{\beta_b s^2+2\zeta_2\omega_{c1}\sqrt{\beta_b}s+\omega_{c1}^2}\tag{7.36}$$

式中，β_b 为滤波器的 DC 增益(控制扰动抑制)；$\alpha_b=0.5$ 表示高频增益(控制响应峰值超调量)；$\omega_{c1}=0.3\,\mathrm{rad/s}$ 表示滤波器交叉频率；$\zeta_1=0.6$，$\zeta_2=0.7$ 表示转角频率的阻尼比。

显然，$W_1^{-1}(0)=1/\beta_b$，此为稳态跟踪误差；$\lim\limits_{s\to\infty}W_1^{-1}(s)=1/\alpha_b=2$，此为高频扰动的放大因子。

本例中，设 $H_{bk}=20$（$k=1,2,\cdots,6$），$r_{10}=-2$，$\beta_b^l=10$，$\beta_b^u=400$。通过 MATLAB 计算可以得到，当 $r_1=-0.0001$，$\beta_b=204.9$ 时，增广对象 $\hat{\boldsymbol{P}}(\hat{s})$ 的状态空间实现为

$$\hat{\boldsymbol{A}}_p=\begin{bmatrix}0.28580 & 0 & 0 & 0\\ 1.00000 & 0.00010 & 0 & 0\\ -632.70 & -0.27130 & -0.02934 & -0.00044\\ 0 & 0 & 1.00000 & 0\end{bmatrix}$$

$$\hat{\boldsymbol{B}}_1=\begin{bmatrix}0\\0\\1\\0\end{bmatrix},\quad \hat{\boldsymbol{B}}_2=\begin{bmatrix}1\\0\\0\\0\end{bmatrix}$$

$$\hat{\boldsymbol{C}}_1=\begin{bmatrix}-316.350 & -0.135650 & 0.239888 & 0.089780\\ 181.097 & 0.000027 & 0 & 0\end{bmatrix}$$

$$\hat{\boldsymbol{C}}_2=\begin{bmatrix}-632.700 & -0.271300 & 0 & 0\end{bmatrix}$$

$$\hat{\boldsymbol{D}}_{11}=\begin{bmatrix}0.5\\0\end{bmatrix},\quad \hat{\boldsymbol{D}}_{12}=\begin{bmatrix}0\\632.7\end{bmatrix},\quad \hat{D}_{21}=1,\quad \hat{\boldsymbol{D}}_{22}=0$$

经过 8 次迭代得到 $\hat{\gamma}_{opt}=0.9922$，$H_\infty$控制器为

$$K(s)=\frac{3835s^3+892.2s^2+112.6s+0.02238}{s^4+2773000s^3+83090s^2+1261s+0.5257}$$

图 7.7(a)和图 7.7(b)分别为成本函数 $\hat{\boldsymbol{T}}_{z\varpi}(\hat{s})$ 和 $\boldsymbol{T}_{z\varpi}(s)$ 的奇异值 Bode 图。从图 7.7 中可以看出，两个成本函数都是全通的，即 $\bar{\sigma}(\hat{\boldsymbol{T}}_{z\varpi}(\mathrm{j}\omega))=1$，$\bar{\sigma}(\boldsymbol{T}_{z\varpi}(\mathrm{j}\omega))=1$ 对所有的 $\omega\in\mathbf{R}$ 都成立。图 7.8 和图 7.9 是灵敏度函数 $S(s)$ 和补灵敏度函数 $T(s)$ 以及 $W_1^{-1}(s)$ 和 $W_2^{-1}(s)$ 的奇异值 Bode 图。由图 7.8 和图 7.9 可知，在低频灵敏度函数 S 在其上界 W_1^{-1} 的下面，而在高频补灵敏度函数 T 则位于其上界 W_2^{-1} 的下侧，即 $\bar{\sigma}(S(\mathrm{j}\omega))\leqslant W_1^{-1}(\mathrm{j}\omega)$，$\bar{\sigma}(T(\mathrm{j}\omega))\leqslant W_2^{-1}(\mathrm{j}\omega)$，这不仅说明闭环系统具有良好的扰动抑制性能，而且保证了系统在模型参数不确定性的影响下具有鲁棒稳定性。

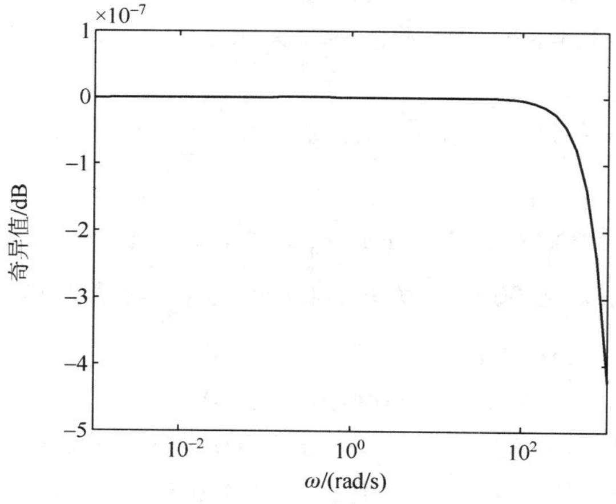

(a)

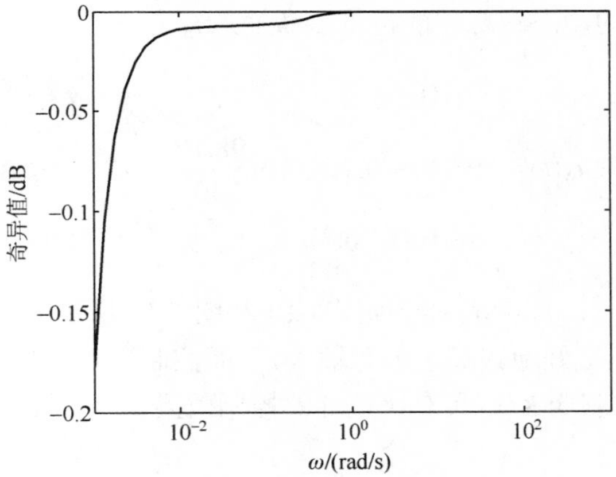

(b)

图 7.7　成本函数的奇异值 Bode 图

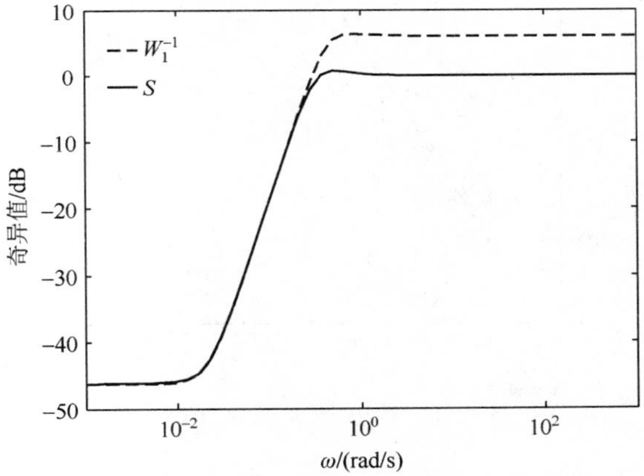

图 7.8　灵敏度函数与加权函数的奇异值 Bode 图

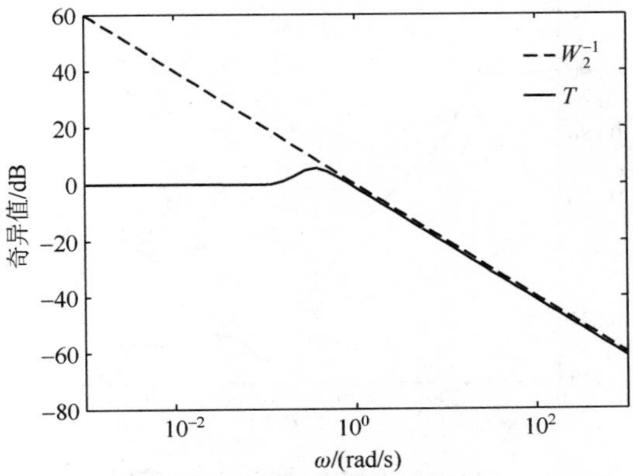

图 7.9　补灵敏度函数与加权函数的奇异值 Bode 图

为了考察系统的动态跟踪性能，设参考输入 r_0 为

$$r_0(t)=\begin{cases}98.10, & 0\leqslant t<10\\ 98.10+0.2(t-10)\dfrac{98.10}{40}, & 10\leqslant t<50\\ 98.10(1+0.2), & t\geqslant 50\end{cases}$$

则输出 y_b 和控制输入 u_b 的响应曲线如图 7.10 和图 7.11 所示。从图 7.10 和图 7.11 中可以看出，输出 y_b 很好地跟踪了参考输入 r_0，而控制输入 u_b 则位于 $[0.8D_0,1.2D_0]$ 之内，这说明 H_∞ 控制器 $K(s)$ 具有比较好的控制效果。

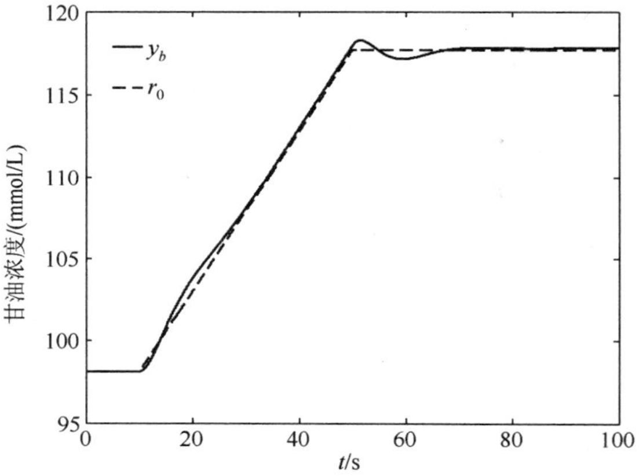

图 7.10　输出(甘油浓度)响应

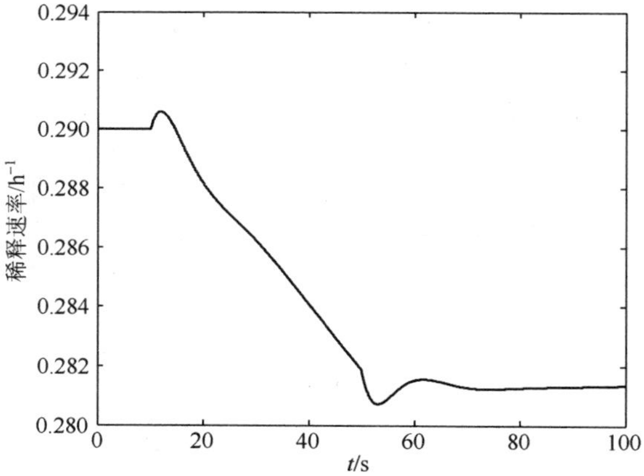

图 7.11　控制输入(稀释速率)响应

7.7 本 章 小 结

本章针对连续生化过程，应用双线性变换和 H_∞ 混合灵敏度方法，设计了一个使系统在产物产率达到最大的最优稳态附近工作的鲁棒控制器。整个设计过程是通过调整变换参数和性能加权函数的增益来实现的，因此是一个迭代寻优的过程。将所提的鲁棒控制策略应用于甘油生物歧化过程控制的研究结果表明，所设计的鲁棒控制器不仅保证了系统对模型的参数变化具有鲁棒稳定性，而且使系统具有较好的鲁棒跟踪性能，从而说明了所设计 H_∞ 控制器的有效性。

第 8 章　生化过程的在线稳态优化控制

生化过程在线稳态优化控制的目的是克服因环境变化、各种原材料和触媒剂成分变化等所形成的慢扰动，使生化过程运行于最优工况。由于生化系统固有的非线性、不确定性和时变等复杂特性，很难确定其精确的过程模型，即使建立了数学模型，但基于这种标称模型的优化解也会远远偏离实际系统的最优值，甚至严重时会违反实际系统的约束条件。解决这类对象-模型不匹配优化问题的一个有效方法是采用系统优化与参数估计集成(integrated system optimization and parameter estimation，ISOPE)的稳态优化方法(Roberts，1979；Roberts and Williams，1981；Brdyś et al.，1986；万百五和黄正良，1998；Tatjewski，2002；万百五，2003；Gao and Engell，2005)，其基本思想是使用修正子来协调系统优化和参数估计这两个子任务，使其交替进行，直至收敛到一最优解。ISOPE 方法的结构图如图 8.1 所示。ISOPE 算法的收敛性和最优性证明由 Brdyś 和 Roberts(1987)给出。应用增广的拉格朗日分析，Brdyś 等(1987)将 ISOPE 算法扩展到目标函数是非凸函数的情况。该算法的优点是它并不要求目标函数是凸的，因此其应用范围比传统的 ISOPE 算法更广(Mészáros et al.，1995；Lednický and Mészáros，1998；Kambhampati et al.，2000)，但是为了保证基于模型优化问题的目标函数是一致凸的，要求其 Moreau-Yosida 正则化项中的罚系数满足一定的凸化条件(式(8.6))。实验中发现，过小的罚系数会导致算法的性能趋向于传统的 ISOPE 算法，而过大的罚系数会使 Moreau-Yosida 正则化项成为优化问题的主导部分，从而降低了 ISOPE 算法的收敛速度，这在一定程度上也限制了该算法的应用。为了满足 ISOPE 算法的收敛性条件并简化参数估计等相关的数学计算，一般选取生化过程的近似稳态模型为线性函数，但是真实生化系统在本质上都是非线性的，因此有必要研究非线性过程模型在 ISOPE 算法中的应用情况。ISOPE 算法的每次迭代中，通常都要求解一个非线性规划问题，虽然有很多的非线性规划算法可以解决这类优化问题，但是对那些目标函数和约束函数难以计算的情形这些优化算法却可能会增加 ISOPE 方法的计算负担。

基于以上诸方面的考虑，本章提出了两种可求解生化过程稳态优化控制问题的新算法(分别记为 ISOPEN1 和 ISOPEN2)。ISOPEN1 算法的基本思想为：为了避免要事先选择一个合适罚系数的困难并简化相关的数学计算，将优化指标视为虚拟输出，在算法中引入了目标函数的线性化形式。此外，为了加速优化算法的收敛速度，在算法的迭代优化中，采取了不断对罚系数值进行修正的策略。仿真结果表明，本章提出的 ISOPEN1 算法无论在收敛速度，还是在计算时间上都要优于传统的 ISOPE 算法。另外，在将算法应用于有量测噪声、可测扰动和不可测扰动影响的情况时，表明 ISOPEN1 算法具有快速的在线寻优能力。

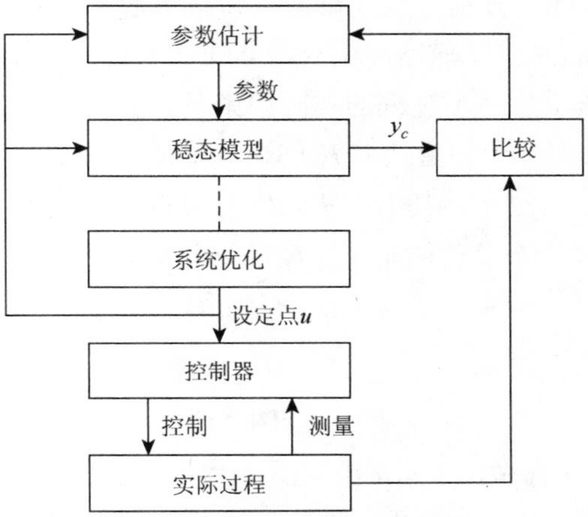

图 8.1　ISOPE 方法的结构图

ISOPEN2 算法的基本思想是对所有变量包括过程控制设定点、系统输出、目标函数和约束函数等分别作对数变换，得到一个与原优化问题等价的新问题。为了避开在确定合适的罚系数前要求解一个非凸的非线性优化问题的这一缺点，在新的 ISOPE 算法中引入了目标函数和约束函数的线性化形式。此外，实际过程输出的近似稳态模型用一个具有幂函数结构形式的非线性函数表示(相应的对数空间模型为线性函数)，这种建模方法的好处是，它不仅在一定程度上刻画了真实生化过程的非线性本质特性，而且由于其在对数空间的模型是线性的，所以也简化了相关的数学计算。总的来看，新算法的每次迭代优化中求解的是一个二次规划问题，因此算法简单，可用现有的二次规划算法来计算。仿真结果表明，本章提出的 ISOPEN2 算法无论在收敛速度，还是在计算时间上都要优于传统的 ISOPE 算法。

8.1　ISOPE 基本算法

在给出稳态优化控制问题之前，先作如下假设：

(1) 所有的函数和映射都是连续的；

(2) 所有的函数是连续 Fréchet 可微的。

通常情况下，一个真实生化过程的稳态优化控制问题可描述为

$$\begin{aligned} \min_{\boldsymbol{u}} \quad & Q(\boldsymbol{u}, \boldsymbol{y}_c) \\ \text{s.t.} \quad & \boldsymbol{y}_c = \boldsymbol{F}_*(\boldsymbol{u}) \\ & \boldsymbol{G}(\boldsymbol{u}, \boldsymbol{y}_c) \leqslant 0 \end{aligned} \tag{8.1}$$

式中，$\boldsymbol{u} \in \mathbf{R}^{m_u}$ 和 $\boldsymbol{y}_c \in \mathbf{R}^{n_y}$ 分别是过程设定点和系统输出；$\boldsymbol{F}_* : \mathbf{R}^{m_u} \to \mathbf{R}^{n_y}$ 表示实际过程的输入-输出(静态特性)描述，一般是非线性映射；$Q(\boldsymbol{u}, \boldsymbol{y}_c)$ 表示优化问题的目标函数；$\boldsymbol{G}(\boldsymbol{u}, \boldsymbol{y}_c) \in \mathbf{R}^{p_G}$ 表示过程的实际约束条件。

一般情况下，我们并不知道映射 $\boldsymbol{F}_*$ 的精确描述，只能用一个近似的稳态模型 $\boldsymbol{y}_c = \boldsymbol{F}(\boldsymbol{u}, \boldsymbol{\theta})$ 去表示真实过程，其中，$\boldsymbol{\theta} \in \mathbf{R}^{l_\theta}$ 是可调过程模型参数。将此模型代入问题(8.1)中可以得到一个等价的基于模型的优化问题：

$$\begin{aligned} \min_{\boldsymbol{u}, \boldsymbol{\theta}} \quad & q_1(\boldsymbol{u}, \boldsymbol{\theta}) \\ \text{s.t.} \quad & \boldsymbol{F}(\boldsymbol{u}, \boldsymbol{\theta}) = \boldsymbol{F}_*(\boldsymbol{u}) \\ & \boldsymbol{g}(\boldsymbol{u}, \boldsymbol{\theta}) \leqslant 0 \end{aligned} \tag{8.2}$$

式中，$q_1(\boldsymbol{u}, \boldsymbol{\theta}) = Q(\boldsymbol{u}, \boldsymbol{F}(\boldsymbol{u}, \boldsymbol{\theta}))$；$\boldsymbol{g}(\boldsymbol{u}, \boldsymbol{\theta}) = \boldsymbol{G}(\boldsymbol{u}, \boldsymbol{F}(\boldsymbol{u}, \boldsymbol{\theta}))$。

假设近似稳态模型 $\boldsymbol{F}(\cdot,\cdot)$ 在可行集 $U = \pi(UY)$ 上是点参数的(Brdyś，1983)，即对任意 $\bar{\boldsymbol{u}} \in U$，一定存在 $\bar{\boldsymbol{\theta}} \in \mathbf{R}^{l_\theta}$ 使得

$$\boldsymbol{F}(\bar{\boldsymbol{u}}, \bar{\boldsymbol{\theta}}) = \boldsymbol{F}_*(\bar{\boldsymbol{u}})$$

式中，$\pi : \mathbf{R}^{m_u} \times \mathbf{R}^{n_y} \to \mathbf{R}^{m_u}$ 是正交投影算子，UY 为

$$UY = \{(\boldsymbol{u}, \boldsymbol{y}_c) \in \mathbf{R}^{m_u} \times \mathbf{R}^{n_y} : \boldsymbol{G}(\boldsymbol{u}, \boldsymbol{y}_c) \leqslant 0\}$$

那么如果条件

$$\boldsymbol{F}(\boldsymbol{u}, \boldsymbol{\theta}) = \boldsymbol{F}_*(\boldsymbol{u}) \tag{8.3}$$

$$\frac{\partial \boldsymbol{F}(\boldsymbol{u}; \boldsymbol{\theta})}{\partial \boldsymbol{u}} = \frac{\partial \boldsymbol{F}_*(\boldsymbol{u})}{\partial \boldsymbol{u}} \tag{8.4}$$

成立，则问题(8.2)的解也是原优化问题(8.1)的解(Ellis and Kambhampati，1988；Kambhampati et al.，1992)。

为了将系统优化和参数估计这两个子问题分离开，引入变量 $\boldsymbol{v} \in \mathbf{R}^{m_u}$，则优化问题(8.2)的 Moreau-Yosida 正则化为

$$\begin{aligned} \min_{\boldsymbol{u}, \boldsymbol{v}, \boldsymbol{\theta}} \quad & \left\{ q_1(\boldsymbol{u}, \boldsymbol{\theta}) + \rho \|\boldsymbol{v} - \boldsymbol{u}\|^2 \right\} \\ \text{s.t.} \quad & \boldsymbol{F}(\boldsymbol{v}, \boldsymbol{\theta}) = \boldsymbol{F}_*(\boldsymbol{v}) \\ & \boldsymbol{g}(\boldsymbol{u}, \boldsymbol{\theta}) \leqslant 0 \\ & \boldsymbol{v} = \boldsymbol{u} \end{aligned} \tag{8.5}$$

式中，$\rho > 0$ 是罚系数。显然，Moreau-Yosida 正则化项 $\rho \|\boldsymbol{v} - \boldsymbol{u}\|^2$ 的引入并不破坏问题的等价性，而且只要 ρ 满足条件：

$$\rho > -\frac{1}{2}\min_{\boldsymbol{u}} \lambda_{\min}(q''_{1\boldsymbol{uu}}(\boldsymbol{u},\boldsymbol{\theta})) \tag{8.6}$$

式中，$q''_{1\boldsymbol{uu}}(\boldsymbol{u},\boldsymbol{\theta})$ 表示 $q_1(\boldsymbol{u},\boldsymbol{\theta})$ 的二阶(Fréchet)导数；$\lambda_{\min}(q''_{1\boldsymbol{uu}}(\boldsymbol{u},\boldsymbol{\theta}))$ 是 $q''_{1\boldsymbol{uu}}(\boldsymbol{u},\boldsymbol{\theta})$ 的最小特征值，则优化问题(8.5)的目标函数就是一致凸的(Brdyś et al.，1987)。

ISOPE 方法的基本思想就是通过引入一个修正乘子 $\boldsymbol{\lambda}$ 来协调系统优化和参数估计这两个子问题，即在 $\boldsymbol{v}$ 、$\boldsymbol{\theta}$ 和 $\boldsymbol{\lambda}$ 给定的情况下求解如下修正模型优化问题：

$$\begin{aligned} &\min_{\boldsymbol{u}} \quad \left\{q_1(\boldsymbol{u},\boldsymbol{\theta}) - \boldsymbol{\lambda}(\boldsymbol{v},\boldsymbol{\theta})^{\mathrm{T}}\boldsymbol{u} + \rho\left\|\boldsymbol{v}-\boldsymbol{u}\right\|^2\right\} \\ &\text{s.t.} \quad \boldsymbol{g}(\boldsymbol{u},\boldsymbol{\theta}) \leqslant 0 \end{aligned} \tag{8.7}$$

式中，修正乘子 $\boldsymbol{\lambda}$ 可由问题(8.5)的 Kuhn-Tucker 必要最优性条件求得：

$$\boldsymbol{\lambda}(\boldsymbol{v},\boldsymbol{\theta}) = \left[\frac{\partial^{\mathrm{T}}\boldsymbol{F}(\boldsymbol{v},\boldsymbol{\theta})}{\partial \boldsymbol{v}} - \frac{\partial^{\mathrm{T}}\boldsymbol{F}_*(\boldsymbol{v})}{\partial \boldsymbol{v}}\right]\left[\frac{\partial^{\mathrm{T}}Q(\boldsymbol{v},\boldsymbol{F}(\boldsymbol{v},\boldsymbol{\theta}))}{\partial \boldsymbol{y}_c} + \frac{\partial^{\mathrm{T}}\boldsymbol{G}(\boldsymbol{v},\boldsymbol{F}(\boldsymbol{v},\boldsymbol{\theta}))}{\partial \boldsymbol{y}_c}\boldsymbol{\eta}\right] \tag{8.8}$$

式中，$\boldsymbol{\eta}$ 是 Kuhn-Tucker 乘子。关于 ISOPE 基本算法(记为 ISOPEB)的收敛性和最优性的详细讨论和证明可参见 Brdyś 等(1987)、Brdyś 和 Roberts(1987)的研究工作。

8.2 ISOPEN1 算法

8.2.1 算法描述

ISOPEB 算法的优点是它不要求目标函数 $q_1(\boldsymbol{u},\boldsymbol{\theta})$ 是凸的，但其缺点是在确定合适的罚系数前要先求解如下非凸优化问题：

$$\min_{\boldsymbol{u}\in U} \quad \lambda_{\min}(q''_{1\boldsymbol{uu}}(\boldsymbol{u},\boldsymbol{\theta})) \tag{8.9}$$

因为当目标函数 $q_1(\boldsymbol{u},\boldsymbol{\theta})$ 具有很强的非线性形式时求解上述优化问题将会变得很困难。为了避开 ISOPEB 算法的这一缺点，我们将目标函数视为虚拟输出并考虑如下基于模型的优化问题：

$$\begin{aligned} \min_{\boldsymbol{u}} \quad q_2(\boldsymbol{u}) = {} & Q(\boldsymbol{v},\boldsymbol{F}(\boldsymbol{v},\boldsymbol{\theta})) + \frac{\partial Q(\boldsymbol{v},\boldsymbol{F}(\boldsymbol{v},\boldsymbol{\theta}))}{\partial \boldsymbol{u}}(\boldsymbol{u}-\boldsymbol{v}) \\ & + \frac{\partial Q(\boldsymbol{v},\boldsymbol{F}(\boldsymbol{v},\boldsymbol{\theta}))}{\partial \boldsymbol{y}_c}\frac{\partial \boldsymbol{F}(\boldsymbol{v},\boldsymbol{\theta})}{\partial \boldsymbol{u}}(\boldsymbol{u}-\boldsymbol{v}) - \boldsymbol{\lambda}(\boldsymbol{v},\boldsymbol{\theta})^{\mathrm{T}}\boldsymbol{u} + \rho\left\|\boldsymbol{v}-\boldsymbol{u}\right\|^2 \\ \text{s.t.} \quad \boldsymbol{g}(\boldsymbol{u},\boldsymbol{\theta}) \leqslant 0 & \end{aligned} \tag{8.10}$$

这里将目标函数 $Q(\boldsymbol{u},\boldsymbol{F}(\boldsymbol{u},\boldsymbol{\theta}))$ 视为虚拟输出并使用其在点 $\boldsymbol{v}$ 处的线性化形式具有如下几个好处。

首先，可以证明优化问题(8.10)的目标函数 $q_2(\boldsymbol{u})$ 在点 $\boldsymbol{u}=\boldsymbol{v}$ 处的梯度为

$$
\begin{aligned}
\left.\frac{\partial^{\mathrm{T}} q_2(\boldsymbol{u})}{\partial \boldsymbol{u}}\right|_{\boldsymbol{u}=\boldsymbol{v}} &= \left.\frac{\partial^{\mathrm{T}} Q(\boldsymbol{u},\boldsymbol{F}(\boldsymbol{u},\boldsymbol{\theta}))}{\partial \boldsymbol{u}}\right|_{\boldsymbol{u}=\boldsymbol{v}} + \left.\frac{\partial^{\mathrm{T}} \boldsymbol{F}(\boldsymbol{u},\boldsymbol{\theta})}{\partial \boldsymbol{u}}\frac{\partial^{\mathrm{T}} Q(\boldsymbol{u},\boldsymbol{F}(\boldsymbol{u},\boldsymbol{\theta}))}{\partial \boldsymbol{y}_c}\right|_{\boldsymbol{u}=\boldsymbol{v}} \\
&\quad -2\rho(\boldsymbol{v}-\boldsymbol{u})\big|_{\boldsymbol{u}=\boldsymbol{v}} - \boldsymbol{\lambda}(\boldsymbol{v},\boldsymbol{\theta}) \\
&= \left.\frac{\partial^{\mathrm{T}} Q(\boldsymbol{u},\boldsymbol{F}(\boldsymbol{u},\boldsymbol{\theta}))}{\partial \boldsymbol{u}}\right|_{\boldsymbol{u}=\boldsymbol{v}} + \left.\frac{\partial^{\mathrm{T}} \boldsymbol{F}(\boldsymbol{u},\boldsymbol{\theta})}{\partial \boldsymbol{u}}\frac{\partial^{\mathrm{T}} Q(\boldsymbol{u},\boldsymbol{F}(\boldsymbol{u},\boldsymbol{\theta}))}{\partial \boldsymbol{y}_c}\right|_{\boldsymbol{u}=\boldsymbol{v}} \\
&\quad + \left(\frac{\partial^{\mathrm{T}} \boldsymbol{F}_*(\boldsymbol{v})}{\partial \boldsymbol{v}} - \frac{\partial^{\mathrm{T}} \boldsymbol{F}(\boldsymbol{v},\boldsymbol{\theta})}{\partial \boldsymbol{v}}\right)\frac{\partial^{\mathrm{T}} Q(\boldsymbol{v},\boldsymbol{F}(\boldsymbol{v},\boldsymbol{\theta}))}{\partial \boldsymbol{y}_c} \\
&= \left.\frac{\partial^{\mathrm{T}} Q(\boldsymbol{u},\boldsymbol{F}(\boldsymbol{u},\boldsymbol{\theta}))}{\partial \boldsymbol{u}}\right|_{\boldsymbol{u}=\boldsymbol{v}} + \frac{\partial^{\mathrm{T}} \boldsymbol{F}_*(\boldsymbol{v})}{\partial \boldsymbol{v}}\frac{\partial^{\mathrm{T}} Q(\boldsymbol{v},\boldsymbol{F}(\boldsymbol{v},\boldsymbol{\theta}))}{\partial \boldsymbol{y}_c} \\
&= \left.\left(\frac{\partial^{\mathrm{T}} Q(\boldsymbol{u},\boldsymbol{F}_*(\boldsymbol{u}))}{\partial \boldsymbol{u}} + \frac{\partial^{\mathrm{T}} \boldsymbol{F}_*(\boldsymbol{u})}{\partial \boldsymbol{u}}\frac{\partial^{\mathrm{T}} Q(\boldsymbol{u},\boldsymbol{F}_*(\boldsymbol{u}))}{\partial \boldsymbol{y}_c}\right)\right|_{\substack{\boldsymbol{F}_*(\boldsymbol{u})=\boldsymbol{F}(\boldsymbol{u},\boldsymbol{\theta}) \\ \boldsymbol{u}=\boldsymbol{v}}} \\
&= \left.\frac{\partial^{\mathrm{T}} Q(\boldsymbol{u},\boldsymbol{y}_c)}{\partial \boldsymbol{u}}\right|_{\substack{\boldsymbol{y}_c=\boldsymbol{F}_*(\boldsymbol{u}) \\ \boldsymbol{u}=\boldsymbol{v}}}
\end{aligned} \tag{8.11}
$$

式(8.11)说明如果点$\boldsymbol{v}$满足优化问题(8.10)的必要最优性条件，那么它也满足优化问题(8.1)的必要最优性条件。

其次，只要罚系数ρ满足条件$\rho>0$，则目标函数$q_2(\boldsymbol{u})$就是强二次凸函数。此外，如果可行集U是凸的，那么优化问题(8.10)是一个凸规划问题，因此可应用已有的凸规划算法对其进行求解。

最后，当目标函数具有复杂的形式而难以计算时，与优化问题(8.7)相比，问题(8.10)更易求解，而且计算量也将大大减少，因此在一定程度上可以降低优化算法的复杂性。

综合前面所述，本章提出的ISOPEN1算法可描述如下。

(1)选择初始设定点$\boldsymbol{v}^{(0)}\in U$，乘子$\boldsymbol{\eta}^{(0)}$，$\boldsymbol{\eta}^{(0)}\geqslant 0$，增益系数$k_v$和$k_\eta$，$0<k_v\leqslant 1$，$0<k_\eta$，常数$\phi_c>0$，初始罚系数$\rho^{(0)}>0$以及解精度$\varepsilon_1,\varepsilon_2>0$。令$r=0$。

(2)将$\boldsymbol{v}^{(r)}$加到实际系统，量测系统的稳态输出$\boldsymbol{y}_c^{(r)}=\boldsymbol{F}_*(\boldsymbol{v}^{(r)})$，选用合适的方法估计过程输出导数$\boldsymbol{F}_*'(\boldsymbol{v}^{(r)})$。

(3)由$\boldsymbol{F}(\boldsymbol{v}^{(r)},\boldsymbol{\theta}^{(r)})=\boldsymbol{F}_*(\boldsymbol{v}^{(r)})$确定参数$\boldsymbol{\theta}^{(r)}$。

(4)对$\boldsymbol{v}=\boldsymbol{v}^{(r)},\boldsymbol{\theta}=\boldsymbol{\theta}^{(r)}$和$\boldsymbol{\lambda}(\boldsymbol{v},\boldsymbol{\theta})=\boldsymbol{\lambda}(\boldsymbol{v}^{(r)},\boldsymbol{\theta}^{(r)})$，求解优化问题(8.10)，设$\hat{\boldsymbol{u}}^{(r)}=\hat{\boldsymbol{u}}(\boldsymbol{v}^{(r)},\boldsymbol{\theta}^{(r)},\boldsymbol{\eta}^{(r)})$是优化问题的最优解，相应的Kuhn-Tucker乘子为$\hat{\boldsymbol{\eta}}^{(r)}=\hat{\boldsymbol{\eta}}(\boldsymbol{v}^{(r)},\boldsymbol{\theta}^{(r)},\boldsymbol{\eta}^{(r)})$。

(5)如果$\left\|\hat{\boldsymbol{u}}^{(r)}-\boldsymbol{v}^{(r)}\right\|\leqslant\varepsilon_1$和$\left\|\hat{\boldsymbol{\eta}}^{(r)}-\boldsymbol{\eta}^{(r)}\right\|\leqslant\varepsilon_2$同时成立，则停止迭代；否则调节设定点$\boldsymbol{v}$、Kuhn-Tucker乘子$\boldsymbol{\eta}$和罚系数$\rho$，其更新迭代公式为

$$\boldsymbol{v}^{(r+1)} = \boldsymbol{v}^{(r)} + k_v(\hat{\boldsymbol{u}}^{(r)} - \boldsymbol{v}^{(r)}) \tag{8.12}$$

$$\eta_{l_G}^{(r+1)} = \max\left\{0, \eta_{l_G}^{(r)} + k_\eta(\hat{\eta}_{l_G}^{(r)} - \eta_{l_G}^{(r)})\right\}, \quad l_G = 1,2,\cdots,p_G \tag{8.13}$$

$$\rho^{(r+1)} = \phi_c \rho^{(r)} \tag{8.14}$$

令 $r = r+1$，返回步骤(2)继续计算。

注 8.1　在 ISOPEN1 算法中，应用迭代公式(8.12)是为了控制迭代算法的稳定性。从实际应用的角度来看，如果可行集 U 是凸的且初始点 $\boldsymbol{v}^{(0)} \in U$，则只要 $0 < k_v \leqslant 1$，那么由式(8.12)生成的任何点 $\boldsymbol{v}^{(r+1)}$ 都是可行的。

注 8.2　为了保证 Kuhn-Tucker 乘子 $\boldsymbol{\eta} \geqslant 0, \boldsymbol{\eta}$ 中所有元素的更新由式(8.13)给出。

注 8.3　在 ISOPEN1 算法的每次迭代优化中，对罚系数 ρ 应用迭代公式(8.14)，即采用使当前罚系数值比前一次迭代大的策略，是为了加速优化算法的收敛速度。

关于目标函数 $Q(\boldsymbol{u}, \boldsymbol{F}(\boldsymbol{u},\boldsymbol{\theta}))$ 最小值的上界，我们有如下结论。

定理 8.1　如果近似过程模型 $\boldsymbol{F}(\boldsymbol{u},\boldsymbol{\theta})$ 取为

$$\boldsymbol{F}(\boldsymbol{u},\boldsymbol{\theta}) = \frac{\partial \boldsymbol{F}_*(\boldsymbol{u})}{\partial \boldsymbol{u}}\boldsymbol{u} + \boldsymbol{\theta} \tag{8.15}$$

且目标函数 $Q(\boldsymbol{u}, \boldsymbol{F}(\boldsymbol{u},\boldsymbol{\theta}))$ 在凸集 U 上是 Lipschitz 连续的(Lipschitz 常数为 M_L)，则当 $\rho^{(r)} \geqslant M_L/2$ 时，目标函数 $Q(\boldsymbol{u}, \boldsymbol{F}(\boldsymbol{u},\boldsymbol{\theta}))$ 最小值的一个上界为

$$Q(\boldsymbol{v}^{(r)}, \boldsymbol{F}(\boldsymbol{v}^{(r)},\boldsymbol{\theta})) - \frac{1}{4\rho^{(r)}}\left\|\frac{\partial^{\mathrm{T}} Q(\boldsymbol{v}^{(r)}, \boldsymbol{F}(\boldsymbol{v}^{(r)},\boldsymbol{\theta}))}{\partial \boldsymbol{u}} + \frac{\partial^{\mathrm{T}} \boldsymbol{F}(\boldsymbol{v}^{(r)},\boldsymbol{\theta})}{\partial \boldsymbol{u}}\frac{\partial^{\mathrm{T}} Q(\boldsymbol{v}^{(r)}, \boldsymbol{F}(\boldsymbol{v}^{(r)},\boldsymbol{\theta}))}{\partial \boldsymbol{y}_c}\right\|^2$$

证明　由式(8.15)容易得出

$$\frac{\partial \boldsymbol{F}(\boldsymbol{u},\boldsymbol{\theta})}{\partial \boldsymbol{u}} = \frac{\partial \boldsymbol{F}_*(\boldsymbol{u})}{\partial \boldsymbol{u}} \tag{8.16}$$

则有 $\boldsymbol{\lambda}(\boldsymbol{v},\boldsymbol{\theta}) = 0$。

由于目标函数 $Q(\boldsymbol{u}, \boldsymbol{F}(\boldsymbol{u},\boldsymbol{\theta}))$ 在凸集 U 上是 Lipschitz 连续的(Lipschitz 常数为 M_L)，所以根据 Kantorovich 和 Akilov(1963)的文献，对所有的 $\boldsymbol{u}, \boldsymbol{v}^{(r)} \in U$，有

$$\begin{aligned} Q(\boldsymbol{u}, \boldsymbol{F}(\boldsymbol{u},\boldsymbol{\theta})) \leqslant{}& Q(\boldsymbol{v}^{(r)}, \boldsymbol{F}(\boldsymbol{v}^{(r)},\boldsymbol{\theta})) + \frac{\partial Q(\boldsymbol{v}^{(r)}, \boldsymbol{F}(\boldsymbol{v}^{(r)},\boldsymbol{\theta}))}{\partial \boldsymbol{u}}(\boldsymbol{u} - \boldsymbol{v}^{(r)}) \\ &+ \frac{\partial Q(\boldsymbol{v}^{(r)}, \boldsymbol{F}(\boldsymbol{v}^{(r)},\boldsymbol{\theta}))}{\partial \boldsymbol{y}_c}\frac{\partial \boldsymbol{F}(\boldsymbol{v}^{(r)},\boldsymbol{\theta})}{\partial \boldsymbol{u}}(\boldsymbol{u} - \boldsymbol{v}^{(r)}) \\ &+ \frac{M_L}{2}\left\|\boldsymbol{v}^{(r)} - \boldsymbol{u}\right\|^2 \end{aligned} \tag{8.17}$$

对式(8.17)两边取最小有

$$\min_{\boldsymbol{u}} \quad Q(\boldsymbol{u},\boldsymbol{F}(\boldsymbol{u},\boldsymbol{\theta})) \leqslant \min_{\boldsymbol{u}} \Big\{ Q(\boldsymbol{v}^{(r)},\boldsymbol{F}(\boldsymbol{v}^{(r)},\boldsymbol{\theta})) + \frac{\partial Q(\boldsymbol{v}^{(r)},\boldsymbol{F}(\boldsymbol{v}^{(r)},\boldsymbol{\theta}))}{\partial \boldsymbol{u}}(\boldsymbol{u}-\boldsymbol{v}^{(r)}) + \frac{\partial Q(\boldsymbol{v}^{(r)},\boldsymbol{F}(\boldsymbol{v}^{(r)},\boldsymbol{\theta}))}{\partial \boldsymbol{y}_c}\frac{\partial \boldsymbol{F}(\boldsymbol{v}^{(r)},\boldsymbol{\theta})}{\partial \boldsymbol{u}}(\boldsymbol{u}-\boldsymbol{v}^{(r)}) + \frac{M_L}{2}\left\|\boldsymbol{v}^{(r)}-\boldsymbol{u}\right\|^2 \Big\} \tag{8.18}$$

因式(8.17)的右端在凸集U上是一个强二次凸函数，所以当其梯度等于零，即当

$$\frac{\partial^{\mathrm{T}} Q(\boldsymbol{v}^{(r)},\boldsymbol{F}(\boldsymbol{v}^{(r)},\boldsymbol{\theta}))}{\partial \boldsymbol{u}} + \frac{\partial^{\mathrm{T}} \boldsymbol{F}(\boldsymbol{v}^{(r)},\boldsymbol{\theta})}{\partial \boldsymbol{u}}\frac{\partial^{\mathrm{T}} Q(\boldsymbol{v}^{(r)},\boldsymbol{F}(\boldsymbol{v}^{(r)},\boldsymbol{\theta}))}{\partial \boldsymbol{y}_c} + M_L(\boldsymbol{u}-\boldsymbol{v}^{(r)}) = 0$$

成立时，式(8.17)的右端达到其全局最小值。因此，式(8.17)右端函数的最小值为

$$Q(\boldsymbol{v}^{(r)},\boldsymbol{F}(\boldsymbol{v}^{(r)},\boldsymbol{\theta})) - \frac{1}{2M_L}\left\| \frac{\partial^{\mathrm{T}} Q(\boldsymbol{v}^{(r)},\boldsymbol{F}(\boldsymbol{v}^{(r)},\boldsymbol{\theta}))}{\partial \boldsymbol{u}} + \frac{\partial^{\mathrm{T}} \boldsymbol{F}(\boldsymbol{v}^{(r)},\boldsymbol{\theta})}{\partial \boldsymbol{u}}\frac{\partial^{\mathrm{T}} Q(\boldsymbol{v}^{(r)},\boldsymbol{F}(\boldsymbol{v}^{(r)},\boldsymbol{\theta}))}{\partial \boldsymbol{y}_c} \right\|^2 \tag{8.19}$$

此即为目标函数$Q(\boldsymbol{u},\boldsymbol{F}(\boldsymbol{u},\boldsymbol{\theta}))$最小值的一个上界。容易证明，当$\rho^{(r)} \geqslant M_L/2$时，式(8.20)成立。

$$\min_{\boldsymbol{u}} \quad Q(\boldsymbol{u},\boldsymbol{F}(\boldsymbol{u},\boldsymbol{\theta})) \leqslant Q(\boldsymbol{v}^{(r)},\boldsymbol{F}(\boldsymbol{v}^{(r)},\boldsymbol{\theta})) - \frac{1}{4\rho^{(r)}}\left\| \frac{\partial^{\mathrm{T}} Q(\boldsymbol{v}^{(r)},\boldsymbol{F}(\boldsymbol{v}^{(r)},\boldsymbol{\theta}))}{\partial \boldsymbol{u}} + \frac{\partial^{\mathrm{T}} \boldsymbol{F}(\boldsymbol{v}^{(r)},\boldsymbol{\theta})}{\partial \boldsymbol{u}}\frac{\partial^{\mathrm{T}} Q(\boldsymbol{v}^{(r)},\boldsymbol{F}(\boldsymbol{v}^{(r)},\boldsymbol{\theta}))}{\partial \boldsymbol{y}_c} \right\|^2 \tag{8.20}$$

定理得证。

8.2.2 实际过程导数的估计

由于 ISOPEN1 算法需要计算过程输出$\boldsymbol{F}_*(\boldsymbol{v})$对控制设定点$\boldsymbol{v}$的导数$\boldsymbol{F}_*'(\boldsymbol{v})$，而$\boldsymbol{F}_*(\boldsymbol{v})$是未知的，所以只能用近似的方法估计$\boldsymbol{F}_*'(\boldsymbol{v})$。近 30 年来，人们相继提出了有限差分法(Roberts，1979)、动态模型辨识法(Zhang and Roberts，1990；Mansour and Ellis，2003)、对偶控制法(Brdyś and Tajewski，

1992)和 Broydon 法(Roberts，2000)等来估计过程输出导数 $\boldsymbol{F}_*'(\boldsymbol{v})$。比较常用的两种方法是有限差分法和 Broydon 法，其中，前者采用如下简单的有限差分公式：

$$F'_{*i_y}(v_{k_u}) \approx \frac{F_{*i_y}(v_{k_u}+\delta_{k_u}) - F_{*i_y}(v_{k_u})}{\delta_{k_u}} \tag{8.21}$$

式中，$k_u = 1,2,\cdots,m_u$；$i_y = 1,2,\cdots,n_y$；δ_{k_u} 是对 v_{k_u} 的一个小的扰动。而后者则应用如下 Broydon 迭代公式来近似求取 $\boldsymbol{F}_*'(\boldsymbol{v})$：

$$\boldsymbol{F}_*'(\boldsymbol{v}^{(r)}) = \boldsymbol{F}_*'(\boldsymbol{v}^{(r-1)}) + \frac{\left[\Delta \boldsymbol{y}_{c*}^{(r)} - \boldsymbol{F}_*'(\boldsymbol{v}^{(r-1)})\Delta\boldsymbol{v}^{(r)}\right]\left(\Delta\boldsymbol{v}^{(r)}\right)^{\mathrm{T}}}{\left(\Delta\boldsymbol{v}^{(r)}\right)^{\mathrm{T}}\Delta\boldsymbol{v}^{(r)}} \tag{8.22}$$

式中，$\Delta \boldsymbol{y}_{c*}^{(r)} = \boldsymbol{y}_{c*}^{(r)} - \boldsymbol{y}_{c*}^{(r-1)}$；$\Delta\boldsymbol{v}^{(r)} = \boldsymbol{v}^{(r)} - \boldsymbol{v}^{(r-1)}$。

8.2.3　仿真研究

为了说明本章算法 ISOPEN1 的可行性和有效性，我们应用 MATLAB 环境对甘油生物歧化为 1, 3-丙二醇过程(7.25)～(7.29)进行了仿真实验研究。本例中，过程控制设定点 u 和量测输出 y_c 分别由 $u = D$ 和 $y_c = C_S$ 给出，于是使发酵过程在稳态下进行，又使 1, 3-丙二醇体积产率 DC_{PD} 最大的稳态优化控制问题可表示为

$$\begin{aligned}
\max_{u}\quad & Q(u,y_c) = uC_{\mathrm{PD}} \\
& = uq_{\mathrm{PD}}(C_{SF} - y_c)/q_S \\
& = u(C_{SF} - y_c)\frac{m_{\mathrm{PD}} + uY_{\mathrm{PD}}^m + \Delta q_{\mathrm{PD}}^m\, y_c/(y_c + K_{\mathrm{PD}}^*)}{m_S + u/Y_S^m + \Delta q_S^m\, y_c/(y_c + K_S^*)} \\
\text{s.t.}\quad & y_c = F_*(u) \\
& 0.05 \leqslant u \leqslant 0.5
\end{aligned} \tag{8.23}$$

式中，实际过程 $y_c = F_*(u)$ 是系统(7.25)～(7.29)的稳态描述。

在仿真实验中，近似稳态模型 $y_c = F(u,\theta)$ 由式(8.15)给出，而过程输出导数 $F_*'(v)$ 由式(8.22)确定，其中，设定点 $v^{(0)} = 0.1\,\mathrm{h}^{-1}$, $v^{(-1)} = 0.07\,\mathrm{h}^{-1}$。此外，$C_{SF} = 730\,\mathrm{mmol/L}$, $\phi_c = 2$，$\varepsilon_1 = 0.001$。

表 8.1 所示为无噪声情况下优化算法 ISOPEN1 和 ISOPEB 的性能比较。从表中可以看出，ISOPEN1 和 ISOPEB 算法都达到了系统的实际最优值，但是新算法

的迭代次数却远少于原算法，这说明本章算法在收敛速度方面要优于传统的优化算法。从表 8.1 中还可以看出，在整个算法的运行时间上，ISOPEN1 算法也明显少于 ISOPEB 算法。

表 8.1　无噪声情况下算法 ISOPEN1 和 ISOPEB 的性能比较

算法	k_v	$\rho^{(0)}(\rho)$	迭代次数	CPU 时间/s	1, 3-PD 产率/[mmol/(L·h)]
ISOPEN1	0.2	50	5	114.528	114.3
ISOPEB	0.8	50	10	598.931	114.3

为了模拟真实的生化过程，我们将 ISOPEN1 算法应用于有量测噪声、可测扰动和不可测扰动影响的情况。首先来看系统有量测噪声(均值为零而标准差为 2%的高斯白噪声)的情形，图 8.2 所示为有噪声情况下 ISOPEN1 算法获得的 1, 3-丙二醇体积产率变化曲线。从图 8.2 中可以看出，噪声对 ISOPEN1 算法的性能影响很小。图 8.3 和图 8.4 给出了相应的稀释速率和反应器中甘油浓度的变化曲线。从图 8.3 和图 8.4 中可以看出，测量噪声在算法运行初期对稀释速率和甘油浓度的影响较为明显，但是在经过若干次迭代以后这种影响已经明显减弱。值得注意的是，这里给出的结果是在未采用任何滤波器的情况下得到的。可以预见，如果在采样过程输出时，加上滤波环节，那么可以大大改善 ISOPEN1 算法在有噪声情况下的性能。

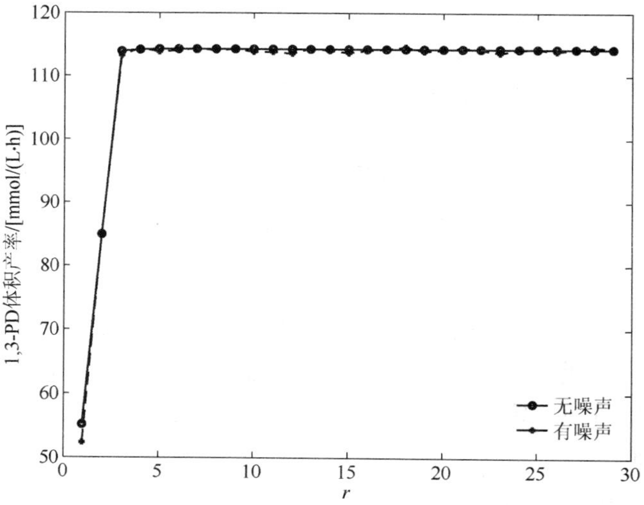

图 8.2　有噪声情况下体积产率的变化曲线

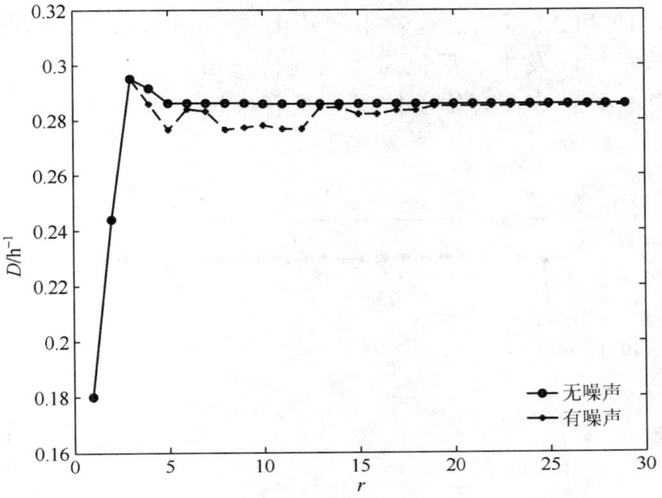

图 8.3　有噪声情况下稀释速率的变化曲线

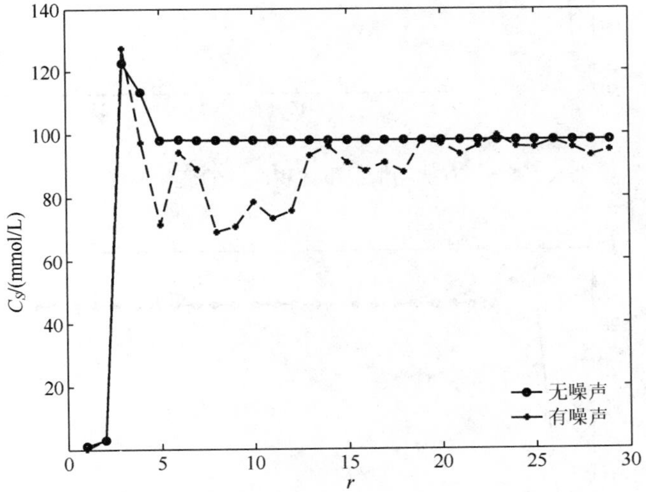

图 8.4　有噪声情况下甘油浓度的变化曲线

为了考察可测扰动和不可测扰动对 ISOPEN1 算法的影响情况，我们设计了如下仿真实验：ISOPEN1 算法迭代初期在无噪声情况下运行；迭代 11 次后将流加底物浓度降低 2.5%，即将 C_{SF} 值从 730mmol/L 降为 711.75mmol/L；再迭代 5 次使 C_{SF} 值从 711.75mmol/L 恢复到 730mmol/L；21 次迭代以后由于未知扰动作用而引起反应器中甘油浓度 C_S 增加 10%。

图 8.5～图 8.7 给出了上述扰动实验中扰动对 ISOPEN1 算法的影响情况。

式中，第 12、17 和 22 步的过程输出导数由式(8.21)确定。从图中可以看出，ISOPEN1 算法在扰动发生之后只需 1 次迭代就可以得到一个新的最优稳态操作点。这表明本章算法在有扰动情况下具有快速改善实时性能的在线自寻优能力。

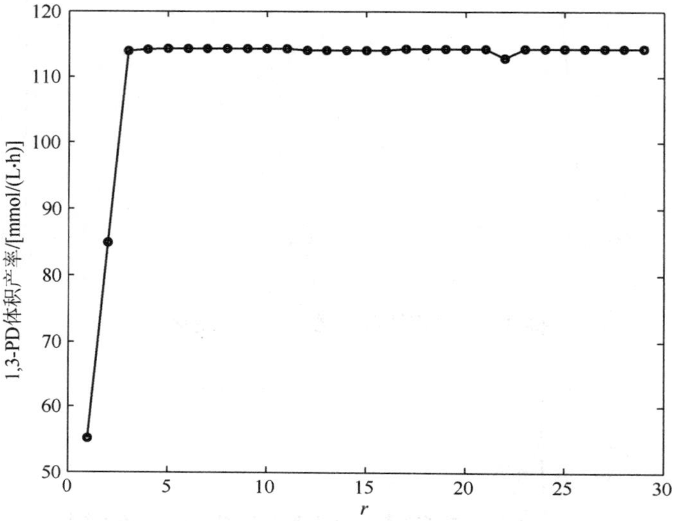

图 8.5　有扰动情况下体积产率的变化曲线

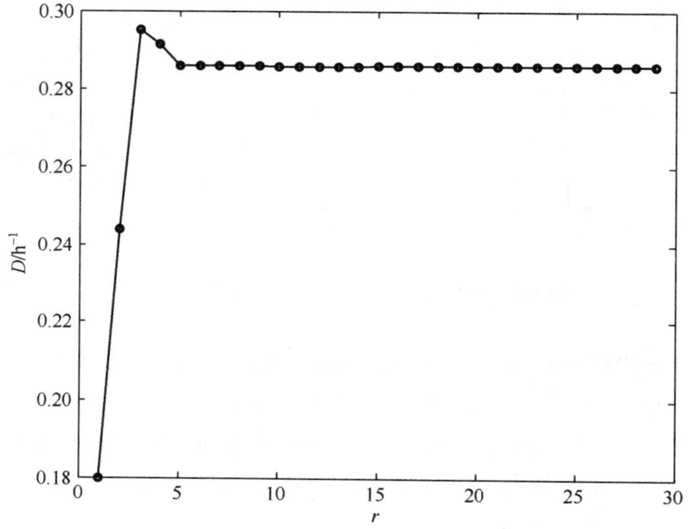

图 8.6　有扰动情况下稀释速率的变化曲线

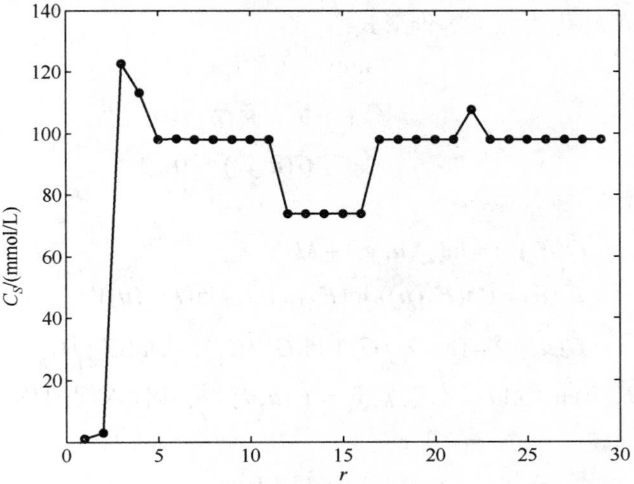

图 8.7　有扰动情况下甘油浓度的变化曲线

8.3　ISOPEN2 算法

8.3.1　算法描述

ISOPEN2 算法是一种可在对数空间求解生化过程稳态优化控制问题的新方法，其基本思想是对过程控制设定点 u_{k_u} $(k_u=1,2,\cdots,m_u)$、系统输出 y_{ci_y} $(i_y=1,2,\cdots,n_y)$、目标函数 $Q(\boldsymbol{u},\boldsymbol{y}_c)$ 和约束函数 $G_{l_G}(\boldsymbol{u},\boldsymbol{y}_c)(l_G=1,2,\cdots,p_G)$ 等分别作对数变换。由于作对数变换时要求原变量是正的，所以先对目标函数 $Q(\boldsymbol{u},\boldsymbol{y}_c)$ 和约束函数 $G_{l_G}(\boldsymbol{u},\boldsymbol{y}_c)$ 作如下说明和处理：由于稳态优化控制的目的是使生化过程保持在最优工况以增加产量、减少原材料和能源消耗、提高产品质量，所以它的性能指标可以是对利润、产量、能源使用效率等取极大值，或者是对能耗、原材料消耗等取极小值。对于前一种情况，可以将优化问题(8.1)改为使 Q 取最大，因此，不失一般性，我们以下仅考虑后一种情况。由于 $Q\geqslant 0$，为使优化问题(8.1)的目标函数为正，可考虑一个与其等价的且目标函数为 $Q(\boldsymbol{u},\boldsymbol{y}_c)+M_c$ 的新的优化问题，其中，常数 $M_c>0$。显然 $Q(\boldsymbol{u},\boldsymbol{y}_c)+M_c>0$。另外，对 $G_{l_G}(\boldsymbol{u},\boldsymbol{y}_c)$ 的处理方法是将其写成如下形式：

$$G_{l_G}(\boldsymbol{u},\boldsymbol{y}_c)=G_{l_G}^{+}(\boldsymbol{u},\boldsymbol{y}_c)-G_{l_G}^{-}(\boldsymbol{u},\boldsymbol{y}_c) \tag{8.24}$$

式中，$G_{l_G}^{+}(\boldsymbol{u},\boldsymbol{y}_c)>0$；$G_{l_G}^{-}(\boldsymbol{u},\boldsymbol{y}_c)>0$。

设 $\tilde{\boldsymbol{u}}=(\ln(u_1),\ln(u_2),\cdots,\ln(u_{m_u}))^{\mathrm{T}}$；$\tilde{\boldsymbol{y}}_c=(\ln(y_1),\ln(y_2),\cdots,\ln(y_{n_y}))^{\mathrm{T}}$。则稳态优化

控制问题(8.1)可转化为如下等价形式：

$$\begin{aligned} \min_{\tilde{\boldsymbol{u}}} \quad & \tilde{Q}(\tilde{\boldsymbol{u}}, \tilde{\boldsymbol{y}}_c) \\ \text{s.t.} \quad & \tilde{\boldsymbol{y}}_c = \tilde{\boldsymbol{F}}_*(\tilde{\boldsymbol{u}}) \\ & \tilde{\boldsymbol{G}}(\tilde{\boldsymbol{u}}, \tilde{\boldsymbol{y}}_c) \leqslant 0 \end{aligned} \tag{8.25}$$

式中

$$\begin{aligned} & \tilde{Q}(\tilde{\boldsymbol{u}}, \tilde{\boldsymbol{y}}_c) = \ln(Q(\boldsymbol{u}, \boldsymbol{y}_c) + M_c) \\ & \tilde{\boldsymbol{F}}_*(\tilde{\boldsymbol{u}}) = (\ln(F_{*1}(\boldsymbol{u})), \ln(F_{*2}(\boldsymbol{u})), \cdots, \ln(F_{*n_y}(\boldsymbol{u}))^{\mathrm{T}} \\ & \tilde{\boldsymbol{G}}(\tilde{\boldsymbol{u}}, \tilde{\boldsymbol{y}}_c) = (\ln(G_1^+ / G_1^-), \ln(G_2^+ / G_2^-), \cdots, \ln(G_{p_G}^+ / G_{p_G}^-))^{\mathrm{T}} \end{aligned}$$

建立 $\tilde{\boldsymbol{y}}_c = \tilde{\boldsymbol{F}}_*(\tilde{\boldsymbol{u}})$ 的近似稳态模型 $\tilde{\boldsymbol{y}}_c = \tilde{\boldsymbol{F}}(\tilde{\boldsymbol{u}}, \tilde{\boldsymbol{\theta}})$，将其代入问题(8.25)中可以得到一个新的优化问题：

$$\begin{aligned} \min_{\tilde{\boldsymbol{u}}, \tilde{\boldsymbol{\theta}}} \quad & \tilde{q}_1(\tilde{\boldsymbol{u}}, \tilde{\boldsymbol{\theta}}) \\ \text{s.t.} \quad & \tilde{\boldsymbol{F}}(\tilde{\boldsymbol{u}}, \tilde{\boldsymbol{\theta}}) = \tilde{\boldsymbol{F}}_*(\tilde{\boldsymbol{u}}) \\ & \tilde{\boldsymbol{g}}(\tilde{\boldsymbol{u}}, \tilde{\boldsymbol{\theta}}) \leqslant 0 \end{aligned} \tag{8.26}$$

式中，$\tilde{q}_1(\tilde{\boldsymbol{u}}, \tilde{\boldsymbol{\theta}}) = \tilde{Q}(\tilde{\boldsymbol{u}}, \tilde{\boldsymbol{F}}(\tilde{\boldsymbol{u}}, \tilde{\boldsymbol{\theta}}))$；$\tilde{\boldsymbol{g}}(\tilde{\boldsymbol{u}}, \tilde{\boldsymbol{\theta}}) = \tilde{\boldsymbol{G}}(\tilde{\boldsymbol{u}}, \tilde{\boldsymbol{F}}(\tilde{\boldsymbol{u}}, \tilde{\boldsymbol{\theta}}))$。

引入变量 $\tilde{\boldsymbol{v}} \in \mathbf{R}^{m_u}$，则问题(8.26)的 Moreau-Yosida 正则化为

$$\begin{aligned} \min_{\tilde{\boldsymbol{u}}, \tilde{\boldsymbol{v}}, \tilde{\boldsymbol{\theta}}} \quad & \left\{ \tilde{q}_1(\tilde{\boldsymbol{u}}, \tilde{\boldsymbol{\theta}}) + \rho \|\tilde{\boldsymbol{v}} - \tilde{\boldsymbol{u}}\|^2 \right\} \\ \text{s.t.} \quad & \tilde{\boldsymbol{F}}(\tilde{\boldsymbol{v}}, \tilde{\boldsymbol{\theta}}) = \tilde{\boldsymbol{F}}_*(\tilde{\boldsymbol{v}}) \\ & \tilde{\boldsymbol{g}}(\tilde{\boldsymbol{u}}, \tilde{\boldsymbol{\theta}}) \leqslant 0 \\ & \tilde{\boldsymbol{v}} = \tilde{\boldsymbol{u}} \end{aligned} \tag{8.27}$$

对优化问题(8.27)建立如下 Lagrangian 函数：

$$\begin{aligned} L_b(\tilde{\boldsymbol{u}}, \tilde{\boldsymbol{v}}, \tilde{\boldsymbol{\theta}}, \tilde{\boldsymbol{\lambda}}, \tilde{\boldsymbol{\sigma}}, \tilde{\boldsymbol{\eta}}) = & \tilde{q}_1(\tilde{\boldsymbol{u}}, \tilde{\boldsymbol{\theta}}) + \rho \|\tilde{\boldsymbol{v}} - \tilde{\boldsymbol{u}}\|^2 + \tilde{\boldsymbol{\lambda}}^{\mathrm{T}}(\tilde{\boldsymbol{v}} - \tilde{\boldsymbol{u}}) \\ & + \tilde{\boldsymbol{\sigma}}^{\mathrm{T}}[\tilde{\boldsymbol{F}}(\tilde{\boldsymbol{v}}, \tilde{\boldsymbol{\theta}}) - \tilde{\boldsymbol{F}}_*(\tilde{\boldsymbol{v}})] + \tilde{\boldsymbol{\eta}}^{\mathrm{T}} \tilde{\boldsymbol{g}}(\tilde{\boldsymbol{u}}, \tilde{\boldsymbol{\theta}}) \end{aligned} \tag{8.28}$$

式中，$\tilde{\boldsymbol{\lambda}}$ 和 $\tilde{\boldsymbol{\sigma}}$ 是 Lagrangian 乘子；$\tilde{\boldsymbol{\eta}}$ 是 Kuhn-Tucker 乘子，则优化问题(8.27)的一阶必要最优性条件为

$$\frac{\partial^{\mathrm{T}} L_b}{\partial \tilde{\boldsymbol{u}}} = \frac{\partial^{\mathrm{T}} \tilde{q}_1(\tilde{\boldsymbol{u}}, \tilde{\boldsymbol{\theta}})}{\partial \tilde{\boldsymbol{u}}} - 2\rho(\tilde{\boldsymbol{v}} - \tilde{\boldsymbol{u}}) - \tilde{\boldsymbol{\lambda}} + \frac{\partial^{\mathrm{T}} \tilde{\boldsymbol{g}}(\tilde{\boldsymbol{u}}, \tilde{\boldsymbol{\theta}})}{\partial \tilde{\boldsymbol{u}}} \tilde{\boldsymbol{\eta}} = 0 \tag{8.29}$$

$$\frac{\partial^{\mathrm{T}} L_b}{\partial \tilde{\boldsymbol{v}}} = 2\rho(\tilde{\boldsymbol{v}} - \tilde{\boldsymbol{u}}) + \tilde{\boldsymbol{\lambda}} + \left[\frac{\partial \tilde{\boldsymbol{F}}(\tilde{\boldsymbol{v}}, \tilde{\boldsymbol{\theta}})}{\partial \tilde{\boldsymbol{v}}} - \frac{\partial \tilde{\boldsymbol{F}}_*(\tilde{\boldsymbol{v}})}{\partial \tilde{\boldsymbol{v}}} \right]^{\mathrm{T}} \tilde{\boldsymbol{\sigma}} = 0 \tag{8.30}$$

$$\frac{\partial^{\mathrm{T}} L_b}{\partial \tilde{\boldsymbol{\theta}}} = \frac{\partial^{\mathrm{T}} \tilde{q}_1(\tilde{\boldsymbol{u}}, \tilde{\boldsymbol{\theta}})}{\partial \tilde{\boldsymbol{\theta}}} + \frac{\partial^{\mathrm{T}} \tilde{\boldsymbol{F}}(\tilde{\boldsymbol{v}}, \tilde{\boldsymbol{\theta}})}{\partial \tilde{\boldsymbol{\theta}}} + \frac{\partial^{\mathrm{T}} \tilde{\boldsymbol{g}}(\tilde{\boldsymbol{u}}, \tilde{\boldsymbol{\theta}})}{\partial \tilde{\boldsymbol{\theta}}} \tilde{\boldsymbol{\eta}} = 0 \tag{8.31}$$

$$\frac{\partial^{\mathrm{T}} L_b}{\partial \tilde{\boldsymbol{\sigma}}} = \tilde{\boldsymbol{F}}(\tilde{\boldsymbol{v}}, \tilde{\boldsymbol{\theta}}) - \tilde{\boldsymbol{F}}_*(\tilde{\boldsymbol{v}}) = 0 \tag{8.32}$$

$$\frac{\partial^{\mathrm{T}} L_b}{\partial \tilde{\boldsymbol{\lambda}}} = \tilde{\boldsymbol{v}} - \tilde{\boldsymbol{u}} = 0 \tag{8.33}$$

$$\tilde{\boldsymbol{g}}(\tilde{\boldsymbol{u}},\tilde{\boldsymbol{\theta}}) \leqslant 0, \quad \tilde{\boldsymbol{\eta}} \geqslant 0, \quad \tilde{\boldsymbol{\eta}}^{\mathrm{T}} \tilde{\boldsymbol{g}}(\tilde{\boldsymbol{u}},\tilde{\boldsymbol{\theta}}) = 0 \tag{8.34}$$

由式(8.30)、式(8.31)和式(8.33)可以求得 Lagrangian 乘子 $\tilde{\boldsymbol{\lambda}}$ 为

$$\begin{aligned}\tilde{\boldsymbol{\lambda}}(\tilde{\boldsymbol{v}},\tilde{\boldsymbol{\theta}},\tilde{\boldsymbol{\eta}}) = &\left[\frac{\partial \tilde{\boldsymbol{F}}(\tilde{\boldsymbol{v}},\tilde{\boldsymbol{\theta}})}{\partial \tilde{\boldsymbol{v}}} - \frac{\partial \tilde{\boldsymbol{F}}_*(\tilde{\boldsymbol{v}})}{\partial \tilde{\boldsymbol{v}}}\right]^{\mathrm{T}} \\ &\left[\frac{\partial^{\mathrm{T}} \tilde{Q}(\tilde{\boldsymbol{v}},\tilde{\boldsymbol{F}}(\tilde{\boldsymbol{v}},\tilde{\boldsymbol{\theta}}))}{\partial \tilde{\boldsymbol{y}}_c} + \frac{\partial^{\mathrm{T}} \tilde{\boldsymbol{G}}(\tilde{\boldsymbol{v}},\tilde{\boldsymbol{F}}(\tilde{\boldsymbol{v}},\tilde{\boldsymbol{\theta}}))}{\partial \tilde{\boldsymbol{y}}_c}\tilde{\boldsymbol{\eta}}\right]\end{aligned} \tag{8.35}$$

式中，$\partial \tilde{\boldsymbol{F}}_*(\tilde{\boldsymbol{v}})/\partial \tilde{\boldsymbol{v}}$ 由式(8.33)和下列关系求得

$$\frac{\partial \tilde{F}_{*i_y}(\tilde{v}_{k_u})}{\partial \tilde{v}_{k_u}} = \frac{\partial F_{*i_y}(v_{k_u})}{\partial v_{k_u}} \frac{v_{k_u}}{F_{*i_y}} \tag{8.36}$$

式中，$k_u = 1,2,\cdots,m_u$；$i_y = 1,2,\cdots,n_y$。

求解式(8.29)和式(8.34)等价于求解如下修正模型优化问题：

$$\begin{aligned}&\min_{\tilde{\boldsymbol{u}}} \quad \left\{\tilde{q}_1(\tilde{\boldsymbol{u}},\tilde{\boldsymbol{\theta}}) - \tilde{\boldsymbol{\lambda}}^{\mathrm{T}}\tilde{\boldsymbol{u}} + \rho\|\tilde{\boldsymbol{v}} - \tilde{\boldsymbol{u}}\|^2\right\} \\ &\text{s.t.} \quad \tilde{\boldsymbol{g}}(\tilde{\boldsymbol{u}},\tilde{\boldsymbol{\theta}}) \leqslant 0\end{aligned} \tag{8.37}$$

通常情况下，优化问题(8.37)是一个非线性规划问题。为了降低算法的计算成本，我们考虑如下简化的修正模型优化问题：

$$\begin{aligned}&\min_{\tilde{\boldsymbol{u}}} \quad \left\{\overline{q}_1(\tilde{\boldsymbol{u}},\tilde{\boldsymbol{\theta}}) - \tilde{\boldsymbol{\lambda}}^{\mathrm{T}}\tilde{\boldsymbol{u}} + \rho\|\tilde{\boldsymbol{v}} - \tilde{\boldsymbol{u}}\|^2\right\} \\ &\text{s.t.} \quad \overline{\boldsymbol{g}}(\tilde{\boldsymbol{u}},\tilde{\boldsymbol{\theta}}) \leqslant 0\end{aligned} \tag{8.38}$$

式中，$\overline{q}_1(\tilde{\boldsymbol{u}},\tilde{\boldsymbol{\theta}})$ 和 $\overline{\boldsymbol{g}}(\tilde{\boldsymbol{u}},\tilde{\boldsymbol{\theta}})$ 分别是 $\tilde{Q}(\tilde{\boldsymbol{u}},\tilde{\boldsymbol{F}}(\tilde{\boldsymbol{u}},\tilde{\boldsymbol{\theta}}))$ 和 $\tilde{\boldsymbol{G}}(\tilde{\boldsymbol{u}},\tilde{\boldsymbol{F}}(\tilde{\boldsymbol{u}},\tilde{\boldsymbol{\theta}}))$ 在点 $\tilde{\boldsymbol{u}} = \tilde{\boldsymbol{v}}$ 处的线性化形式。显然，简化后的优化问题(8.38)是一个二次凸规划问题，而且它不要求罚系数 ρ 满足凸化条件(8.6)，只需 $\rho > 0$ 即可。容易验证修正的约束函数 $\overline{\boldsymbol{g}}(\tilde{\boldsymbol{u}},\tilde{\boldsymbol{\theta}})$ 在点 $\tilde{\boldsymbol{u}} = \tilde{\boldsymbol{v}}$ 处具有如下性质。

性质 8.1　$\overline{\boldsymbol{g}}(\tilde{\boldsymbol{v}},\tilde{\boldsymbol{\theta}}) = \tilde{\boldsymbol{G}}(\tilde{\boldsymbol{v}},\tilde{\boldsymbol{y}}_c)$。

性质 8.2　$\dfrac{\partial \overline{\boldsymbol{g}}(\tilde{\boldsymbol{v}},\tilde{\boldsymbol{\theta}})}{\partial \tilde{\boldsymbol{u}}} = \dfrac{\partial \tilde{\boldsymbol{G}}(\tilde{\boldsymbol{v}},\tilde{\boldsymbol{y}}_c)}{\partial \tilde{\boldsymbol{u}}} + \dfrac{\partial \tilde{\boldsymbol{G}}(\tilde{\boldsymbol{v}},\tilde{\boldsymbol{y}}_c)}{\partial \tilde{\boldsymbol{y}}_c}\dfrac{\partial \tilde{\boldsymbol{F}}(\tilde{\boldsymbol{v}},\tilde{\boldsymbol{\theta}})}{\tilde{\boldsymbol{u}}}$。

式中，$\tilde{\boldsymbol{y}}_c = \tilde{\boldsymbol{F}}(\tilde{\boldsymbol{v}},\tilde{\boldsymbol{\theta}}) = \tilde{\boldsymbol{F}}_*(\tilde{\boldsymbol{v}})$。

综合前面所述，本章提出的 ISOPEN2 算法可描述如下。

(1) 选择初始设定点 $\boldsymbol{v}^{(0)} \in U$，乘子 $\tilde{\boldsymbol{\eta}}^{(0)}$，$\tilde{\boldsymbol{\eta}}^{(0)} \geqslant 0$，增益系数 k_v 和 $k_{\tilde{\eta}}$，$0 < k_v \leqslant 1$，$0 < k_{\tilde{\eta}}$，罚系数 $\rho > 0$ 以及解精度 $\varepsilon_1,\varepsilon_2 > 0$。令 $r = 0$。

(2) 将 $\boldsymbol{v}^{(r)}$ 加到实际系统，量测系统的稳态输出 $\boldsymbol{y}_c^{(r)} = \boldsymbol{F}_*(\boldsymbol{v}^{(r)})$，估计过程输出导数 $\boldsymbol{F}_*'(\boldsymbol{v}^{(r)})$。

(3) 由 $\tilde{\boldsymbol{F}}(\tilde{\boldsymbol{v}}^{(r)},\tilde{\boldsymbol{\theta}}^{(r)})=\tilde{\boldsymbol{F}}_*(\tilde{\boldsymbol{v}}^{(r)})$ 确定参数 $\tilde{\boldsymbol{\theta}}^{(r)}$ 。

(4) 对 $\tilde{\boldsymbol{v}}=\tilde{\boldsymbol{v}}^{(r)}$ ， $\tilde{\boldsymbol{\theta}}=\tilde{\boldsymbol{\theta}}^{(r)}$ 和 $\tilde{\boldsymbol{\lambda}}(\tilde{\boldsymbol{v}},\tilde{\boldsymbol{\theta}})=\tilde{\boldsymbol{\lambda}}(\tilde{\boldsymbol{v}}^{(r)},\tilde{\boldsymbol{\theta}}^{(r)})$ ，求解简化的修正模型优化问题(8.38)，设 $\widehat{\boldsymbol{u}}^{(r)}=\widehat{\boldsymbol{u}}(\tilde{\boldsymbol{v}}^{(r)},\tilde{\boldsymbol{\theta}}^{(r)},\tilde{\boldsymbol{\eta}}^{(r)})$ 是优化问题的解，相应的 Kuhn-Tucker 乘子为 $\widehat{\boldsymbol{\eta}}^{(r)}=\widehat{\boldsymbol{\eta}}(\tilde{\boldsymbol{v}}^{(r)},\tilde{\boldsymbol{\theta}}^{(r)},\tilde{\boldsymbol{\eta}}^{(r)})$ 。记 $\hat{\boldsymbol{u}}^{(r)}=(\exp(\widehat{u}_1^{(r)}),\exp(\widehat{u}_2^{(r)}),\cdots,\exp(\widehat{u}_{m_u}^{(r)}))^{\mathrm{T}}$ 。

(5) 如果 $\left\|\hat{\boldsymbol{u}}^{(r)}-\boldsymbol{v}^{(r)}\right\|\leqslant\varepsilon_1$ 和 $\left\|\widehat{\boldsymbol{\eta}}^{(r)}-\tilde{\boldsymbol{\eta}}^{(r)}\right\|\leqslant\varepsilon_2$ 同时成立，则停止迭代；否则调节设定点 $\boldsymbol{v}$ 和 Kuhn-Tucker 乘子 $\tilde{\boldsymbol{\eta}}$ ，其更新迭代公式为

$$\boldsymbol{v}^{(r+1)}=\boldsymbol{v}^{(r)}+k_v(\hat{\boldsymbol{u}}^{(r)}-\boldsymbol{v}^{(r)})$$

$$\tilde{\eta}_{l_G}^{(r+1)}=\max\{0,\tilde{\eta}_{l_G}^{(r)}+k_{\tilde{\eta}}(\widehat{\eta}_{l_G}^{(r)}-\tilde{\eta}_{l_G}^{(r)})\},\quad l_G=1,2,\cdots,p_G$$

令 $r=r+1$ ，返回步骤(2)继续计算。

假定 ISOPEN2 算法生成的序列 $\{\tilde{\boldsymbol{v}}^{(r)}\}$ 收敛到一点 $\tilde{\boldsymbol{v}}^*$ ，则该点满足

$$\tilde{\boldsymbol{v}}^*=\widehat{\boldsymbol{u}}(\tilde{\boldsymbol{v}}^*,\tilde{\boldsymbol{\theta}}^*,\tilde{\boldsymbol{\eta}}^*)=\widehat{\boldsymbol{u}}^*$$

注意到

$$\begin{aligned}\tilde{\boldsymbol{\lambda}}(\tilde{\boldsymbol{v}}^*,\tilde{\boldsymbol{\theta}}^*,\tilde{\boldsymbol{\eta}}^*)=&\left[\frac{\partial\tilde{Q}(\tilde{\boldsymbol{v}}^*,\tilde{\boldsymbol{F}}(\tilde{\boldsymbol{v}}^*,\tilde{\boldsymbol{\theta}}^*))}{\partial\tilde{\boldsymbol{y}}_c}\frac{\partial\tilde{\boldsymbol{F}}(\tilde{\boldsymbol{v}}^*,\tilde{\boldsymbol{\theta}}^*)}{\partial\tilde{\boldsymbol{u}}}\right]^{\mathrm{T}}\\&-\left[\frac{\partial\tilde{Q}(\tilde{\boldsymbol{v}}^*,\tilde{\boldsymbol{F}}(\tilde{\boldsymbol{v}}^*,\tilde{\boldsymbol{\theta}}^*))}{\partial\tilde{\boldsymbol{y}}_c}\frac{\partial\tilde{\boldsymbol{F}}_*(\tilde{\boldsymbol{v}}^*)}{\partial\tilde{\boldsymbol{u}}}\right]^{\mathrm{T}}\\&+\left[\frac{\partial\tilde{\boldsymbol{G}}(\tilde{\boldsymbol{v}}^*,\tilde{\boldsymbol{F}}(\tilde{\boldsymbol{v}}^*,\tilde{\boldsymbol{\theta}}^*))}{\partial\tilde{\boldsymbol{y}}_c}\frac{\partial\tilde{\boldsymbol{F}}(\tilde{\boldsymbol{v}}^*,\tilde{\boldsymbol{\theta}}^*)}{\partial\tilde{\boldsymbol{u}}}\right]^{\mathrm{T}}\tilde{\boldsymbol{\eta}}^*\\&-\left[\frac{\partial\tilde{\boldsymbol{G}}(\tilde{\boldsymbol{v}}^*,\tilde{\boldsymbol{F}}(\tilde{\boldsymbol{v}}^*,\tilde{\boldsymbol{\theta}}^*))}{\partial\tilde{\boldsymbol{y}}_c}\frac{\partial\tilde{\boldsymbol{F}}_*(\tilde{\boldsymbol{v}}^*)}{\partial\tilde{\boldsymbol{u}}}\right]^{\mathrm{T}}\tilde{\boldsymbol{\eta}}^*\end{aligned}$$

而且 $\tilde{\boldsymbol{F}}(\tilde{\boldsymbol{v}}^*,\tilde{\boldsymbol{\theta}}^*)=\tilde{\boldsymbol{F}}_*(\tilde{\boldsymbol{v}}^*)$ ， $\tilde{\boldsymbol{v}}^*=\widehat{\boldsymbol{u}}^*$ ，则最优性条件(8.29)可化为

$$\frac{\partial^{\mathrm{T}}L_b}{\partial\tilde{\boldsymbol{u}}}=\frac{\partial^{\mathrm{T}}\tilde{Q}(\tilde{\boldsymbol{v}}^*,\tilde{\boldsymbol{F}}_*(\tilde{\boldsymbol{v}}^*))}{\partial\tilde{\boldsymbol{u}}}+\frac{\partial^{\mathrm{T}}\tilde{\boldsymbol{G}}(\tilde{\boldsymbol{v}}^*,\tilde{\boldsymbol{F}}_*(\tilde{\boldsymbol{v}}^*))}{\partial\tilde{\boldsymbol{u}}}\tilde{\boldsymbol{\eta}}^*=0 \tag{8.39}$$

式(8.39)说明简化的修正模型优化问题(8.38)的解也是问题(8.25)的解，因此它也是优化问题(8.1)的解。

ISOPEN2 算法中，近似稳态模型选为线性函数 $\tilde{\boldsymbol{y}}_c=\tilde{\boldsymbol{A}}\tilde{\boldsymbol{u}}+\tilde{\boldsymbol{\theta}}$ ，其对应的过程模型 $\boldsymbol{F}(\boldsymbol{u},\boldsymbol{\theta})$ 可写为

$$F_{i_y}(\boldsymbol{u},\boldsymbol{\theta})=\theta_{i_y}\prod_{k_u=1}^{m_u}u_{k_u}^{\tilde{a}_{i_yk_u}} \tag{8.40}$$

式中， $\tilde{a}_{i_yk_u}$ 是矩阵 $\tilde{\boldsymbol{A}}$ 的元素； $k_u=1,2,\cdots,m_u$ ； $i_y=1,2,\cdots,n_y$ 。显然，式(8.40)的右端是一个具有幂函数结构形式的非线性函数，它体现了各过程控制变量 u_{k_u} 之间相互作用的一种非线性关系。由此可见，与传统的 ISOPE 算法对过程常用线性模型

描述相比，这种建模方法的好处是，它不仅在一定程度上刻画了真实生化过程的非线性本质特性，而且由于其在对数域的模型 $\tilde{\boldsymbol{y}}_c$ 是线性的，所以也使数学计算得到简化。

实际生化过程一般都是在有噪声的环境下工作的，因此其输出信号不可避免地会包含噪声。为了求得比较准确的过程导数，可在采样实际过程输出时，加上简单的滤波环节，这样可以大大降低噪声对过程导数的敏感影响，从而保证 ISOPEN2 算法在有噪声的情况下能够达到最优解(Brdyś et al.，1986；万百五，2003)。一个简单的低通滤波器可表示为

$$\bar{\lambda}_{k_u}^{(r)}=\psi_{k_u}\bar{\lambda}_{k_u}^{(r-1)}+(1-\psi_{k_u})\tilde{\lambda}_{k_u}^{(r)},\quad k_u=1,2,\cdots,m_u \tag{8.41}$$

式中，$\bar{\lambda}_{k_u}^{(r)}$ 和 $\tilde{\lambda}_{k_u}^{(r)}$ 分别是修正子 $\tilde{\boldsymbol{\lambda}}^{(r)}$ 的第 k_u 个分量在滤波后和滤波前的值；ψ_{k_u} 是常数，满足 $0\leqslant\psi_{k_u}<1$，通常取值范围为 0.9～0.95。为了尽可能地消除测量噪声的影响，在估计过程输出导数时，除了应用上述滤波技术以外，同时还采用了多次测量输出信号，然后取其平均值的方法，即

$$\bar{y}_{ci_y}=\frac{1}{N}\sum_{j_y=1}^{N}y_{ci_y}(j_y) \tag{8.42}$$

式中，N 为测量次数；$y_{ci_y}(j_y)$ 为第 j_y 次的量测输出信号；$i_y=1,2,\cdots,n_y$。

8.3.2　仿真研究

1. 仿真实验设计

为了说明本章算法 ISOPEN2 的可行性和有效性，我们应用 MATLAB 环境对三个生化过程进行了仿真实验研究。例 8.1 是甘油生物歧化为 1, 3-丙二醇过程的稳态优化控制，主要考察当目标函数具有很强非线性时 ISOPEB 和 ISOPEN2 两种算法的性能比较。例 8.2 是一个乙烯精馏过程的稳态优化控制，主要考察当传统 ISOPEB 算法的近似稳态模型 $\boldsymbol{y}_c=\boldsymbol{F}(\boldsymbol{u},\boldsymbol{\theta})$ 取为非线性函数(为 $\tilde{\boldsymbol{y}}_c=\tilde{\boldsymbol{F}}(\tilde{\boldsymbol{u}},\tilde{\boldsymbol{\theta}})$ 对应的过程模型(8.40))时，ISOPEB 和 ISOPEN2 两种算法的性能比较。例 8.3 描述的系统虽然不是一个真实的生化过程，但可以作为验证 ISOPEN2 算法在具有非线性约束的大规模生化过程稳态优化控制中应用效果的例子。

例 8.1　甘油生物歧化为 1, 3-丙二醇过程的稳态优化控制。

该算例在 8.2.3 节的仿真研究中有详细的描述，这里不再赘述。本例中，近似稳态模型 $\tilde{y}_c=\tilde{F}(\tilde{u},\tilde{\theta})$ 取为

$$\tilde{y}_c=\tilde{F}(\tilde{u},\tilde{\theta})=\frac{\partial F_*(v)}{\partial v}\frac{v}{F_*(v)}\tilde{u}+\tilde{\theta} \tag{8.43}$$

ISOPEB 算法中的所有参数可参见 8.2.3 节。

例 8.2 真实过程的稳态优化控制问题(Brdyś and Tatjewski，2005)为

$$\begin{aligned}
\min_{u}\quad & Q(\boldsymbol{u},\boldsymbol{y}_c)=2\times10^{-5}(y_{c1}-500)^2+10^6(y_{c2}-0.005)^2\\
\text{s.t.}\quad & y_{c1}=F_{*1}(u_1,u_2)=\exp(-12.7049(u_1-4.6816))\\
& \qquad\cdot\exp(-0.2536(u_2-0.3252))\\
& y_{c2}=F_{*2}(u_1,u_2)=\exp(-0.3340(u_1-2.5544))\\
& \qquad\cdot\exp(5.3719(u_2-1.1838))\\
& 4.1\leqslant u_1\leqslant4.6\\
& 0.2\leqslant u_2\leqslant0.4
\end{aligned}\tag{8.44}$$

式中，u_1 为塔顶回流量与塔顶馏出产物的流量比；u_2 为控制塔板上的乙烯浓度，molar fraction；y_{c1} 为塔顶馏出产物中的乙烷浓度，ppm；y_{c2} 为塔底馏出产物中的乙烯浓度，molar fraction。

仿真实验中，近似稳态模型 $\boldsymbol{y}_c=\boldsymbol{F}(u_1,u_2,\boldsymbol{\theta})$ 和 $\tilde{\boldsymbol{y}}_c=\tilde{\boldsymbol{F}}(\tilde{u}_1,\tilde{u}_2,\tilde{\boldsymbol{\theta}})$ 分别取为

$$\begin{aligned}
y_{c1}&=F_1(u_1,u_2,\boldsymbol{\theta})=\theta_1u_1^{60}u_2^1\\
y_{c2}&=F_2(u_1,u_2,\boldsymbol{\theta})=\theta_2u_1^2u_2^2\\
\tilde{y}_{c1}&=\tilde{F}_1(\tilde{u}_1,\tilde{u}_2,\tilde{\boldsymbol{\theta}})=60\tilde{u}_1+\tilde{u}_2+\tilde{\theta}_1\\
\tilde{y}_{c2}&=\tilde{F}_2(\tilde{u}_1,\tilde{u}_2,\tilde{\boldsymbol{\theta}})=2\tilde{u}_1+2\tilde{u}_2+\tilde{\theta}_2
\end{aligned}$$

初始设定点 $\boldsymbol{v}^{(0)}=(4.2685,0.2964)^{\mathrm{T}}$，常数 $M_c=25$，过程输出导数 $\boldsymbol{F}_*'(\boldsymbol{v})$ 由式(8.21)确定，扰动 $\boldsymbol{\delta}=(\delta_1,\delta_2)^{\mathrm{T}}=(0.02,0.02)^{\mathrm{T}}$。

例 8.3 真实过程的稳态优化控制问题为

$$\begin{aligned}
\min_{u}\quad & Q(\boldsymbol{u},\boldsymbol{y}_c)=u_1^2+u_2^2+u_3^2+u_4^2+u_5^2+(y_{c1}-1)^2+2(y_{c2}-2)^2+(y_{c3}-3)^2\\
\text{s.t.}\quad & y_{c1}=F_{*1}(u_1,u_2,u_3,u_4,u_5)=y_{c2}-1.3u_3-1.1u_4\\
& y_{c2}=F_{*2}(u_1,u_2,u_3,u_4,u_5)=\frac{1.4u_1+0.6u_2+1.3u_3+1.1u_4}{0.8}\\
& y_{c3}=F_{*3}(u_1,u_2,u_3,u_4,u_5)=1.1y_{c1}+2.3u_4+0.7u_5\\
& 1.24-u_2-0.6y_{c2}\geqslant0\\
& -0.34+1.05y_{c1}-u_3^2-u_4^2-u_5^2\geqslant0\\
& 0\leqslant u_1\leqslant1\\
& 0\leqslant u_2\leqslant1\\
& 0\leqslant u_3\leqslant1\\
& 0\leqslant u_4\leqslant1\\
& 0\leqslant u_5\leqslant1
\end{aligned}\tag{8.45}$$

仿真实验中，近似稳态模型 $\boldsymbol{y}_c=\boldsymbol{F}(u_1,u_2,u_3,u_4,u_5,\boldsymbol{\theta})$ 和 $\tilde{\boldsymbol{y}}_c=\tilde{\boldsymbol{F}}(\tilde{u}_1,\tilde{u}_2,\tilde{u}_3,\tilde{u}_4,\tilde{u}_5,\tilde{\boldsymbol{\theta}})$

分别取为

$$y_{c1} = F_1(u_1,u_2,u_3,u_4,u_5,\boldsymbol{\theta}) = -u_1 + u_2 - 2u_3 + 2u_4 + \theta_1$$
$$y_{c2} = F_2(u_1,u_2,u_3,u_4,u_5,\boldsymbol{\theta}) = -u_1 + u_2 - u_3 + u_4 + \theta_2$$
$$y_{c3} = F_3(u_1,u_2,u_3,u_4,u_5,\boldsymbol{\theta}) = u_1 - u_2 + 2u_3 - u_5 + \theta_3$$
$$\tilde{y}_{c1} = \tilde{F}_1(\tilde{u}_1,\tilde{u}_2,\tilde{u}_3,\tilde{u}_4,\tilde{u}_5,\tilde{\boldsymbol{\theta}}) = 0.75\tilde{u}_1 + 0.05\tilde{u}_2 + 0.04\tilde{u}_3 + 0.18\tilde{u}_4 + \tilde{\theta}_1$$
$$\tilde{y}_{c2} = \tilde{F}_2(\tilde{u}_1,\tilde{u}_2,\tilde{u}_3,\tilde{u}_4,\tilde{u}_5,\tilde{\boldsymbol{\theta}}) = 0.40\tilde{u}_1 + 0.03\tilde{u}_2 + 0.12\tilde{u}_3 + 0.50\tilde{u}_4 + \tilde{\theta}_2$$
$$\tilde{y}_{c3} = \tilde{F}_3(\tilde{u}_1,\tilde{u}_2,\tilde{u}_3,\tilde{u}_4,\tilde{u}_5,\tilde{\boldsymbol{\theta}}) = 0.31\tilde{u}_1 + 0.02\tilde{u}_2 + 0.02\tilde{u}_3 + 0.61\tilde{u}_4 + 0.04\tilde{u}_5 + \tilde{\theta}_3$$

初始设定点 $\boldsymbol{v}^{(0)} = (0.25, 0.25, 0.3, 0.4, 0.5)^{\mathrm{T}}$，常数 $M_c = 0.01$，初始乘子 $\boldsymbol{\eta}^{(0)} = \tilde{\boldsymbol{\eta}}^{(0)} = (0.1, 0.1)^{\mathrm{T}}$，过程输出导数 $\boldsymbol{F}_*'(\boldsymbol{v})$ 由式(8.21)确定，扰动 $\boldsymbol{\delta} = (\delta_1,\delta_2,\delta_3,\delta_4,\delta_5)^{\mathrm{T}} = (0.01, 0.01, 0.01, 0.01, 0.01)^{\mathrm{T}}$。

2. 仿真结果分析

表 8.2 所示为无噪声情况下优化算法 ISOPEN2 和 ISOPEB 的性能比较。从表中可以看出，对每一个算例，ISOPEN2 和 ISOPEB 算法都达到了系统的实际最优值，但是新算法的迭代次数却远少于原算法，这说明本章算法在收敛速度方面要优于传统的优化算法。从表 8.2 中还可以看出，在整个算法的运行时间上，ISOPEN2 算法也明显要少于 ISOPEB 算法，这主要是因为在算法的每次迭代优化中，ISOPEB 算法要求解一个非线性规划问题，而新算法 ISOPEN2 只需求解一个简单的二次凸规划问题。因此，从降低优化算法的计算成本来考虑，特别是对目标函数和约束函数难以计算的情形，ISOPEN2 算法应用起来会更方便。此外，对于例 8.1 而言，为了保证优化问题的目标函数是一致凸的，ISOPEB 算法要求罚系数 ρ 满足凸化条件(8.6)，但由于式(8.6)的右端是一个非凸的优化问题，所以很难据此确定一个合适的 ρ。而 ISOPEN2 算法中的 ρ 则不受条件(8.6)的限制，只需 $\rho > 0$ 即可，这省去了当目标函数具有很强非线性时要考虑凸化条件(8.6)的麻烦，使传统的 ISOPE 算法得以简化。

表 8.2　无噪声情况下算法 ISOPEN2 和 ISOPEB 的性能比较

算例	算法	k_v	$k_{\tilde{\eta}}$	ρ	迭代次数	CPU 时间/s	实际性能	实际最优
例 8.1	ISOPEB	0.8	—	50	10	598.931	114.3	114.3
	ISOPEN2	0.25	—	0.6	6	373.708	114.3	114.3
例 8.2	ISOPEB	0.8	—	100	14	6.479	0	0
	ISOPEN2	0.2	—	100	8	1.792	0	0
例 8.3	ISOPEB	0.8	0.8	9	71	38.725	0.7321	0.7321
	ISOPEN2	0.6	0.8	0.3	33	4.696	0.7321	0.7321

为了考察 ISOPEN2 算法在有噪声影响情况下的性能，我们在过程输出 $\boldsymbol{y}_c$ 的所有分量中加入一个均值为零而标准差为 $0.01\left|\hat{y}_{ci_y}\right|$ 的高斯白噪声，其中，$\hat{\boldsymbol{y}}_c$ 是输出向量 $\boldsymbol{y}_c$ 的实际最优值(所有的算例中 $\hat{\boldsymbol{y}}_c \neq 0$)。图 8.8～图 8.10 分别给出了 ISOPEN2 算法中噪声对三个算例实际性能的影响情况。从图中可以看出，在采样过程输出时若加上滤波环节(8.41)和(8.42)(其中，式(8.41)中的常数 $\psi_{k_u} = 0.95$，式(8.42)中的测量次数 $N = 12$)，则所有算例的实际性能都能够得到很好的改善，这说明滤波技术(8.41)和(8.42)在降低噪声对 ISOPEN2 算法性能的敏感影响方面是有效的。

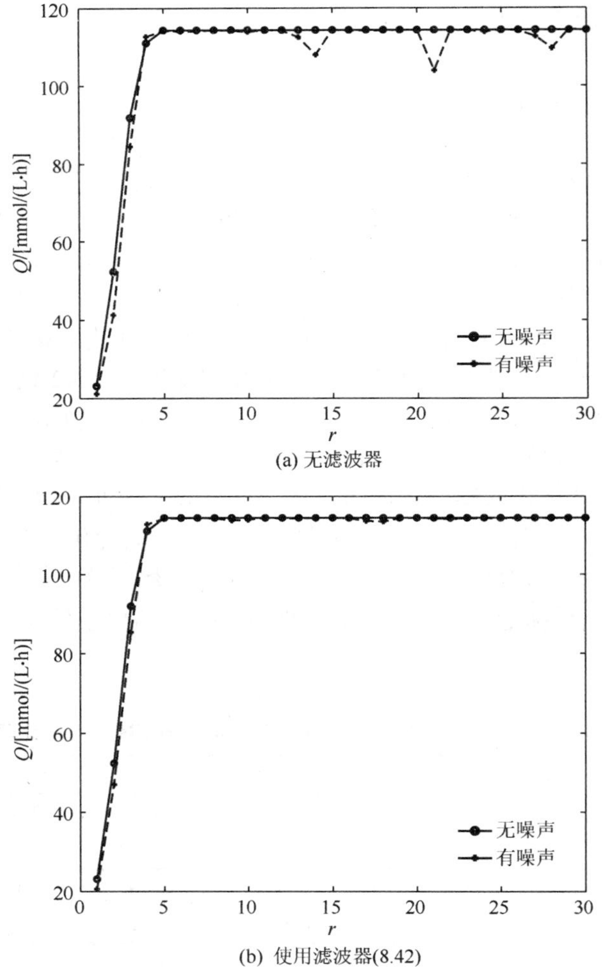

图 8.8　有噪声情况下例 8.1 中 ISOPEN2 算法的性能曲线

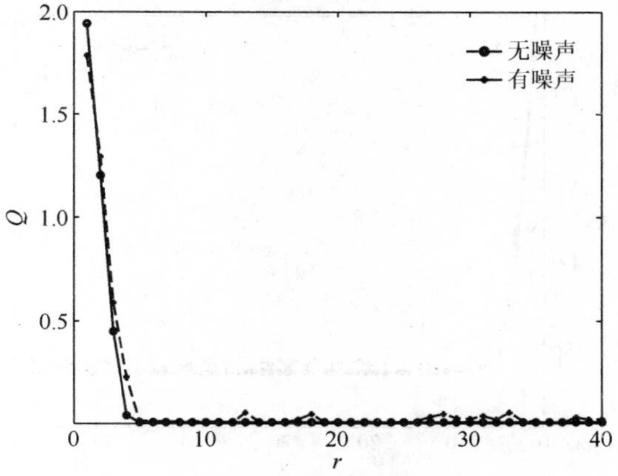

(a) 无滤波器

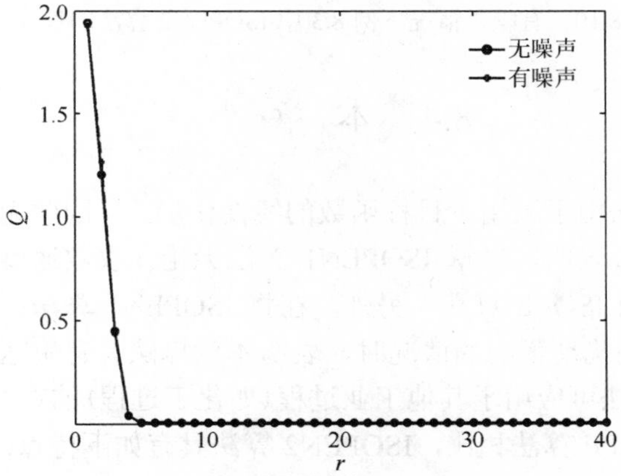

(b) 使用滤波器(8.42)

图 8.9　有噪声情况下例 8.2 中 ISOPEN2 算法的性能曲线

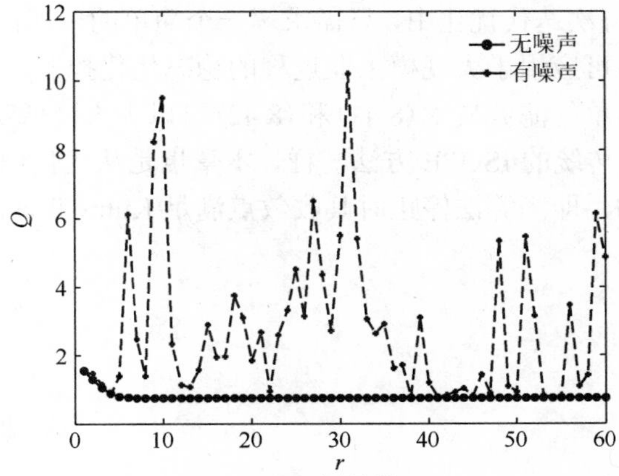

(a) 无滤波器

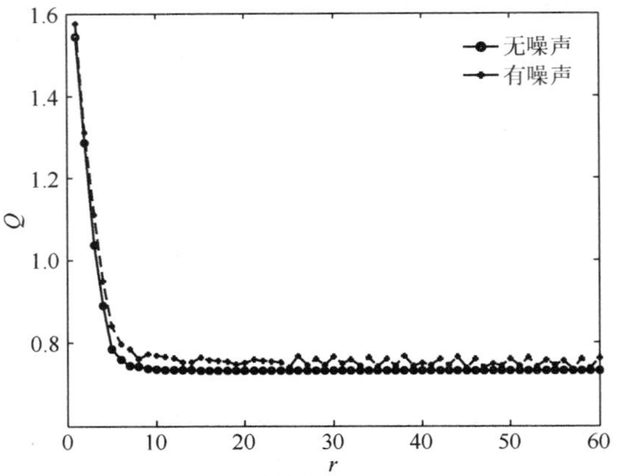

(b) 使用滤波器(8.41)和(8.42)

图 8.10　有噪声情况下例 8.3 中 ISOPEN2 算法的性能曲线

8.4　本 章 小 结

ISOPEN1 算法由于采用了目标函数的线性化形式，因此无需求解非凸优化问题(8.9)。仿真结果表明，本章 ISOPEN1 算法无论在收敛速度，还是在计算时间上都要优于传统的 ISOPE 算法。另外，在将 ISOPEN1 算法应用于有量测噪声、可测扰动和不可测扰动影响的情况时，表明本章算法具有快速的在线寻优能力。本章 ISOPEN1 算法可应用于其他工业过程(如化工过程)的在线稳态优化控制。

与传统的 ISOPE 算法相比，ISOPEN2 算法具有如下特点：

(1) 不需要考虑凸化条件(8.6)；

(2) 实际生化过程的近似稳态模型是用一个具有幂函数结构形式的非线性函数来表示的(相应的对数空间模型为线性函数)；

(3) 在算法的每次迭代优化中，只需求解一个简单的二次凸规划问题，算法简洁，计算成本小，可应用于大规模工业过程的稳态优化控制。

另外，采用简单的滤波技术(8.41)和(8.42)可以大大降低噪声对 ISOPEN2 算法性能的影响。与传统的 ISOPE 方法一样，本章也是从优化问题的最优性条件入手来构造新算法的，即当算法停止时其收敛点满足 Kuhn-Tucker 最优性条件。

第 9 章　甘油代谢目标函数的优化计算模型

1, 3-丙二醇(1, 3-propanediol，简称 1, 3-PD)是一种重要的化工原料，可广泛应用于合成聚合材料的单体以及溶剂、抗冻剂等(修志龙，2000)。随着石油价格的步步攀升及石油资源的短缺，微生物发酵法生产 1, 3-PD 备受全球关注。从目前的研究情况来看，克雷伯氏杆菌(Klebsiella pneumoniae)歧化甘油生产 1, 3-PD 的底物转化率、产物浓度和生产强度都比较高(张青瑞等，2006)，因此成为近年来国内外研究的热点(Zeng et al.，1993；杜晨宇等，2004；Xiu et al.，2007；Jin et al.，2011；Huang et al.，2012；Oh et al.，2013)。

近 20 年来，人们通过代谢工程方法改变细胞内部的代谢流分布，从而实现代谢产物的最优化生产(Bailey，1991；Stephanopoulos et al.，2003)。通量平衡分析(flux balance analysis，FBA)和代谢通量分析(metabolic flux analysis，MFA)是代谢工程研究中常用的定量分析方法。目前，国内外学者在应用代谢工程方法研究 1, 3-PD 方面已取得了一些有益的成果。例如，Wang 等(2003)运用蛋白质组学和酶活分析方法对克雷伯氏杆菌歧化甘油生产 1, 3-PD 系统进行了代谢途径分析，得到了发酵过程的一些丰富的动态信息。Zeng 等(1993)、Chen 等(2003)应用化学计量学方法研究了 1, 3-PD 的理论得率。张延平等(2004)研究了外源添加 ATP 对克雷伯氏杆菌歧化甘油生产 1, 3-PD 的影响。张青瑞等(2006)采用代谢通量分析方法建立了 1, 3-PD 的代谢通量平衡模型，通过线性规划对代谢网络进行了优化分析。Chen 等(2011)研究了一种转基因克雷伯氏杆菌发酵生产 1, 3-PD 的代谢途径分析。Gong 等(2009)提出一个双层规划模型计算克雷伯氏杆菌歧化甘油生产 1, 3-PD 的代谢目标函数，并构造了罚函数法来求解上述双层规划问题。但该方法得到的细胞内通量分布值严重违反了物料平衡约束条件，因此由罚函数法求得的通量值不是原双层规划问题的全局最优解。鉴于此，本章拟构建适于计算克雷伯氏杆菌歧化甘油生产 1, 3-PD 代谢目标函数的新方法，取得了较好的应用效果，为实现微生物发酵法生产 1, 3-PD 的遗传操作和发酵控制提供指导。

9.1　甘油代谢目标函数计算问题的优化模型

9.1.1　代谢反应网络

本章考虑图 9.1 所示的厌氧条件下克雷伯氏杆菌歧化甘油生产 1, 3-PD 的代谢网络图(Gong et al., 2009)。该网络图包含 22 个反应(r_j, $j=1,2,\cdots,22$)和 11 个中间代谢物(甘油、磷酸、丙酮酸、乙酰辅酶 A、乙偶姻、甲酸、CO_2、H_2、$NADH_2$、ATP、$FADH_2$)。对图 9.1 所示代谢网络应用准稳态假定，即假设细胞内的中间代谢物处于拟稳态，则所有中间代谢物的质量平衡方程由式(9.1)～式(9.11)给出。

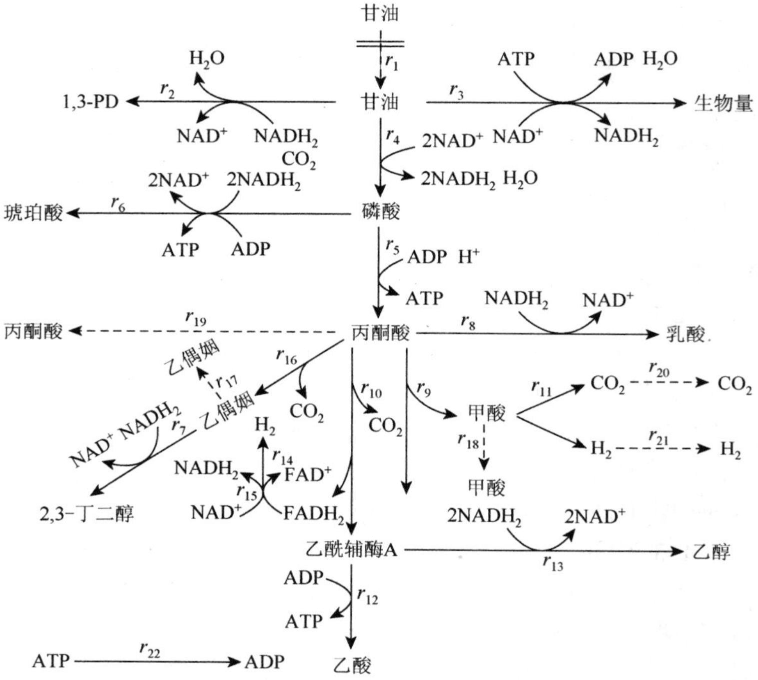

图 9.1　克雷伯氏杆菌歧化甘油生产 1, 3-PD 的代谢网络图

甘油：

$$v_1 - v_2 - v_3 - v_4 = 0 \tag{9.1}$$

磷酸：

$$v_4 - v_5 - v_6 = 0 \tag{9.2}$$

丙酮酸：

$$v_5 - v_8 - v_9 - v_{10} - v_{16} - v_{19} = 0 \tag{9.3}$$

乙酰辅酶 A：

$$v_9 + v_{10} - v_{12} - v_{13} = 0 \tag{9.4}$$

乙偶姻：

$$0.5v_{16} - v_{17} - v_7 = 0 \tag{9.5}$$

甲酸：

$$v_9 - v_{11} - v_{18} = 0 \tag{9.6}$$

CO_2：

$$v_{10} + v_{11} + v_{16} - v_6 - v_{20} = 0 \tag{9.7}$$

H_2：

$$v_{14} + v_{11} - v_{21} = 0 \tag{9.8}$$

$NADH_2$：

$$v_3 - v_2 + 2v_4 - 2v_6 - v_8 - v_7 + v_{15} - 2v_{13} = 0 \tag{9.9}$$

ATP：

$$-7.5v_3 + v_5 + v_6 + v_{12} - v_{22} = 0 \tag{9.10}$$

$FADH_2$：

$$v_{10} - v_{15} - v_{14} = 0 \tag{9.11}$$

式中，$v_j (j = 1,2,\cdots,22)$ 为反应 r_j 的通量，mmol/(g·h)。

9.1.2　通量平衡模型

设代谢目标函数为通量 $v_j (j = 1,2,\cdots,22)$ 的线性加权和，则以代谢目标函数为最大优化指标的通量平衡模型可表示为如下线性规划问题：

$$\begin{aligned} \max_{\boldsymbol{v}} \quad & f(\boldsymbol{v}) = \sum_{j=1}^{22} c_j v_j \\ \text{s.t.} \quad & \boldsymbol{S}\boldsymbol{v} = 0 \\ & 0 \leqslant \boldsymbol{v} \leqslant \boldsymbol{v}_{\max} \end{aligned} \tag{9.12}$$

式中，$\boldsymbol{v} = (v_1, v_2, \cdots, v_{22})^{\mathrm{T}}$；$\boldsymbol{v}_{\max}$ 为最大通量向量；$c_j (j = 1,2,\cdots,22)$ 为通量 v_j 的权系数，c_j 越大表明代谢朝着反应 r_j 方向进行的可能性就越大，其取值范围由式(9.13)～式(9.15)给出；$\boldsymbol{S} \in \mathbf{R}^{11\times 22}$ 为化学计量矩阵，由式(9.16)给出；$s_{ij} \in \boldsymbol{S}$（$i = 1,2,\cdots,11; j = 1,2,\cdots,22$）表示在反应 r_j 中第 i 个代谢物的化学计量系数，如 $s_{13} = -1$。

$$0 \leqslant c_j \leqslant 1, \quad j \in J \tag{9.13}$$

$$c_j = 0, \quad j \notin J \tag{9.14}$$

$$\sum_{j=1}^{22} c_j = 1 \tag{9.15}$$

式(9.13)和式(9.14)中，指标集 $J = \{2,3,6,7,8,12,13,17,18,19,22\}$。

$$
\boldsymbol{S}=\left[\begin{array}{cccccccccccccccccccccc}
1 & -1 & -1 & -1 & 0 & 0 & 0 & 0 & 0 & 0 & 0 & 0 & 0 & 0 & 0 & 0 & 0 & 0 & 0 & 0 & 0 & 0 \\
0 & 0 & 0 & 1 & -1 & -1 & 0 & 0 & 0 & 0 & 0 & 0 & 0 & 0 & 0 & 0 & 0 & 0 & 0 & 0 & 0 & 0 \\
0 & 0 & 0 & 0 & 1 & 0 & 0 & -1 & -1 & -1 & 0 & 0 & 0 & 0 & 0 & -1 & 0 & 0 & -1 & 0 & 0 & 0 \\
0 & 0 & 0 & 0 & 0 & 0 & 0 & 0 & 1 & 1 & 0 & -1 & -1 & 0 & 0 & 0 & 0 & 0 & 0 & 0 & 0 & 0 \\
0 & 0 & 0 & 0 & 0 & 0 & -1 & 0 & 0 & 0 & 0 & 0 & 0 & 0 & 0 & 0.5 & -1 & 0 & 0 & 0 & 0 & 0 \\
0 & 0 & 0 & 0 & 0 & 0 & 0 & 0 & 1 & 0 & -1 & 0 & 0 & 0 & 0 & 0 & 0 & -1 & 0 & 0 & 0 & 0 \\
0 & 0 & 0 & 0 & 0 & -1 & 0 & 0 & 0 & 1 & 1 & 0 & 0 & 0 & 0 & 1 & 0 & 0 & 0 & -1 & 0 & 0 \\
0 & 0 & 0 & 0 & 0 & 0 & 0 & 0 & 0 & 0 & 1 & 0 & 0 & 1 & 0 & 0 & 0 & 0 & 0 & 0 & -1 & 0 \\
0 & -1 & 1 & 2 & 0 & -2 & -1 & -1 & 0 & 0 & 0 & 0 & -2 & 0 & 1 & 0 & 0 & 0 & 0 & 0 & 0 & 0 \\
0 & 0 & -7.5 & 0 & 1 & 1 & 0 & 0 & 0 & 0 & 0 & 1 & 0 & 0 & 0 & 0 & 0 & 0 & 0 & 0 & 0 & -1 \\
0 & 0 & 0 & 0 & 0 & 0 & 0 & 0 & 0 & 1 & 0 & 0 & 0 & -1 & -1 & 0 & 0 & 0 & 0 & 0 & 0 & 0
\end{array}\right] \tag{9.16}
$$

9.1.3　目标函数计算问题的优化模型

为了保证通量平衡模型(9.12)的最优解与实验观测到的通量值尽可能一致，我们可以采用式(9.17)所示的双层规划模型来计算克雷伯氏杆菌歧化甘油生产1, 3-PD的代谢目标函数：

$$
\begin{aligned}
\min_{\boldsymbol{c},\boldsymbol{v}} \quad & d(\boldsymbol{c},\boldsymbol{v})=\sum_{k\in E}(v_k(\boldsymbol{c})-v_k^e)^2 \\
\text{s.t.} \quad & 0\leqslant c_j\leqslant 1, \quad j\in J \\
& c_j=0, \quad j\notin J \\
& \sum_{j=1}^{22}c_j=1
\end{aligned} \tag{9.17}
$$

$$\max_{v} \quad f(\boldsymbol{v})=\sum_{j=1}^{22}c_j v_j$$
$$\text{s.t.} \quad \boldsymbol{S}\boldsymbol{v}=0$$
$$0 \leqslant \boldsymbol{v} \leqslant \boldsymbol{v}_{\max}$$

式中，$\boldsymbol{c}=(c_1,c_2,\cdots,c_{22})^{\mathrm{T}}$；$v_k^e$ 为实验观测到的通量值，$k\in E$，指标集 $E=\{1,2,3,6,7,8,12,13,17,18,19,20,21\}$。

9.2　目标函数计算模型的求解方法

目前有多种方法可以求解双层规划问题(Dempe，2002；Colson et al.，2007；Lv et al.，2007；Meng et al.，2012)。基于 Lv 等(2007)给出的方法，Gong 等(2009)构造了一类罚函数法来求解双层规划问题(9.17)，但该方法得到的细胞内通量分布严重违反了物料平衡约束条件(9.1)～(9.11)(见 9.3 节的结果分析部分)，因此由罚函数法求得的通量值不是原双层规划问题的全局最优解。鉴于此，本章拟构建适于计算克雷伯氏杆菌歧化甘油生产 1, 3-PD 代谢目标函数的新方法。

首先将双层规划的下层优化问题写成如下形式：

$$\begin{aligned} \max_{v} \quad & f(\boldsymbol{v})=\sum_{j=1}^{22}c_j v_j \\ \text{s.t.} \quad & \boldsymbol{S}\boldsymbol{v}=0 \\ & \boldsymbol{I}\boldsymbol{v}\leqslant \boldsymbol{v}_{\max} \\ & \boldsymbol{v}\geqslant 0 \end{aligned} \tag{9.18}$$

式中，$\boldsymbol{I}\in\mathbf{R}^{22\times 22}$ 为单位阵。

对于给定的权系数向量 $\boldsymbol{c}$，根据线性规划的对偶理论(Bertsimas and Tsitsiklis，1997)，可以得到优化问题(9.18)的对偶问题为

$$\begin{aligned} \min_{\boldsymbol{u},\boldsymbol{w}} \quad & g(\boldsymbol{u},\boldsymbol{w})=\boldsymbol{v}_{\max}^{\mathrm{T}}\boldsymbol{w} \\ \text{s.t.} \quad & \boldsymbol{S}^{\mathrm{T}}\boldsymbol{u}+\boldsymbol{w}\geqslant \boldsymbol{c} \\ & \boldsymbol{w}\geqslant 0 \end{aligned} \tag{9.19}$$

式中，$\boldsymbol{u}$ 和 $\boldsymbol{w}$ 为对偶变量，且 $\boldsymbol{u}\in\mathbf{R}^{11},\boldsymbol{w}\in\mathbf{R}^{22}$。

由线性规划的强对偶理论易知，如果原问题(9.18)和其对偶问题(9.19)都有可行解，则两者都有最优解，且最优解对应的目标函数值相等。此外，只有在原问题(9.18)和对偶问题(9.19)都达到最优时，这两个问题才同时是可行的。因此，如果存在可行解 $(\bar{\boldsymbol{v}}^{\mathrm{T}},\bar{\boldsymbol{u}}^{\mathrm{T}},\bar{\boldsymbol{w}}^{\mathrm{T}})^{\mathrm{T}}$ 满足原问题与对偶问题所有约束条件，且使目标函数满足 $f(\bar{\boldsymbol{v}})=g(\bar{\boldsymbol{u}},\bar{\boldsymbol{w}})$，则 $\bar{\boldsymbol{v}}$ 和 $(\bar{\boldsymbol{u}}^{\mathrm{T}},\bar{\boldsymbol{w}}^{\mathrm{T}})^{\mathrm{T}}$ 分别是原问题与对偶问题的最

优解。

基于以上分析，本章将双层规划问题(9.17)化为如下等价形式：

$$
\begin{aligned}
\min_{\boldsymbol{c},\boldsymbol{v},\boldsymbol{u},\boldsymbol{w}} \quad & d(\boldsymbol{c},\boldsymbol{v})=\sum_{k\in E}(v_k(\boldsymbol{c})-v_k^e)^2 \\
\text{s.t.} \quad & 0\leqslant c_j\leqslant 1, \quad j\in J \\
& c_j=0, \quad j\notin J \\
& \sum_{j=1}^{22} c_j=1 \\
& \sum_{j=1}^{22} c_j v_j=\boldsymbol{v}_{\max}^{\mathrm{T}}\boldsymbol{w} \\
& \boldsymbol{S}\boldsymbol{v}=0 \\
& \boldsymbol{S}^{\mathrm{T}}\boldsymbol{u}+\boldsymbol{w}\geqslant \boldsymbol{c} \\
& 0\leqslant \boldsymbol{v}\leqslant \boldsymbol{v}_{\max} \\
& \boldsymbol{w}\geqslant 0
\end{aligned}
\tag{9.20}
$$

该问题是一个具有二次约束函数和二次目标函数的非线性规划，应用现有的非线性优化算法可求其最优解。

9.3　计算结果与分析比较

本章应用 MATLAB 2010a 版本提供的优化工具箱求解非线性规划问题(9.20)，实验观测数据 $v_k^e(k\in E)$ 取自 Menzel 等(1996)，如表 9.1 所示。表 9.1 中实验 1 的操作条件为稀释速率等于 0.15h^{-1}，进料甘油浓度等于 809mmol/L；实验 2 的操作条件为稀释速率等于 0.35h^{-1}，进料甘油浓度等于 443mmol/L。图 9.2 为本章方法所得最优权系数的柱状图。从图中可以看出，本章方法得到了 2 组非常类似的最优权系数，这说明在不同的条件下可能存在确定的驱动力控制着代谢流的分布。从图 9.2 中还可以看出，通量 v_2 和 v_{22} 的权系数最大，所以 1, 3-PD 和 ADP 是驱动克雷伯氏杆菌代谢的主要动力。表 9.1 给出了本章方法求得的通量分布结果。从表中可以看出，本章方法计算的通量分布与实验观测值吻合得很好。表 9.1 也列出了 Gong 等(2009)的计算结果。表 9.2 给出了本章方法和 Gong 等(2009)计算的最优通量分布与测量值的偏差。从表 9.2 中可以看出，本章方法得到的最优通量分布与测量值的偏差远小于 Gong 等(2009)的计算结果，所以，本章方法获得的通量分布更接近于实验观测值。事实上，容易验证 Gong 等(2009)的罚函数方法求得的细胞内通量分布值严重违反了物料平衡约束条件(9.1)～(9.11)。为了说明这一点，我们将物料平衡约束方程 $\boldsymbol{S}\boldsymbol{v}=0$ 重新表示为式(9.21)的形式。

表 9.1　最优通量分布　　单位：mmol/(g·h)

变量	实验 1			实验 2		
	观测	本书	Gong 等(2009)	观测	本书	Gong 等(2009)
v_1	25.28	25.0872	25.28	58.69	58.5288	58.69
v_2	10.72	10.9568	10.96	28.77	28.6972	28.77
v_3	1.485	1.6338	1.98	3.465	3.8766	3.570
v_6	0.573	0.8421	0.891	1.115	1.708	1.836
v_7	0.013	0.05	0	0	0.05	0.0479
v_8	0.464	0.6128	0.464	0.532	0.9440	0.615
v_{12}	3.768	3.7526	3.747	10.032	10.5076	10.089
v_{13}	6.992	7.0646	6.992	12.459	12.4446	12.459
v_{17}	0	0.0572	0	0.047	0.1	0
v_{18}	0.541	0.6612	0.541	2.226	2.4072	2.226
v_{19}	0.004	0.01	0.004	0.021	0.05	1.261
v_{20}	9.452	9.5283	9.452	18.71	19.136	18.71
v_{21}	9.306	9.3500	9.306	18.58	18.335	18.71

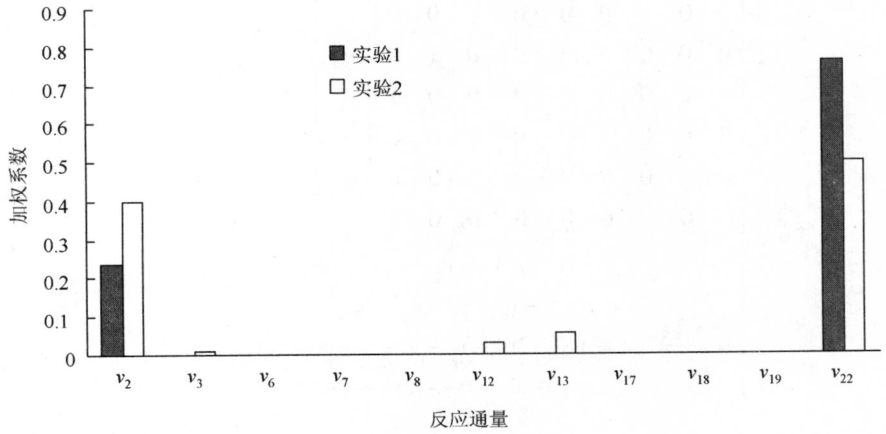

图 9.2　最优权系数

表 9.2　最优通量与实验通量一致性的比较

实验	本章目标函数 d 的最优值	Gong 等(2009)目标函数 d 的最优值
1	0.2423	0.4044
2	1.2308	2.1

$$\begin{bmatrix} 1 & 0 & 0 & 0 & 0 & 0 & 0 & 0 & 0 \\ 1 & -1 & 0 & 0 & 0 & 0 & 0 & 0 & 0 \\ 0 & 1 & -1 & -1 & 0 & 0 & 0 & -1 & 0 \\ 0 & 0 & 1 & 1 & 0 & 0 & 0 & 0 & 0 \\ 0 & 0 & 0 & 0 & 0 & 0 & 0 & 1 & 0 \\ 0 & 0 & 1 & 0 & -1 & 0 & 0 & 0 & 0 \\ 0 & 0 & 0 & 1 & 1 & 0 & 0 & 1 & 0 \\ 0 & 0 & 0 & 0 & 1 & 1 & 0 & 0 & 0 \\ 2 & 0 & 0 & 0 & 0 & 0 & 1 & 0 & 0 \\ 0 & 1 & 0 & 0 & 0 & 0 & 0 & 0 & -1 \\ 0 & 0 & 0 & 1 & 0 & -1 & -1 & 0 & 0 \end{bmatrix} \begin{bmatrix} v_4 \\ v_5 \\ v_9 \\ v_{10} \\ v_{11} \\ v_{14} \\ v_{15} \\ v_{16} \\ v_{22} \end{bmatrix} = \begin{bmatrix} v_1 - v_2 - v_3 \\ v_6 \\ v_8 + v_{19} \\ v_{12} + v_{13} \\ 2v_7 + 2v_{17} \\ v_{18} \\ v_6 + v_{20} \\ v_{21} \\ v_2 - v_3 + 2v_6 + v_8 + v_7 + 2v_{13} \\ 7.5v_3 - v_{12} - v_6 \\ 0 \end{bmatrix} \tag{9.21}$$

对式(9.21)的增广矩阵施行初等行变换，可得式(9.22)所示的等价形式：

$$\begin{bmatrix} 1 & 0 & 0 & 0 & 0 & 0 & 0 & 0 & 0 \\ 0 & 1 & 0 & 0 & 0 & 0 & 0 & 0 & 0 \\ 0 & 0 & 1 & 0 & 0 & 0 & 0 & 0 & 0 \\ 0 & 0 & 0 & 1 & 0 & -1 & 0 & 0 & 0 \\ 0 & 0 & 0 & 0 & 1 & 1 & 0 & 0 & 0 \\ 0 & 0 & 0 & 0 & 0 & 0 & 1 & 0 & 0 \\ 0 & 0 & 0 & 0 & 0 & 0 & 0 & 1 & 0 \\ 0 & 0 & 0 & 0 & 0 & 0 & 0 & 0 & 1 \\ 0 & 0 & 0 & 0 & 0 & 0 & 0 & 0 & 0 \\ 0 & 0 & 0 & 0 & 0 & 0 & 0 & 0 & 0 \\ 0 & 0 & 0 & 0 & 0 & 0 & 0 & 0 & 0 \end{bmatrix} \begin{bmatrix} v_4 \\ v_5 \\ v_9 \\ v_{10} \\ v_{11} \\ v_{14} \\ v_{15} \\ v_{16} \\ v_{22} \end{bmatrix}$$

$$= \begin{bmatrix} v_1 - v_2 - v_3 \\ -v_6 + v_1 - v_2 - v_3 \\ -v_8 - v_{19} - 2v_6 + v_1 - v_2 - v_3 - v_{20} + v_{21} \\ v_6 + v_{20} - v_{21} - 2v_7 - 2v_{17} \\ v_{21} \\ 3v_2 + v_3 + 2v_6 + v_8 + v_7 + 2v_{13} - 2v_1 \\ 2v_7 + 2v_{17} \\ -8.5v_3 + v_{12} + v_1 - v_2 \\ v_{12} + v_{13} + v_8 + v_{19} + v_6 - v_1 + v_2 + v_3 + 2v_7 + 2v_{17} \\ v_{18} + v_8 + v_{19} + 2v_6 - v_1 + v_2 + v_3 + v_{20} \\ -v_{20} + v_{21} + 3v_2 + v_3 + v_6 + 3v_7 + v_8 + 2v_{13} - 2v_1 + 2v_{17} \end{bmatrix} \tag{9.22}$$

易见式(9.22)的最后三个方程为

$$v_{12}+v_{13}+v_8+v_{19}+v_6-v_1+v_2+v_3+2v_7+2v_{17}=0 \tag{9.23}$$

$$v_{18}+v_8+v_{19}+2v_6-v_1+v_2+v_3+v_{20}=0 \tag{9.24}$$

$$-v_{20}+v_{21}+3v_2+v_3+v_6+3v_7+v_8+2v_{13}-2v_1+2v_{17}=0 \tag{9.25}$$

上述三个方程表明，由双层规划问题(9.17)求得的最优通量 v_k（$k\in E$）应该满足式(9.23)～式(9.25)。下面考察本章方法和 Gong 等(2009)计算的最优通量分布是否满足这一要求，为此，我们将表 9.1 中由两种方法在不同实验条件下求得的最优通量分别代入式(9.23)～式(9.25)的左端，计算结果如表 9.3 所示。从表中可以看出，Gong 等(2009)获得的最优通量严重违反了约束条件(9.23)～(9.25)，与之相比，本章方法计算的最优通量与约束方程(9.23)～(9.25)的要求相差较小。这说明如果通量平衡分析模型以本章得到的代谢目标函数为目标函数，则能更准确地预测细胞内的通量分布。

表 9.3　最优通量满足约束(9.23)～(9.25)的比较

比较项	实验 1		实验 2	
	本章	Gong 等(2009)	本章	Gong 等(2009)
式(9.23)的左端	-10^{-4}	−0.242	-2×10^{-4}	0.0058
式(9.24)的左端	-10^{-4}	−0.097	-3×10^{-4}	0.1340
式(9.25)的左端	4×10^{-15}	−0.507	7×10^{-4}	0.0127

9.4　本 章 小 结

针对克雷伯氏杆菌歧化甘油生产 1, 3-PD 的代谢目标函数计算问题，本章提出了一种将原双层规划问题转化为单层优化问题来求解的新方法。与已有的罚函数方法相比，本章方法具有如下优势：

(1) 本章方法得到了代谢目标函数计算问题的全局最优解；

(2) 本章方法计算的最优通量分布与实验观测值吻合得很好；

(3) 本章方法获得的最优通量满足平衡约束条件(9.1)～(9.11)。

这说明如果通量平衡分析模型以本章得到的代谢目标函数为目标函数，则能更准确地预测细胞内的通量分布，为实现微生物发酵法生产 1, 3-PD 的遗传操作和发酵控制提供理论指导。除此之外，本章方法得到了两组非常类似的最优权系数，这说明在不同的实验条件下存在确定的驱动力控制着代谢流的分布。

参 考 文 献

蔡自兴. 1998. 智能控制——基础与应用. 北京: 国防工业出版社.

褚健, 苏宏业, 胡协和. 1993. 一种非线性控制器设计法及其在生化反应器中的应用. 控制理论与应用, 10(3): 356-359.

杜晨宇, 李春, 杨东, 等. 2004. Klebsiella pneumoniae 合成 1, 3-丙二醇过程中的生长与催化耦联. 化工学报, 55(3): 505-508.

冯恩民, 修志龙, 等. 2012. 非线性发酵动力系统——辨识、控制与并行优化. 北京: 科学出版社.

贺益君, 俞欢军, 成飙, 等. 2007. 多目标粒子群算法用于补料分批生化反应器动态多目标优化. 化工学报, 58(5): 1262-1270.

黄曼磊. 2007. 鲁棒控制理论及应用. 哈尔滨: 哈尔滨工业大学出版社.

孔超. 2011. 基于遗传算法的间歇过程优化控制策略研究. 北京化工大学硕士学位论文.

李少远, 李柠. 2003. 复杂系统的模糊预测控制及其应用. 北京: 科学出版社.

李伟奖. 2010. 基于模糊神经网络的 A/O 废水处理控制系统的研究. 华南理工大学硕士学位论文.

李晓红, 冯恩民, 修志龙. 2005. 微生物间歇发酵非线性动力系统的性质及最优控制. 运筹学学报, 9(4): 89-96.

李铮. 2006. 色氨酸和乳糖操纵子表达调控的数学描述与分析. 大连理工大学硕士学位论文.

刘婧, 韩雪, 徐恭贤. 2013. 生化系统稳态优化的一种二次规划算法. 渤海大学学报(自然科学版), 34(3): 256-261.

马永峰, 孙丽华, 修志龙. 2003. 微生物连续培养过程中振荡的理论分析. 工程数学学报, 20(1): 1-6.

莫愿斌, 陈德钊, 胡上序. 2006. 混沌粒子群算法及其在生化过程动态优化中的应用. 化工学报, 57(9): 2123-2127.

綦文涛, 修志龙. 2003. 甘油歧化生产 1, 3-丙二醇过程的代谢和基因调控机理研究进展. 中国生物工程杂志, 23(2): 64-68.

钱伟懿, 徐恭贤, 宫召华. 2010. 最优控制理论及其应用. 大连: 大连理工大学出版社.

史雄伟, 乔俊飞, 苑明哲. 2011. 基于改进粒子群优化算法的污水处理过程优化控制. 信息与控制, 40(5): 698-703.

史仲平, 潘丰. 2005. 发酵过程解析、控制与检测技术. 北京: 化学工业出版社.

孙丽华, 郭庆广, 修志龙. 2002. 一类具有时滞的生化反应模型的 Hopf 分支. 生物数学学报, 17(3): 286-292.

孙丽华, 宋炳辉, 修志龙. 2003. 微生物连续培养过程中动态行为研究. 大连理工大学学报, 43(4): 433-437.

孙西, 金以慧, 方崇智. 1995. 双线性系统的自适应控制及其在谷氨酸 pH 值控制中的应用. 自动化学报, 21(2): 209-213.

孙玉坤, 王博, 嵇小辅, 等. 2010. 基于模糊神经网络 α 阶逆系统的发酵过程多变量解耦控制. 控制理论与应用, 27(2): 188-192.

万百五. 2003. 工业大系统优化与产品质量控制.北京: 科学出版社.

万百五，黄正良. 1998. 大工业过程计算机在线稳态优化控制. 北京：科学出版社.
王斌，王孙安. 2004. 生物发酵过程的温度控制模型研究. 西安交通大学学报, 38(7): 737-740.
王树青，等. 2001. 先进控制技术及应用. 北京：化学工业出版社.
王树青，元英进. 1999. 生化过程自动化技术. 北京：化学工业出版社.
王晓雪，徐恭贤. 2011. 色氨酸生物合成的多目标稳态优化. 渤海大学学报(自然科学版), 32(2): 114-119.
谢磊，张泉灵，王树青，等. 2003. 基于多模型的自适应预测函数控制. 浙江大学学报(工学版), 37(2): 190-193.
修志龙. 2000. 微生物发酵法生产1, 3-丙二醇的研究进展. 微生物学通报, 27(4): 300-302.
修志龙，曾安平，安利佳. 2000a. 甘油生物歧化过程动力学数学模拟和多稳态研究. 大连理工大学学报, 40(4): 428-433.
修志龙，曾安平，安利佳，等. 2000b. 甘油连续生物歧化过程的过渡行为及其数学模拟. 高校化学工程学报, 14(1): 53-58.
徐恭贤，冯恩民，邵诚，等. 2005. 色氨酸生物合成的稳态优化. 工程数学学报, 22(6): 975-982.
徐恭贤，韩雪. 2013. 非线性污水处理过程的多目标优化. 化工学报, 64(10): 3665-3672.
徐恭贤，邵诚. 2008. 一种工业过程稳态优化控制算法. 控制与决策, 23(6): 619-625.
徐恭贤，邵诚，修志龙. 2007. 生化系统稳态优化的一种新算法. 控制理论与应用, 24(4): 574-580.
姚玉华，孙丽华，修志龙. 2005. 一类具有时滞的微生物连续培养数学模型研究. 生物数学学报, 20(3): 325-331.
殷铭，张兴华，戴先中. 2000. 基于模糊神经网络的发酵过程溶解氧预估控制. 控制与决策, 15(5): 523-526.
俞立. 2002. 鲁棒控制——线性矩阵不等式处理方法. 北京：清华大学出版社.
于霜，刘国海，梅从立，等. 2013. 多变量发酵过程的神经网络在线解耦控制. 信息与控制, 42(3): 341-344.
元英进，苗志奇，秦家庆，等. 1997. 一种用于谷氨酸生产流加操作过程预测的模糊-神经网络. 化工学报, 48(5): 553-559.
张兵，陈德钊. 2005. 迭代遗传算法及其用于生物反应器补料优化. 化工学报, 56(1): 100-104.
张青瑞，修志龙，曾安平. 2006. 克雷伯氏杆菌发酵生产1, 3-丙二醇的代谢通量优化分析. 化工学报, 57(6): 1403-1409.
张嗣良，储炬. 2003. 多尺度微生物过程优化. 北京：化学工业出版社.
张延平，饶治，杜晨宇，等. 2004. 能量驱动对Klebsiella pneumoniae发酵甘油合成1, 3-丙二醇的影响. 过程工程学报, 4(6): 567-571.
赵立杰，袁德成，柴天佑. 2012. 基于多分类概率极限学习机的污水处理过程操作工况识别. 化工学报, 63(10): 3173-3182.
Stephanopoulos G N, Aristidou A A, Nielsen J. 2003. 代谢工程原理与方法. 赵学明，白冬梅，等，译. 北京：化学工业出版社.
Alvarez-Vázquez L J, Balsa-Canto E, Martínez A. 2008. Optimal design and operation of a wastewater purification system. Mathematics and Computers in Simulation, 79(3): 668-682.
Babary J P, Bourrel S. 1999. Sliding mode control of a denitrifying biofilter. Applied Mathematical Modelling, 23(8): 609-620.

Bailey J. 1991. Toward a science of metabolic engineering. Science, 252: 1668-1675.

Balsa-Canto E, Banga J R, Alonso A A, et al. 2000. Efficient optimal control of bioprocesses using second-order information. Industrial and Engineering Chemistry Research, 39(11): 4287-4295.

Banga J R, Alonso A A, Singh R P. 1997. Stochastic dynamic optimization of batch and semicontinuous bioprocesses. Biotechnology Progress, 13(3): 326-335.

Bastin G, Dochain D. 1990. On-line Estimation and Adaptive Control of Bioreactors. New York: Elsevier.

Battista H D, Picó J, Picó-Marco E. 2012. Nonlinear PI control of fed-batch processes for growth rate regulation. Journal of Process Control, 22(4): 789-797.

Bayen T, Gajardo P, Mairet F. 2012. Minimal time control of fed-batch bioreactor with product inhibition. 2012 20th Mediterranean Conference on Control & Automation, Barcelona.

Bellman R E. 1957. Dynamic Programming. Princeton: Princeton University Press.

Ben Youssef C, Guillou V, Olmos-Dichara A. 2000. Modelling and adaptive control strategy in a lactic fermentation process. Control Engineering Practice, 8(11): 1297-1307.

Bertsimas D, Tsitsiklis J N. 1997. Introduction to Linear Optimization. Belmont: Athena Scientific.

Bhartiya S, Rawool S, Venkatesh K V. 2003. Dynamic model of Escherichia coli tryptophan operon shows an optimal structural design. European Journal of Biochemistry, 270(12): 2644-2651.

Bien Z, Xu J X. 1998. Iterative Learning Control-Analysis, Design, Integration and Applications. Boston: Kluwer Academic Press.

Boyd S, Kim S-J, Vandenberghe L, et al. 2007. A tutorial on geometric programming. Optimization and Engineering, 8(1): 67-127.

Boyd S, Vandenberghe L. 2004. Convex Optimization. Cambridge: Cambridge University Press.

Brdyś M. 1983. Hierarchical optimizing control of steady-state large scale systems under model-reality differences of mixed type-a mutually interacting approach. Proceedings of the 3rd IFAC Symposium on Large Scale Systems: Theory and Applications, Warsaw.

Brdyś M, Chen S, Roberts P D. 1986. An extension to the modified two-step algorithm for steady-state system optimisation and parameter estimation. International Journal of Systems Science, 17(8): 1229-1243.

Brdyś M, Ellis J E, Roberts P D. 1987. Augmented integrated system optimization and parameter estimation technique: derivation, optimality and convergence. IEE Proceedings Part D, 134(3): 201-209.

Brdyś M, Roberts P D. 1987. Convergence and optimality of modified two-step algorithm for integrated system optimisation and parameter estimation. International Journal of Systems Science, 18(7): 1305-1322.

Brdyś M, Tajewski P. 1992. An algorithm for steady-state optimizing dual control of uncertain plants. Proceedings of the first IFAC Workshop on New Trends in Design of Control Systems, Smolenice.

Brdyś M, Tatjewski P. 2005. Iterative Algorithms for Multilayer Optimizing Control. London: Imperial College Press.

Bryson A, Ho Y C. 1975. Applied Optimal Control. New York: Hemisphere Publishing Corporation.

Campello R J G B, Von Zuben F J, Amaral W C, et al. 2003. Hierarchical fuzzy models within the framework of orthonormal basis functions and their application to bioprocess control. Chemical Engineering Science, 58(18): 4259-4270.

Cascante M, Lloréns M, Meléndez-Hevia E, et al. 1996. The metabolic productivity of the cell factory. Journal of Theoretical Biology, 182(3): 317-325.

Castillo-Toledo B, González-Alvarez V, Luna-Gutiérrez. 1999. Nonlinear robust control of a batch fermentation reactor. Chemical Engineering and Technology, 22(8): 675-682.

Chang Y J, Sahinidis N V. 2005. Optimization of metabolic pathways under stability considerations. Computers and Chemical Engineering, 29(3): 447-458.

Chiang M. 2005. Geometric programming for communication systems. Foundations and Trends in Communications and Information Theory, 2(1/2): 1-156.

Chiang R Y, Safonov M G. 1992. H_∞ synthesis using a bilinear pole shifting transform. Journal of Guidance, Control, and Dynamics, 15(5): 1111-1117.

Chen C T. 1984. Linear System Theory and Design. New York: Holt, Rinehart & Winston.

Chen X, Xiu Z L, Wang J F, et al. 2003. Stoichiometric analysis and experimental investigation of glycerol bioconversion to 1, 3-propanediol by Klebsiella pneumoniae under microaerobic conditions. Enzyme and Microbial Technology, 33(4): 386-394.

Chen Z, Liu H J, Liu D H. 2011. Metabolic pathway analysis of 1, 3-propanediol production with a genetically modified Klebsiella pneumoniae by overexpressing an endogenous NADPH-dependent alcohol dehydrogenase. Biochemical Engineering Journal, 54(3): 151-157.

Choi J W, Choi H G, Lee K S, et al. 1996. Control of ethanol concentration in a fed-batch cultivation of acinetobacter calcoaceticus RAG-1 using a feedback-assisted iterative learning algorithm. Journal of Biotechnology, 49(1/2/3): 29-43.

Cimander C, Bachinger T, Mandenius C. 2003. Integration of distributed multi-analyzer monitoring and control in bioprocessing based on a real-time expert system. Journal of Biotechnology, 103(3): 237-248.

Colson B, Marcotte P, Savard G. 2007. An overview of bilevel optimization. Annals of Operations Research, 153(1): 235-256.

Cosenza B, Galluzzo M. 2012. Nonlinear fuzzy control of a fed-batch reactor for penicillin production. Computers and Chemical Engineering, 36: 273-281.

Craven S, Whelan J, Glennon B. 2014. Glucose concentration control of a fed-batch mammalian cell bioprocess using a nonlinear model predictive controller. Journal of Process Control, 24(4): 44-357.

Curto R, Sorribas A, Cascante M. 1995. Comparative characterization of the fermentation pathway of Saccharomyces cerevisiae using biochemical systems theory and metabolic control analysis: model definition and nomenclature. Mathematical Biosciences, 130(1): 25-50.

Cuthrell J E, Biegler L T. 1989. Simultaneous optimization and solution methods for batch reactor control profiles. Computers and Chemical Engineering, 13(1/2): 49-62.

Dean J P, Dervakos G A. 1998. Redesigning metabolic networks using mathematical programming. Biotechnology and Bioengineering, 58(2/3): 267-271.

Dempe S. 2002. Foundations of Bilevel Programming. Belmont: Kluwer Academic Publishers.

Dewasme L, Richelle A, Dehottay P, et al. 2010. Linear robust control of S. cerevisiae fed-batch cultures at different scales. Biochemical Engineering Journal, 53(1): 26-37.

Dochain D, Bastin G. 1984. Adaptive identification and control algorithms for nonlinear bacterial growth systems. Automatica, 20(5): 621-634.

Doyle J C, Glover K, Khargonekar P P, et al. 1989. State-space solutions to standard H_2 and H_∞ control problems. IEEE Transactions on Automatic Control, 34(8): 831-847.

Dragoi E, Curteanu S, Galaction A, et al. 2013. Optimization methodology based on neural networks and self-adaptive differential evolution algorithm applied to an aerobic fermentation process. Applied Soft Computing, 13(1): 222-238.

Egea J A, Vries D, Alonso A A, et al. 2007. Global optimization for integrated design and control of computationally expensive process models. Industrial and Engineering Chemistry Research, 46(26): 9148-9157.

Ellis J E, Kambhampati C. 1988. Approaches to the optimizing control problem. International Journal of Systems Science, 19(10): 1969-1985.

Esposito W R, Floudas C A. 2000. Deterministic global optimization in nonlinear optimal control problems. Journal of Global Optimization, 17(1/2/3/4): 97-126.

Exler O, Antelo L T, Egea J A, et al. 2008. A tabu search-based algorithm for mixed-integer nonlinear problems and its application to integrated process and control system design. Computers and Chemical Engineering, 32(8): 1877-1891.

Fang F, Ni B J, Li W W, et al. 2011. A simulation-based integrated approach to optimize the biological nutrient removal process in a full-scale wastewater treatment plant. Chemical Engineering Journal, 174(2/3): 635-643.

Fu P C, Barford J P. 1992. Simulation of an iterative learning control system for fed-batch cell culture processes. Cytotechnology, 10(1): 53-62.

Galazzo J L, Bailey J E. 1990. Fermentation pathway kinetics and metabolic flux control in suspended and immobilized Saccharomyces cerevisiae. Enzyme and Microbial Technology, 12(3): 162-172.

Galazzo J L, Bailey J E. 1991. Errata. Enzyme and Microbial Technology, 13(4): 363.

Gao C X, Feng E M, Wang Z T, et al. 2005. Parameters identification problem of the nonlinear dynamical system in microbial continuous cultures. Applied Mathematics and Computation, 169(1): 476-484.

Gao C X, Li K Z, Feng E M, et al. 2006. Nonlinear impulsive system of fed-batch culture in fermentative production and its properties. Chaos, Solitons and Fractals, 28(1): 271-277.

Gao K K, Zhang X, Feng E M, et al. 2014. Sensitivity analysis and parameter identification of nonlinear hybrid systems for glycerol transport mechanisms in continuous culture. Journal of Theoretical Biology, 347: 137-143.

Gao W H, Engell S. 2005. Iterative set-point optimization of batch chromatography. Computers and Chemical Engineering, 29(6): 1401-1409.

Georgieva P G, Feyo de Azevedo S. 1999. Robust control design of an activated sludge process. International Journal of Robust and Control, 9(13): 949-967.

Gong Z H, Liu C Y, Feng E M, et al. 2009. Computational method for inferring objective function of glycerol metabolism in Klebsiella pneumoniae. Computational Biology and Chemistry, 33(1): 1-6.

Gong Z H, Liu C Y, Feng E M, et al. 2011. Modelling and optimization for a switched system in microbial fed-batch culture. Applied Mathematical Modelling, 35(7): 3276-3284.

Guay M, Dochain D, Perrier M. 2004. Adaptive extremum seeking control of continuous stirred tank bioreactors with unknown growth kinetics. Automatica, 40(5): 881-888.

Harmand J, Rapaport A, Mazenc F. 2006. Output tracking of continuous bioreactors through recirculation and by-pass. Automatica, 42(6): 1025-1032.

Hatzimanikatis V, Bailey J E. 1997. Effects of spatiotemporal variations on metabolic control: Approximate analysis using (log) linear kinetic models. Biotechnology and Bioengineering, 54(2): 91-104.

Hatzimanikatis V, Floudas C A, Bailey J E. 1996a. Analysis and design of metabolic reaction networks via mixed-integer linear optimization. AIChE Journal, 42(5): 1277-1292.

Hatzimanikatis V, Floudas C A, Bailey J E. 1996b. Optimization of regulatory architectures in metabolic reaction networks. Biotechnology and Bioengineering, 52(4): 485-500.

Hong J. 1986. Optimal substrate feeding policy for a fed batch fermentation with substrate and product inhibition kinetics. Biotechnology and Bioengineering, 28(9): 1421-1431.

Horiuchi J I, Kishimoto M. 2002. Application of fuzzy control to industrial bioprocesses in Japan. Fuzzy Sets and Systems, 128(1): 117-124.

Hrncirik P, Nahlik J, Vovsik J. 2002. The BIOGENES system for knowledge-based bioprocess control. Expert Systems with Applications, 23(2): 145-153.

Huang Y N, Li Z M, Shimizu K, et al. 2012. Simultaneous production of 3-hydroxypropionic acid and 1, 3-propanediol from glycerol by a recombinant strain of Klebsiella pneumoniae. Bioresource Technology, 103(1): 351-359.

Iqbal J, Guria C. 2009. Optimization of an operating domestic wastewater treatment plant using elitist non-dominated sorting genetic algorithm. Chemical Engineering Research and Design, 87(11): 1481-1496.

Jayant A, Pushpavanam S. 1998. Optimization of a biochemical fed-batch reactor-Transition from a nonsingular to a singular problem. Industrial and Engineering Chemistry Research, 37(11): 4314-4321.

Jayaraman V K, Kulkarni B D, Gupta K, et al. 2001. Dynamic optimization of fed-batch bioreactors using the ant algorithm. Biotechnology Progress, 17(1): 81-88.

Jetton M S M, Sinskey A J. 1995. Recent advances in physiology and genetics of amino acid-producing bacteria. Critical Reviews in Biotechnology, 15(1): 73-103.

Jewaratnam J, Zhang J, Hussain A, et al. 2012. Reliable batch-to-batch iterative learning control of a fed-batch fermentation process. Computer Aided Chemical Engineering, 30: 802-806.

Jia L, Shi J P, Chiu M S. 2012. Integrated neuro-fuzzy model and dynamic R-parameter based quadratic criterion-iterative learning control for batch process. Neurocomputing, 98: 24-33.

Jiang Z G, Yuan J L, Feng E M. 2013. Robust identification and its properties of nonlinear bilevel multi-stage dynamic system. Applied Mathematics and Computation, 219(12): 6979-6985.

Jin P, Li S, Lu S G, et al. 2011. Improved 1, 3-propanediol production with hemicellulosic hydrolysates (corn straw) as cosubstrate: impact of degradation products on Klebsiella pneumoniae growth and 1, 3-propanediol fermentation. Bioresource Technology, 102 (2): 1815-1821.

Kabbaj N, Nakkabi Y, Doncescu A. 2010. Analytical and knowledge based approaches for a bioprocess supervision. Knowledge-Based Systems, 23 (2): 116-124.

Kambhampati C, Mason J D, Warwick K. 2000. A stable one-step-ahead predictive control of non-linear systems. Automatica, 36 (4): 485-495.

Kambhampati C, Tham M T, Montague G A, et al. 1992. Optimising control of fermentation processes. IEE Proceedings Part D, 139 (1): 60-66.

Kantorovich L, Akilov G. 1963. Functional Analysis in Normed Space. Oxford: Pergammon Press.

Kapadi M D, Gudi R D. 2004. Optimal control of fed-batch fermentation involving multiple feeds using differential evolution. Process Biochemistry, 39 (11): 1709-1721.

Karakuzu C, Türker M, Öztürk S. 2006. Modelling, on-line state estimation and fuzzy control of production scale fed-batch Baker's yeast fermentation. Control Engineering Practice, 14 (8): 959-974.

Kookos I K. 2004. Optimization of batch and fed-batch bioreactors using simulated annealing. Biotechnology Progress, 20 (4): 1285-1288.

Krämer R. 1996. Genetic and physiological approaches for the production of amino acids. Journal of Biotechnology, 45 (1): 1-21.

Kravaris C, Savoglidis G. 2012. Tracking the singular arc of a continuous bioreactor using sliding mode control. Journal of the Franklin Institute, 349 (4): 1583-1601.

Kwakernaak H. 1985. Minimax frequency domain performance and robustness optimization of linear feedback systems. IEEE Transactions on Automatic Control, 30 (10): 994-1004.

Lara-Cisneros G, Femat R, Dochain D. 2014. An extremum seeking approach via variable-structure control for fed-batch bioreactors with uncertain growth rate. Journal of Process Control, 24 (5): 663-671.

Lednický P, Mészáros A. 1998. Neural network modeling in optimisation of continuous fermentation processes. Bioprocess and Biosystems Engineering, 18 (6): 427-432.

Lee J H, Lim H C, Yoo Y J, et al. 1999. Optimization of feed rate profile for the monoclonal antibody production. Bioprocess and Biosystems Engineering, 20 (2): 137-146.

Lee T T, Wang F Y, Newell R B. 2004. Robust multivariable control of complex biological processes. Journal of Process Control, 14 (2): 193-209.

Lennox B, Kipling K, Glassey J, et al. 2002. Automated production support for the bioprocess industry. Biotechnology Progress, 18 (2): 269-275.

Li X H, Feng E M, Xiu Z L. 2005. Stability analysis of equilibrium for microorganisms in continuous culture. Applied Mathematics-A Journal of Chinese Universities, 20 (4): 377-383.

Li X H, Feng E M, Xiu Z L. 2006. Stability and optimal control of microorganisms in continuous culture. Journal of Applied Mathematics and Computing, 22 (1): 425-434.

Li X P, Chang B C, Banda S S, et al. 1992. Robust control systems design using H_∞ optimization theory. Journal of Guidance, Control, and Dynamics, 15 (4): 944-952.

Lim H C, Tayeb Y J, Modak J M, et al. 1986. Computational algorithms for optimal feed rates for a class of fed-batch fermentation: Numerical results for penicillin and cell mass production. Biotechnology and Bioengineering, 28 (9) : 1408-1420.

Lin H T, Wang F S. 2007. Optimal design of an integrated fermentation process for lactic acid production. AIChE Journal, 53 (2) : 449-459.

Lin J S, Hwang C. 1998. Enhancement of the global convergence of using iterative dynamic programming to solve optimal control problems. Industrial and Engineering Chemistry Research, 37 (6) : 2469-2478.

Liu C Y, Gong Z H, Shen B Y, et al. 2013. Modelling and optimal control for a fed-batch fermentation process. Applied Mathematical Modelling, 37 (3) : 695-706.

Logist F, Houska B, Diehl M, et al. 2011a. Robust optimal control of a biochemical reactor with multiple objectives. Computer Aided Chemical Engineering, 29: 1460-1464.

Logist F, Houska B, Diehl M, et al. 2011b. Robust multi-objective optimal control of uncertain (bio) chemical processes. Chemical Engineering Science, 66 (20) : 4670-4682.

Long C E, Voit E O, Gatzke, E P. 2003. A mixed integer moving horizon formulation for prioritized objective inferential control of a bioprocess system. Proceedings of the 2003 American Control Conference, Dever.

Luus R, Rosen O. 1991. Application of dynamic programming to final state constrained optimal control problems. Industrial and Engineering Chemistry Research, 30 (7) : 1525-1530.

Lv Y B, Hu T S, Wang G M, et al. 2007. A penalty function method based on Kuhn-Tucker condition for solving linear bilevel programming. Applied Mathematics and Computation, 188 (1) : 808-813.

Mamdani E H, Assilian S. 1975. An experimental in linguistic synthesis with a fuzzy logic controller. International Journal of Man-Machine Studies, 7 (1) : 1-13.

Mandli A R, Modak J M. 2012. Evolutionary algorithm for the determination of optimal mode of bioreactor operation. Industrial and Engineering Chemistry Research, 51 (4) : 1796-1808.

Mansour M, Ellis J E. 2003. Comparison of methods for estimating real process derivatives in on-line optimization. Applied Mathematical Modelling, 27 (4) : 275-291.

Marcos N I, Guay M, Dochain D. 2004. Output feedback adaptive extremum seeking control of a continuous stirred tank bioreactor with Monod's kinetics. Journal of Process Control, 14 (7) : 807-818.

Marín-Sanguino A, Torres N V. 2000. Optimization of tryptophan production in bacteria. Design of a strategy for genetic manipulation of the tryptophan operon for tryptophan flux maximization. Biotechnology Progress, 16 (2) : 133-145.

Marín-Sanguino A, Torres N V. 2003. Optimization of biochemical systems by linear programming and general mass action model representations. Mathematical Biosciences, 184 (2) : 187-200.

Marín-Sanguino A, Voit E O, González-Alcón C, et al. 2007. Optimization of biotechnological systems through geometric programming. Theoretical Biology and Medical Modelling, 4: 38.

Marks B R, Wright G P. 1978. A general inner approximation algorithm for nonconvex mathematical programs. Operations Research, 26 (4) : 681-683.

Marler R T, Arora J S. 2004. Survey of multi-objective optimization methods for engineering. Structural and Multidisciplinary Optimization, 26 (6) : 369-395.

McLain R B, Kurtz M J, Henson M A, et al. 1996. Habituating control for nonsquare nonlinear processes. Industrial and Engineering Chemistry Research, 35(11): 4067-4077.

Meng Z Q, Dang C Y, Shen R, et al. 2012. An objective penalty function of bilevel programming. Journal of Optimization Theory and Applications, 153(2): 377-387.

Menzel K, Zeng A P, Biebl H, et al. 1996. Kinetic, dynamic, and pathway studies of glycerol metabolism by Klebsiella pneumoniae in anaerobic continuous culture: I. The phenomena and characterization of oscillation and hysteresis. Biotechnology and Bioengineering, 52(5): 549-560.

Mészáros A, Andrášik A, Mizsey P, et al. 2004. Computer control of pH and DO in a laboratory fermenter using a neural network technique. Journal of Fermentation and Bioengineering, 26(5): 331-340.

Mészáros A, Brdyś M, Tatjewski P, et al. 1995. Multilayer adaptive control of continuous bioprocesses using optimising control technique. Case study: Bakers' yeast culture. Bioprocess and Biosystems Engineering, 12(1/2): 1-9.

Mihoub M, Nouri A S, Abdennour R B. 2011. A second order discrete sliding mode observer for the variable structure control of a semi-batch reactor. Control Engineering Practice, 19(10): 1216-1222.

Mohseni S S, Babaeipour V, Vali A Z. 2009. Design of sliding mode controller for the optimal control of fed-batch cultivation of recombinant E. coli. Chemical Engineering Science, 64(21): 4433-4441.

Moles C G, Gutierrez G, Alonso A A, et al. 2003. Integrated process design and control via global optimization: a wastewater treatment plant case study. Chemical Engineering Research and Design, 81(5): 507-517.

Moonchai S, Madlhoo W, Jariyachavalit K, et al. 2005. Application of a mathematical model and differential evolution algorithm approach to optimization of bacteriocin production by Lactococcus lactis C7. Bioprocess and Biosystems Engineering, 28(1): 15-26.

MOSEK ApS. 2013. MOSEK modeling manual. Available online from http: //www.mosek.com/resources/doc/[2013-12-15].

Murphy R B, Young B R, Kecman V. 2009. Optimising operation of a biological wastewater treatment application. ISA Transactions, 48(1): 93-97.

Mutapcic A, Koh K, Kim S-J, et al. 2006. GGPLAB: a simple Matlab toolbox for geometric programming. http: //www.stanford.edu/~boyd/ggplab/[2006-06-19].

Nagy Z K. 2007. Model based control of a yeast fermentation bioreactor using optimally designed artificial neural networks. Chemical Engineering Journal, 127(1/2/3): 95-109.

Nguang S K, Chen X D. 1997. Simple substrate feeding rate control mechanism for optimizing the steady state productivity of a class of continuous fermentation processes. Biotechnology Progress, 13(2): 200-204.

Nguang S K, Chen X D. 1999. Robust control of a class of continuous fermentation processes. Applied Mathematics Letters, 12(6): 61-69.

Ni T C, Savageau M A. 1996a. Application of biochemical systems theory to metabolism in human red blood cells. Journal of Biological Chemistry, 271(14): 7927-7941.

Ni T C, Savageau M A. 1996b. Model assessment and refinement using strategies from biochemical systems theory: application to metabolism in human red blood cells. Journal of Theoretical Biology, 179(4): 329-368.

Nuñez S, Garelli F, De Battista H. 2013. Decentralized control with minimum dissolved oxygen guaranties in aerobic fed-batch cultivations. Industrial & Engineering Chemistry Research, 52(50): 18014-18021.

Oberle H J, Sothmann B. 1999. Numerical computation of optimal feed rates for a fed-batch fermentation model. Journal of Optimization Theory and Applications, 100(1): 1-13.

Oh B R, Hong W K, Heo S Y, et al. 2013. The production of 1, 3-propanediol from mixtures of glycerol and glucose by a Klebsiella pneumoniae mutant deficient in carbon catabolite repression. Bioresource Technology, 130: 719-724.

Ortega M G, Rubio F R. 2004. Systematic design of weighting matrices for the H_∞ mixed sensitivity problem. Journal of Process Control, 14(1): 89-98.

Peng J S, Meng F M, Ai Y C. 2013. Time-dependent fermentation control strategies for enhancing synthesis of marine bacteriocin 1701 using artificial neural network and genetic algorithm. Bioresource Technology, 138: 345-352.

Petkov S B, Maranas C D. 1997. Quantitative assessment of uncertainty in the optimization of metabolic pathways. Biotechnology and Bioengineering, 56(2): 145-161.

Petre E, Selişteanu D, Şendrescu D. 2013. Adaptive and robust-adaptive control strategies for anaerobic wastewater treatment bioprocesses. Chemical Engineering Journal, 217: 363-378.

Picó-Marco E, Picó J, De Battista H. 2005. Sliding mode scheme for adaptive specific growth rate control in biotechnological fed-batch processes. International Journal of Control, 78(2): 128-141.

Polisetty P K, Gatzke E P, Voit E O. 2008. Yield optimization of regulated metabolic systems using deterministic branch-and-reduce methods. Biotechnology and Bioengineering, 99(5): 1154-1169.

Pozo C, Guillén-Gosálbez G, Sorribas A, et al. 2010. Outer approximation-based algorithm for biotechnology studies in systems biology. Computers and Chemical Engineering, 34(10): 1719-1730.

Pozo C, Guillén-Gosálbez G, Sorribas A, et al. 2011. A spatial branch-and-bound framework for the global optimization of kinetic models of metabolic networks. Industrial and Engineering Chemistry Research, 50(9): 5225-5238.

Pozo C, Marín-Sanguino A, Alves R, et al. 2011. Steady-state global optimization of metabolic non-linear dynamic models through recasting into power-law canonical models. BMC Systems Biology, 5: 137.

Pushpavanam S, Rao S, Khan I. 1999. Optimization of a biochemical fed-batch reactor using sequential quadratic programming. Industrial and Engineering Chemistry Research, 38(7): 1998-2004.

Ramaswamy S, Cutright T J, Qammar H K. 2005. Control of a continuous bioreactor using model predictive control. Process Biochemistry, 40(8): 2763-2770.

Renard F, Vande Wouwer A. 2008. Robust adaptive control of yeast fed-batch cultures. Computers and Chemical Engineering, 32 (6) : 1238-1248.

Renard F, Vande Wouwer A, Valentinotti S, et al. 2006. A practical robust control scheme for yeast fed-batch cultures——an experimental validation. Journal of Process Control, 16 (8) : 855-864.

Rivas A, Irizar I, Ayesa E. 2008. Model-based optimisation of wastewater treatment plants design. Environmental Modelling and Software, 23 (4) : 435-450.

Roberts P D. 1979. An algorithm for steady state system optimisation and parameter estimation. International Journal of Systems Science, 10 (7) : 719-734.

Roberts P D. 2000. Broyden derivative approximation in ISOPE optimising and optimal control algorithms. Proceedings of the 11th IFAC Workshop on Control Applications of Optimization, St Petersburg.

Roberts P D, Williams T W C. 1981. On an algorithm for combined system optimisation and parameter estimation. Automatica, 17 (1) : 199-209.

Rocha M, Mendes R, Rocha O, et al. 2014. Optimization of fed-batch fermentation processes with bio-inspired algorithms. Expert Systems with Applications, 41 (5) : 2186-2195.

Rodrigues J A D, Maciel Filho R. 1999. Production optimization with operating constraints for a fed-batch reactor with DMC predictive control. Chemical Engineering Science, 54 (13/14) : 2745-2751.

Rodríguez-Acosta F, Regalado C M, Torres N V. 1999. Non-linear optimization of biotechnological processes by stochastic algorithms: application to the maximization of the production rate of ethanol, glycerol and carbohydrates by Saccharomyces cerevisiae. Journal of Biotechnology, 68 (1) : 15-28.

Rolf M J, Lim H C. 1985. Experimental adaptive on-line optimization of cellular productivity of a continuous bakers' yeast culture. Biotechnology and Bioengineering, 27 (8) : 1236-1245.

Ronen M, Shabtai Y, Guterman H. 2002. Hybrid model building methodology using unsupervised fuzzy clustering and supervised neural networks. Biotechnology and Bioengineering, 77 (4) : 420-429.

Rosen C. 2001. A Chemometric Approach to Process Monitoring and Control with Applications to Wastewater Treatment Operation. Lund: Lund University.

Santos L O, Dewasme L, Coutinho D, et al. 2012. Nonlinear model predictive control of fed-batch cultures of micro-organisms exhibiting overflow metabolism: assessment and robustness. Computers and Chemical Engineering, 39: 143-151.

Sarkar D, Modak J M. 2004. Genetic algorithms with filters for optimal control problems in fed-batch bioreactors. Bioprocess and Biosystems Engineering, 26 (5) : 295-306.

Savageau M A. 1969. Biochemical systems analysis. Ⅱ: The steady-state solutions for an n-pool system using a power-law approximation. Journal of Theoretical Biology, 25 (3) : 370-379.

Savageau M A. 1976. Biochemical Systems Analysis: A Study of Function and Design in Molecular Biology. Reading: Addison-Wesley.

Shen B Y, Liu C Y, Ye J X, et al. 2012. Parameter identification and optimization algorithm in microbial continuous culture. Applied Mathematical Modelling, 36 (2) : 585-595.

Shen L J, Wang Y, Feng E M, et al. 2008. Bilevel parameters identification for the multi-stage nonlinear impulsive system in microorganisms fed-batch cultures. Nonlinear Analysis: Real

World Applications, 9(3): 1068-1077.

Shin H S, Lim H C. 2006. Cell-mass maximization in fed-batch cultures sufficient conditions for singular arc and optimal feed rate profiles. Bioprocess and Biosystems Engineering, 29(5/6): 335-347.

Shin H S, Lim H C. 2007. Maximization of metabolite in fed-batch cultures: sufficient conditions for singular arc and optimal feed rate profiles. Biochemical Engineering Journal, 37(1): 62-74.

Shiraishi F, Savageau M A. 1992. The tricarboxylic acid cycle in Dictyostelium discoideum. II. Evaluation of model consistency and robustness. Journal of Biological Chemistry, 267(32): 22919-22925.

Simon L, Karim M N. 2001. Identification and control of dissolved oxygen in hybridoma cell culture in a shear sensitive environment. Biotechnology Progress, 17(4): 634-642.

Skogestad S, Postlethwaite I. 1996. Multivariable Feedback Control: Analysis and Design. New York: Wiley.

Smets I Y, Claes J E, November E J, et al. 2004. Optimal adaptive control of(bio) chemical reactors: past, present and future. Journal of Process Control, 14(7): 795-805.

Smets I Y, Van Impe J F. 2002. Optimal control of(bio-) chemical reactors: generic properties of time and space dependent optimization. Mathematics and Computers in Simulation, 60(6): 475-486.

Sorribas A, Pozo C, Vilaprinyo E, et al. 2010. Optimization and evolution in metabolic pathways: Global optimization techniques in generalized mass action models. Journal of Biotechnology, 149(3): 141-153.

Stoyanov S, Simeonov I. 1996. Robust compensator control of continuous fermentation processes. Bioprocess and Biosystems Engineering, 15(6): 295-300.

Sun F, Du W L, Qi R B, et al. 2013. A hybrid improved genetic algorithm and its application in dynamic optimization problems of chemical processes. Chinese Journal of Chemical Engineering, 21(2): 144-154.

Suteaki S, Kazuyuki S, Toshiomi Y. 1999. Knowledge-based design and operation of bioprocess systems. Journal of Bioscience and Bioengineering, 87(3): 261-266.

Tatjewski P. 2002. Iterative optimizing set-point control-the basic principle redesigned. Proceedings of the 15th Triennial IFAC World Congress, Barcelona.

Teng E L W, Samyudia Y. 2012. Nonlinear control strategies for a micro-aerobic, fermentation process. Computer Aided Chemical Engineering, 31: 330-334.

Tholudur A, Ramirez W F. 1997. Obtaining smoother singular arc policies using a modified iterative dynamic programming algorithm. International Journal of Control, 68(5): 1115-1128.

Tokos H, Pintarič Z N. 2012. Development of a MINLP model for the optimization of a large industrial water system. Optimization and Engineering, 13(4): 625-662.

Torres N V. 1994. Application of the transition time of metabolic system as a criterion for optimization of metabolic processes. Biotechnology and Bioengineering, 44(3): 291-296.

Torres N V, Voit E O. 2002. Pathway Analysis and Optimization in Metabolic Engineering. Cambridge: Cambridge University Press.

Torres N V, Voit E O, González-Alcón C. 1996. Optimization of nonlinear biotechnological processes with linear programming: application to citric acid production by Aspergillus niger.

Biotechnology and Bioengineering, 49(3): 247-258.

Torres N V, Voit E O, González-Alcón C, et al. 1997. An indirect optimization method for biochemical systems: description of method and application to the maximization of the rate of ethanol, glycerol and carbohydrate production in Saccharomyces cerevisiae. Biotechnology and Bioengineering, 55(5): 758-772.

Tsai J C C, Chen V C P, Beck M B, et al. 2004. Stochastic dynamic programming formulation for a wastewater treatment decision-making framework. Annals of Operations Research, 132(1/2/3/4): 207-221.

Valencia C, Kaisare N, Lee J H. 2005. Optimal control of a fed-batch bioreactor using simulation-based approximate dynamic programming. IEEE Transactions on Control Systems Technology, 13(5): 786-790.

Vassiliadis V S, Balsa Canto E, Banga J R. 1999. Second-order sensitivities of general dynamic systems with application to optimal control problems. Chemical Engineering Science, 54(17): 3851-3860.

Vassiliadis V S, Sargent R W H, Pantelides C C. 1994. Solution of a class of multistage dynamic optimization problems. 1. Problems without path constraints. Industrial and Engineering Chemistry Research, 33(9): 2111-2122.

Venkatesh K V, Bhartiya S, Ruhela A. 2004. Multiple feedback loops are key to a robust dynamic performance of tryptophan regulation in Escherichia coli. FEBS Letters, 563(1/2/3): 234-240.

Vera J, De Atauri P, Cascante M, et al. 2003a. Multicriteria optimization of biochemical systems by linear programming: application to the production of ethanol by Saccharomyces cerevisiae. Biotechnology and Bioengineering, 83(3): 335-343.

Vera J, González-Alcón C, Marín-Sanguino A, et al. 2010. Optimization of biochemical systems through mathematical programming: methods and applications. Computers and Operations Research, 37(8): 1427-1438.

Vera J, Torres N V, Moles C G, et al. 2003b. Integrated nonlinear optimization of bioprocesses via linear programming. AIChE Journal, 49(12): 3173-3187.

Verdaguer M, Clara N, Poch M. 2012. Ant colony optimization-based method for managing industrial influents in wastewater systems. AIChE Journal, 58(10): 3070-3079.

Voit E O. 1992. Optimization of integrated biochemical systems. Biotechnology and Bioengineering, 40(5): 572-582.

Voit E O. 2000. Computational Analysis of Biochemical Systems. A Practical Guide for Biochemists and Molecular Biologists. Cambridge: Cambridge University Press.

Voit E O. 2013. Biochemical systems theory: a review. ISRN Biomathematics, Volume 2013, Article ID 897658, 53 pages.

Waissman V J, Youssef C B, Vazquez R G. 2002. Iterative learning control for a fedbatch lactic acid reactor. Proceedings of 2002 IEEE International Conference on Systems, Man and Cybernetics, Yasmine Hammamet.

Wang G, Feng E M, Xiu Z L. 2007. Vector measure for explicit nonlinear impulsive system of glycerol bioconversion in fed-batch cultures and its parameter identification. Applied Mathematics and Computation, 188(2): 1151-1160.

Wang G, Feng E M, Xiu Z L. 2008. Modeling and parameter identification of microbial bioconversion in fed-batch cultures. Journal of Process Control, 18 (5): 458-464.

Wang J, Ye J X, Feng E M, et al. 2011a. Complex metabolic network of glycerol fermentation by Klebsiella pneumoniae and its system identification via biological robustness. Nonlinear Analysis: Hybrid Systems, 5 (1): 102-112.

Wang J, Ye J X, Feng E M, et al. 2011b. Modeling and identification of a nonlinear hybrid dynamical system in batch fermentation of glycerol. Mathematical and Computer Modelling, 54 (1/2): 618-624.

Wang J L, Xue Y Y, Yu T, et al. 2010. Run-to-run optimization for fed-batch fermentation process with swarm energy conservation particle swarm optimization algorithm. Chinese Journal of Chemical Engineering, 18 (5): 787-794.

Wang L, Ye J X, Feng E M, et al. 2009. An improved model for multistage simulation of glycerol fermentation in batch culture and its parameter identification. Nonlinear Analysis: Hybrid Systems, 3 (4): 455-462.

Wang W, Sun J B, Hartlep M, et al. 2003. Combined use of proteomic analysis and enzyme activity assays for metabolic pathway analysis of glycerol fermentation by Klebsiella pneumoniae. Biotechnology and Bioengineering, 83 (5): 525-536.

Wu W, Huang M Y. 2003. Output regulation of a class of unstructured models of continuous bioreactors-steady-state approaches. Bioprocess and Biosystems Engineering, 25 (5): 323-329.

Wu W, Lai S Y, Jang M F, et al. 2013. Optimal adaptive control schemes for PHB production in fed-batch fermentation of Ralstonia eutropha. Journal of Process Control, 23 (8): 1159-1168.

Xiong Z H, Zhang J. 2005. Optimal control of fed-batch processes based on multiple neural networks. Applied Intelligence, 22 (2): 149-161.

Xiu Z L, Chang Z Y, Zeng A P. 2002. Nonlinear dynamics of regulation of bacterial trp operon: model analysis of integrated effects of repression, feedback inhibition, and attenuation. Biotechnology Progress, 18 (4): 686-693.

Xiu Z L, Chen X, Sun Y Q, et al. 2007. Stoichiometric analysis and experimental investigation of glycerol-glucose co-fermentation in Klebsiella pneumoniae under microaerobic conditions. Biochemical Engineering Journal, 33 (1): 42-52.

Xiu Z L, Song B H, Sun L H, et al. 2002. Theoretical analysis of metabolic overflow and time delay on the performance and dynamic behavior of a two-stage fermentation process. Biochemical Engineering Journal, 11 (2/3): 101-109.

Xiu Z L, Song B H, Wang Z T, et al. 2004. Optimization of dissimilation of glycerol to 1, 3-propanediol by Klebsiella pneumoniae in one-and two-stage anaerobic cultures. Biochemical Engineering Journal, 19 (3): 189-197.

Xiu Z L, Zeng A P, Deckwer W D. 1997. Model analysis concerning the effects of growth rate and intracellular tryptophan level on the stability and dynamics of tryptophan biosynthesis in bacteria. Journal of Biotechnology, 58 (2): 125-140.

Xiu Z L, Zeng A P, Deckwer W D. 1998. Multiplicity and stability analysis of microorganisms in continuous culture: effects of metabolic overflow and growth inhibition. Biotechnology and Bioengineering, 57 (3): 251-261.

Xu G X. 2010a. An iterative strategy for yield optimization of metabolic pathways. 2010 Third International Joint Conference on Computational Sciences and Optimization, Huangshan.

Xu G X. 2010b. Robust control of continuous bioprocesses. Mathematical Problems in Engineering, Volume 2010, Article ID 627035, 18 pages.

Xu G X. 2012. Bi-objective optimization of biochemical systems by linear programming. Applied Mathematics and Computation, 218 (14) : 7562-7572.

Xu G X. 2013. Steady-state optimization of biochemical systems through geometric programming. European Journal of Operational Research, 225 (1) : 12-20.

Xu G X. 2014. Global optimization of signomial geometric programming problems. European Journal of Operational Research, 233 (3) : 500-510.

Xu G X, Shao C, Xiu Z L. 2006. H_∞ control of bio-dissimilation process of glycerol to 1, 3-propanediol. Acta Automatica Sinica, 32 (1) : 112-119.

Xu G X, Shao C, Xiu Z L. 2008. A modified iterative IOM approach for optimization of biochemical systems. Computers and Chemical Engineering, 32 (7) : 1546-1568.

Xu G X, Wang L. 2014. An improved geometric programming approach for optimization of biochemical systems. Journal of Applied Mathematics, Volume 2014, Article ID 719496, 10 pages.

Yan H H, Zhang X, Ye J X, et al. 2012. Identification and robustness analysis of nonlinear hybrid dynamical system concerning glycerol transport mechanism. Computers and Chemical Engineering, 40: 171-180.

Yang T, Qiu W, Ma Y, et al. 2014. Fuzzy model-based predictive control of dissolved oxygen in activated sludge processes. Neurocomputing, 136: 88-95.

Ye J X, Zhang Y D, Feng E M, et al. 2012. Nonlinear hybrid system and parameter identification of microbial fed-batch culture with open loop glycerol input and pH logic control. Applied Mathematical Modelling, 36 (1) : 357-369.

Yuan J L, Zhu X, Zhang X, et al. 2014. Robust identification of enzymatic nonlinear dynamical systems for 1, 3-propanediol transport mechanisms in microbial batch culture. Applied Mathematics and Computation, 232: 150-163.

Zeferino J A, Antunes A P, Cunha M C. 2009. An efficient simulated annealing algorithm for regional wastewater system planning. Computer-Aided Civil and Infrastructure Engineering, 24 (5) : 359-370.

Zeng A P. 1995. A kinetic model for product formation of microbial and mammalian cells. Biotechnology and Bioengineering, 46 (4) : 314-324.

Zeng A P, Biebl H, Schlieker H, et al. 1993. Pathway analysis of glycerol fermentation by Klebsiella pneumoniae: regulation of reducing equivalent balance and product formation. Enzyme and Microbial Technology, 15 (9) : 770-779.

Zeng A P, Deckwer W D. 1995. A kinetic model for substrate and energy consumption of microbial growth under substrate-sufficient conditions. Biotechnology Progress, 11 (1) : 71-79.

Zeng A P, Rose A, Biebl H, et al. 1994. Multiple product inhibition and growth modeling of Clostridium butyricum and Klebsiella pneumoniae in glycerol fermentation. Biotechnology and Bioengineering, 44 (8) : 902-911.

Zhang B S, Leigh J R. 1993. Predictive time-sequence iterative learning control with application to a fermentation process. Proceedings of the Second IEEE Conference on Control Applications, BC, Canada.

Zhang H, Roberts P D. 1990. On-line steady-state optimisation of nonlinear constrained processes with slow dynamics. Transactions of the Institute of Measurement and Control, 12(5): 251-261.

Zhu X, Yuan J L, Wang X Y, et al. 2014. μ-synthesis of dissimilation process of glycerol to 1, 3-propanediol in microbial continuous culture. World Journal of Microbiology and Biotechnology, 30(2): 767-775.

Zlateva P. 1996. Variable-structure control of nonlinear systems. Control Engineering Practice, 4(7): 1023-1028.